FRIEDHELM WEIDELICH

111 GRÜNDE, DIE EISENBAHN ZU LIEBEN

Ein Handbuch für Ferro-Equinologen, Modellbahner, Pufferküsser und andere Anhänger des Rad-Schiene-Systems

SCHWARZKOPF & SCHWARZKOPF

VORWORT – ACH, SIE SIND AUCH SO EINER? 7

1. FASZINATION 9
Weil es kein interessanteres Hobby gibt – Weil sie Emotionen weckt – Weil sie Hightech ist – Weil sie auch Nostalgie ist – Weil Dampflokomotiven duften – Weil Schienen faszinieren – Weil sie musikalisch ist – Weil Lokomotiven lebendige Wesen sind – Weil Güterzüge bunt sind – Weil sie Glücksmomente schenkt

2. AKTIVITÄTEN 31
Weil man seinen Sammeltrieb ausleben kann – Weil man Dampfzüge erleben kann – Weil man gemeinsam Eisenbahn spielen kann – Weil man eine Straßenbahn fahren darf – Weil auch Amateure an den Regler dürfen – Weil man sie fotografisch dokumentieren kann – Weil Videos Dampfkraft und Tempo dokumentieren – Weil Eisenbahnaktien reich machen

3. GESCHICHTE 49
Weil Eisenbahnmuseen Geschichte machen – Weil in Döbeln die Pferdebahn fährt – Weil die erste Eisenbahn nicht in Franken fuhr – Weil Zahnradbahnen zackig sind – Weil Tunnel den Weg ebnen – Weil sie prächtige Hotels hervorgebracht hat – Weil sie den Mobilfunk populär gemacht hat – Weil der Deutsche Eisenbahn-Verein die Kleinbahn gerettet hat

4. TECHNIK 67
Weil sie vielen Spuren folgt – Weil Alt und Neu zusammenpassen – Weil Dampflokomotiven das Kurvenfahren lernten – Weil Schmalspurbahnen hinkommen, wo andere scheitern – Weil gut gepflegte Züge immer fahren – Weil Blindwellen einfach Charakter haben – Weil man Schnee pflügen und schleudern kann – Weil eine Lok im Nu auf 100 ist – Weil Straßenbahnen »oben ohne« fahren – Weil Bremsen leiser werden – Weil Kälte Züge kaltlässt – Weil der ICx viele Triebwagen hat – Weil die InnoTrans Profis und Amateure begeistert

5. GROSSE UND KLEINE EISENBAHNEN 95

Weil Schweineschnäuzchen allerliebst sind – Weil ein V der Stolz der Bundesbahn war – Weil die Bergkönigin das Ende der Zahnstange einläutete – Weil die Straßenbahn in Lissabon mit deutscher Technik Steilstrecken erklimmt – Weil Gleisanschlüsse ergiebig sind – Weil nordamerikanische Güterzüge endlos sind – Weil in Triest die Straßenbahn wie am Schnürchen läuft – Weil die steilste Zahnradbahn der Welt in der Schweiz fährt – Weil man sich auf Gleisen abstrampeln kann – Weil der Schienenbus das Landleben verbesserte – Weil Hochgeschwindigkeitszüge große Schnauzen haben

6. REISEN 117

Weil Fahrkarten die Lizenz zum Reisen waren – Weil man die Nase im Wind haben kann – Weil die Schiene den Reisekomfort verbessert hat – Weil Bahnhöfe die Kathedralen des Fortschritts waren – Weil ein langsamer Schnellzug die Alpen näherbringt – Weil Alp Grüm Stille mit Bahnanschluss bedeutet – Weil die Kettle Valley Railway Shakespeare und Wein verbindet – Weil auf Teneriffa eine Straßenbahn Berge erklimmt – Weil man mit der Deutschen Bahn erstklassig fährt – Weil die Bahn zum TEE lud – Weil Luxuszüge meist nostalgisch sind – Weil man im Harz hoch hinaus kann – Weil man auf eigene Faust die Eisenbahnwelt erkunden kann – Weil Züge übers Meer fahren – Weil kleine Bahnhöfe romantisch waren

7. MODELLEISENBAHNEN 151

Weil die Modellbahn(erei) ein Hobby wie jedes andere ist – Weil sich Geliebtes en miniature bewahren lässt – Weil die Modellbahn alle fasziniert – Weil man Modellbahn mit einer glücklichen Kindheit verbindet – Weil die Modellbahn kreativ macht – Weil die Modellbahn ein Leben lang nicht langweilig wird – Weil talentierte Modellbauer genauer hinschauen – Weil kleine Maßstäbe Großes ermöglichen – Weil manche Modellbahner großspurig sind – Weil bei der Gartenbahn der Weg das Ziel ist – Weil mechanische Meisterwerke die Königsspur prägen – Weil es nicht beim Pfiff geblieben ist – Weil Modelleisenbahnen die Augen leuchten lassen – Weil Bausätze zufrieden machen – Weil man sich an gewissen Modellen die Finger verbrennen kann – Weil man im Miniatur Wunderland etwas erleben kann

8. AUSGEFALLENES / EIGENARTIGES 187
Weil man mit Pferden sehr weit kam – Weil man mit ihr durchs Watt fahren kann – Weil die Lok den Lkw stark gemacht hat – Weil die Müngstener Brücke einen Ausflug wert ist – Weil Züge unter dem Meer fahren – Weil man elefantös über der Wupper schweben kann – Weil Güterzüge China mit Spanien verbinden

9. LITERATUR UND FOTOGRAFIE 203
Weil Franz Ludwig Neher ihr wunderbare Jugendbücher gewidmet hat – Weil es die Bücher von Karl-Ernst Maedel gibt – Weil in Hauptmanns »Bahnwärter Thiel« ein Wahnsinniger die Schranken bedient – Weil Eisenbahnfotografie zwischen Dokumentation und Kunst changiert – Weil amerikanische Eisenbahnbilder faszinieren

10. KINO UND MUSIK 217
Weil schon Stummfilme Dampfzüge inszenierten – Weil Buster Keaton die schönsten Eisenbahnfilme gedreht hat – Weil der General genial ist – Weil Dampflokfilme Ton brauchen – Weil gute Eisenbahnfilme realistisch sind – Weil schlechte Eisenbahnfilme unterhaltsam sind – Weil Hobos legendär sind – Weil es »Alois Nebel« gibt – Weil Eisenbahnfreunde Fakes und Goofs erkennen – Weil Musik drin ist

11. VERMISCHTES / AUS GUTEN GRÜNDEN 239
Weil Schienen klingen – Weil es mit weißen Zügen kein Halten mehr gibt – Weil manche nur Bahnhof verstehen – Weil ein Zug kein Ferienflieger ist – Weil die Deutsche Bahn ganz besonders pünktlich ist – Weil man am Riemen reißen kann – Weil der Zugbegleiter schon mal das Schlusslicht sieht – Weil die 111 so zeitlos wie dieses Buch ist

ACH, SIE SIND AUCH SO EINER?

Vorwort

Sind Sie Eisenbahnfreund? Dann kennen Sie das mitleidige Lächeln über die Erwachsenen, die »noch mit der Eisenbahn spielen«. Jeder weiß doch: Modellbahnen sind Spielzeug für die Weihnachtszeit und echte Dampflokomotiven schmutziger Schrott. Während Modellbauer mit ihren funkferngesteuerten Flugzeugen, Schiffen und Baumaschinen bewundert werden, müssen Eisenbahnfreunde häufiger um Akzeptanz kämpfen. Die etwas kauzige Ausprägung unseres Hobbys und die damit verbundene Nostalgie mag eine Rolle spielen.

Der kamerabehangene »Pufferküsser« mit Klappleiter und Stativ wirkt auf Außenstehende ebenso kurios wie der stille Modelleisenbahner, der in seinem Gleisoval Leuchtturm und Bergbahn untergebracht hat. Glücklich und stolz sind sie beide, doch für ihre Umwelt ist ihre mit Herzblut betriebene Leidenschaft nicht nachvollziehbar. Doch es dürfte gewichtigere Gründe für das etwas zweifelhafte Image der Eisenbahn geben. Die meisten Medien verbreiten Zerrbilder des Verkehrs auf Schiene und Straße, die ihre Wirkung tun: Züge seien demnach grundsätzlich unpünktlich, hätten laufend Pannen; 300-PS-SUVs hingegen seien wahnsinnig souverän. Und überhaupt sei die Eisenbahntechnik von gestern ...

Eine falsche und von Unkenntnis geprägte Einschätzung, denn das System Eisenbahn ist seit über 200 Jahren Teil der Technik- und Kulturgeschichte – und war immer Hightech. In einem modernen Zug stecken weit mehr Technologien als in einem Luxusauto. Es gibt also keinen Grund, die Liebe zur Eisenbahn zu verstecken. Eisenbahn ist faszinierende Technik von gestern, heute und morgen. Die Eisenbahn gehört zur Reisekultur, sie ist die Grundlage des Tourismus, für Pendler und den Güterverkehr unverzichtbar. Als Verkehrsträger der Zukunft ist die Bahn aktueller denn je, weil die Mobilität in den wachsenden Metropolen der Welt nicht länger ohne Schiene zu gewährleisten ist.

Ich schreibe seit meinem 15. Lebensjahr über Eisenbahnen und weiß, dass es nicht nur 111 Gründe gibt, die Eisenbahn zu lieben. Ich habe versucht, dieses unendlich große Wissensgebiet in viele Richtungen auszuloten und Themen herauszugreifen, die ich wissenswert fand, die ich seit meiner Jugend kenne oder die mich als Eisenbahn-Fachautor beruflich beschäftigen. Mein Buch führt Eisenbahnfreunde an Orte, die sie nicht kennen, und bietet eine bunte, unterhaltsame Mischung für Einsteiger, Technikbegeisterte und Leser, die sich für Reisekultur, Eisenbahnfilme, Modelleisenbahnen und die Geschichte der Eisenbahntechnologien interessieren, die oft der technische Vorreiter waren und sind. Etwas Satire ist auch dabei, denn anders kann man der Deutschen Bahn manchmal nicht adäquat begegnen.

111 Gründe, die Eisenbahn zu lieben habe ich für ein breites Publikum geschrieben. Es hat autobiografische Züge, regt zum Mitträumen und Nachtrauern an, führt stellenweise in die Gegenwart und Zukunft des Schienenverkehrs und beleuchtet Themen, die man nur beim Blick über den Tellerrand wahrnimmt. Ich habe versucht, ein erfrischendes Wechselbad der Gefühle anzurichten. Anregungen für Bauch und Kopf. Ausgangspunkte für Ihren Forschergeist. *111 Gründe, die Eisenbahn zu lieben* ist ein Geschenkbuch für mutmaßliche Eisenbahnfans, ein Lesebuch für Infizierte, ein Geschichtsbuch für Jüngere und überhaupt ein Buch für alle, die sich nicht allein bei Baureihen, Stationierungen und Modellbahn-Ovalen aufhalten wollen. Denn Eisenbahn ist »ein weites Feld«. Um sich mal bei Fontane und Grass zu bedienen.

Eisenbahntechnik fasziniert. Man darf sich ohne Scham in die Eisenbahn verlieben – und hat mehr davon, wenn man sie sich auch mit etwas Distanz als technikgeschichtliches, kulturelles oder literarisches Thema anschaut. Ich wünsche Ihnen gute Unterhaltung, viele neue Erkenntnisse und anregende Gedanken.

Friedhelm Weidelich

1. GRUND

Weil es kein interessanteres Hobby gibt

Die Welt der Eisenbahn ist groß. Eisenbahnen fahren fast in allen Ländern der Welt, und wo es noch keine gab, entstehen sie aktuell vielerorts neu. Jeder Eisenbahnfreund kann sich aus dem riesigen Feld der Technik-, Verkehrs- und Kulturgeschichte Hunderte von interessanten Themen aussuchen und wird sein Leben lang nie auslernen. Niemand kann alle Wissensgebiete der Eisenbahn vollkommen überschauen, niemand kennt alle Bahnen und technischen Spielarten. Das macht die Eisenbahn so interessant wie kein anderes Hobby: Ob man sich für afrikanische Bahnen aus der Kolonialzeit, walisische Schmalspurbahnen, moderne Hochgeschwindigkeitszüge, amerikanische Waldbahnloks, gigantische Dieselloks oder neue Elektrolokomotiven begeistert oder ob man die Rhätische Bahn in der Schweiz, die bosnische Schmalspur, die erste Pferdebahn in Österreich, die Darjeeling-Bahn in Indien, französische Bugatti-Triebwagen, den Orientexpress oder eine norddeutsche Torfbahn spannend findet – überall stößt man auf historische und aktuelle Themen und besondere Technologien.

Man kann vor Jahrzehnten stillgelegte Strecken erforschen, Werksbahnen kennenlernen, mit der Kamera auf die Pirsch gehen, mit der Videokamera amerikanische Güterzüge dokumentieren, bei der Museumsbahn Wagen und Lokomotiven restaurieren oder den Zugbegleiter spielen, sich zum Ehrenlokführer ausbilden lassen, in alten und neuen Eisenbahnbüchern schmökern, Fahrkarten, Plakate und Kursbücher sammeln oder sich an alten Dienstvorschriften ergötzen. Ein Beispiel: »Von dem Augenblick der Abfahrt an und während der ganzen Dauer der Reise hat der Zugführer den Befehl über alle den Zug begleitenden Beamten; der Lokomotivführer hat daher allen Anordnungen desselben, welche sich auf die Beförderung und die Sicherheit des Zuges bestehen, unbedingt

Folge zu leisten. In bezug auf die Handhabung und Bedienung der Lokomotive selbst ist der Lokomotivführer allein zuständig und verantwortlich.« Das sagt die »Dienstanweisung für die Betriebsbeamten der nebenbahnähnlichen Kleinbahnen mit Dampfbetrieb« von 1910. Aufgabe des Heizers war es dabei, unterwegs häufig zu schauen, ob noch alle Wagen am Zug waren.

Welche Betätigungsfelder gibt es noch? Brücken und Tunnel sind Themen, zu denen man weltweit Informationen findet. Rekordfahrten, die schnellsten Dampfzüge, Experimente mit Propeller- und Raketenantrieb, die Geschichte der Gasturbinenlokomotiven, neue Hybridfahrzeuge, europäische Magistralen für den internationalen Personen- und Güterverkehr, Zahnradbahnen, Standseilbahnen, Feldbahnen, Straßenbahnen, Park- und Pionierbahnen, Eisenbahnfähren ... Bahnhöfe sind ein spannendes Wissensgebiet, wenn man in die Geschichte der Architektur und des Ingenieurbaus eintauchen möchte. Interessant und unerschöpfliche Objekte der hobbymäßigen Neugier sind Gleissysteme, die elektrische Zugförderung mit Gleich-, Wechsel- und Drehstrom, Signalanlagen und Stellwerke, Wassertürme, Bahnbetriebswerke/Zugförderungsstellen/Depots, Uniformen, die Beschriftung und Beschilderung von Lokomotiven und Triebwagen, Eisenbahneruhren, alte und neue Luxuszüge ...

Die Liste ließe sich beliebig verlängern und ist länger als bei jedem anderen Hobby. Denn mehr als jedes andere Verkehrsmittel ist die Eisenbahn ein System, bei dem alles von allem abhängt: die Fahrzeuge vom Gleis, die Zugsicherungssysteme vom Einsatz, die Bahnhöfe, Gleise und Fahrzeuge von der Umgebung und den Bedingungen für die Beförderung von Personen und Gütern – um nur ein paar Variablen zu nennen.

Eisenbahn ist Geschichte: Technik- und Kulturgeschichte, die Historie von Staats- und Privatbahnen, immer auch Wirtschaftsgeschichte und das Ergebnis von Verkehrspolitik.

Und: Von der Eisenbahn ist es nicht weit zu den Eisenbahnmodellen. Nicht jeder Eisenbahnfreund besitzt und baut eine

Modelleisenbahn, doch mit guten Vorbildkenntnissen kann sie erstrebenswert sein. Denn sie ermöglicht, im Kleinen das festzuhalten, was sich in der Realität ständig verändert. Wer Modelleisenbahnen baut, versucht einzufangen, was er an der großen Eisenbahn liebt. Kindisch ist das nicht, sondern ein anspruchsvolles Hobby im Hobby, das wie jede Leidenschaft Freude stiftet und das Interesse an der Bahn aufrechterhält. Oft ein Leben lang.

2. GRUND

Weil sie Emotionen weckt

Keine Frage: Die Deutsche Bahn schafft es täglich, mit umgekehrten Wagenreihungen, sportlichen Gleiswechseln, Verspätungen und Durchsagen wie »der ICE nach Leipzig konnte leider nicht warten, Sie haben Anschluss in knapp zwei Stunden« für Emotionen zu sorgen. Leider keine guten.

Das Image der Eisenbahn im Allgemeinen ist dagegen viel besser. So wie es leidenschaftliche Autofahrer gibt, gibt es auch leidenschaftliche Bahnfahrer. Man muss nur einmal mit dem Railjet den Semmering überqueren, mit der Berninabahn nach Italien runterfahren, den Brocken mit der Schmalspurbahn erobern oder nach einem langen Tag im fast leeren 1.-Klasse-Wagen des ICEs ein Glas Rotwein genießen. Das sind positive Eindrücke! Aus dem Fenster schauen, ein Buch oder eBook lesen, im Internet surfen, sich zurücklehnen und vielleicht ein wenig dösen – mit der Eisenbahn zu fahren kann ein wunderbar positives Erlebnis sein. Man muss kein Eisenbahnfan sein, um diese entspannte Art des Reisens zu genießen. Am besten hinter einer Dampflok.

Emotionen wecken aber auch modernste Hochgeschwindigkeitszüge wie der französische TGV, der dunkelrote Italo von Alstom der italienischen NTV, der Velaro RUS von Siemens der russischen RŽD, der 350 km/h schnelle Velaro E Spaniens, der ICN der Schweiz, die chinesischen Triebwagenzüge und der altbekannte japanische Shinkansen mit seinen verschiedenen Zuggenerationen. Die stromlinienförmigen Köpfe der bis zu 22.000 PS starken Züge zeigen mit ihrem Design ihre Potenz; erst recht, wenn sie mit 250 bis 350 km/h wie ein Pfeil durch die Landschaft schießen. Einige können sich sogar in die Kurve legen. Die aerodynamischen Züge begeistern alle zwei Jahre in Berlin die Besucher der Eisenbahn-Messe InnoTrans, die sich vor den futuristischen Schienensprintern gern fotografieren lassen. Denn die Eisenbahn wird als fortschrittliches Verkehrsmittel wahrgenommen, mit dem man gern fährt, wenn es ansehnlich ist.

Kalt lassen den Betrachter auch nicht die Diesellok Voith Maxima im Darth-Vader-Look oder die ultrahässlichen britischen Dieselloks, und zwar nicht nur die von früher, sondern auch die moderne, von General Electric für die britische Firma Freightliner hergestellte dieselelektrische Powerhaul-Lok. Diese Güterzuglok hat innen und außen ein so grauenhaftes Design, dass man auf die Idee kommen könnte, dass hier Lego, chinesische Spielzeugkonstrukteure und die Wallace-&-Gromit-Knetgummi-Kreativen die irrsten Formideen in einen Topf geworfen haben. Stark oder bemitleidenswert wirken die kleinen Pummelchen unter den Rangierloks, schnittig oder plump die modernen kastenförmigen Lokomotiven und die bunt lackierten Güterwagen.

Welche Kraft und Energie die Dampflokomotiven verkörperten, lässt sich heute fast nur noch bei Sonderfahrten erkunden. Selbst ein völliger Eisenbahnlaie wird die scharfe Beschleunigung einer gut geführten Dampflok mit ungläubigem Staunen quittieren. Die Abfahrt eines Dampfzugs ist eine Sensation, ein Nervenkitzel, eine sinnliche Angelegenheit für Augen und Ohren. Positive Gefühle weckt auch die Modelleisenbahn. Ob es nun höchste Modellbaukunst mit gealterten Gebäuden, einer stimmigen Landschaft und epochegerechten Zügen ist oder eine Anlage mit vielen Bewegungen und Effekten – immer werden Emotionen erzeugt, von der ehrfürchtigen Bewunderung mit offenem Mund bis zum aufgeregten »Guck mal da!«.

Wer nicht nur als genervter Pendler mit dem Schienenverkehr Bekanntschaft macht, muss die Eisenbahn einfach lieben. Denn sie ist faszinierend, romantisch, vielfältig, altmodisch und sehr modern – und immer interessant.

3. GRUND

Weil sie Hightech ist

Man braucht nur einmal den Führerstand einer Dampf- oder Diesellok aus den 1950er-Jahren mit einem DB-Einheitsführerstand oder dem Führertisch einer modernen Elektrolok zu vergleichen. Dann wird klar, dass die Eisenbahn Hightech ist. Denn mit einem simplen Hebelchen, dem Zugkraftsteller, lässt sich eine Lok fahren und mit einem weiteren Hebel elektrisch bremsen. Davor Bildschirme, die die wichtigsten Daten und die Geschwindigkeit anzeigen. Im European Train Control System (ETCS), das an vielen Strecken der Schweiz und Österreichs bereits installiert ist, werden Geschwindigkeiten mit Computer- und Funktechnologien vorgegeben und überwacht. In Schweden haben die Triebfahrzeugführer bereits einen Tablet-Computer im Führerstand. Neue Fahrzeuge könnten dank Mobilfunk und GPS ohne Signale auskommen und mit dem Zugleitsystem ETCS im Sicherheitsabstand fahren, um die Streckenkapazitäten zu erhöhen. Dabei achten sie auf sinnvolle Geschwindigkeiten, bei denen unnötiges Beschleunigen und Bremsen vermieden wird, um Energie zu sparen.

In einem modernen Zug oder Triebfahrzeug arbeiten Hunderte Computersysteme, Sensoren und Steuergeräte, mit denen kein Luxusauto mithalten kann. Moderne Schienenfahrzeuge bremsen elektrisch und erzeugen dabei Strom, der in die Oberleitung oder Stromschiene zurückgespeist wird – sie rekuperieren. Straßenbahnen können mit der gespeicherten Energie kilometerweit ohne Oberleitung fahren und den Speicher an der Haltestelle in kaum einer halben Minute nachladen. Alle wichtigen Komponenten moderner Triebwagen werden bereits von Sensoren und dem Bordcomputer erfasst und überwacht. Durch vorausschauende Instandhaltung werden Mängel erkannt und beseitigt, bevor Züge unterwegs mit einem Defekt Probleme machen können. Das erfordert ein ausgeklügeltes Zusammenspiel von Fahrzeug, Funknetzen, Datenbanken, statistischer Datenanalyse und Werkstatt – Hightech wie bei der Formel 1.

Hochgeschwindigkeitszüge werden im Windkanal optimiert und in Klimakammern eisigen Temperaturen, Schneestürmen und Tropenhitze ausgesetzt. Mikrofone an der Strecke hören, ob Triebwagenräder und Achslager noch in Ordnung sind oder ob sich ein Schaden anbahnt. Drehgestelle werden im 3D-CAD-System so optimiert, dass sie leicht sind, komfortabel rollen und die Gleise in Kurven schonen. Das ist Ingenieurkunst und eine große Herausforderung, weil man ein tonnenschweres Drehgestell nicht mal eben bauen und testen kann. Und schon gar nicht den ganzen Zug dazu. Während die Autoindustrie mit einer neuen Komponente relativ einfach versuchsweise auf die Teststrecke gehen kann, muss der Eisenbahningenieur schon in der virtuellen Welt Entwicklungen testen, bewerten und optimieren.

Die Eisenbahn war schon immer ein Vertreter der Elektromobilität, die seit ein paar Jahren von den Politikern und den Medien entdeckt wurde, um Elektroautos als Zukunftstechnologie zu propagieren. Das war die in den 1930er-Jahren erfundene Transrapid-Technologie dank Milliardensubventionen auch bis 2011. Elektroautos gab es schon im 19. Jahrhundert, 1882 sogar einen Elektrobus von Siemens mit Oberleitung. Eine Elektrolokomotive stellte Siemens schon 1879 in Berlin vor. Wer Eisenbahnen für »von gestern«

hält, zeigt nur, dass er wenig von Technik versteht oder Autojournalist ist. Wobei auf Letztere häufig das Erstere zutrifft.

Dank Informationstechnologien ist der Schienenverkehr heute mehr denn je Bestandteil von Mobilitätsnetzen, die viele verschiedene Fortbewegungsmittel im Idealfall bestmöglich kombinieren. Dicke Kursbücher sind bei der Deutschen Bahn seit 2008 ausgestorben. Dank Smartphones und Internet sind nicht nur Fahrpläne in Echtzeit abrufbar, man kann auch den Lauf der Züge online verfolgen. Oder sich die schnellsten Verbindungen als verschiedene Verkehrsmittel-Kombinationen anzeigen lassen. Chipkarten öffnen die Zugänge zu U-Bahnen in aller Welt und könnten sich beim Betreten von Bus oder Bahn ein- und beim Aussteigen wieder ausbuchen, um dem Wirrwarr aus Tarifmodellen und Verkehrsverbund-Marotten zu entgehen. Die kundenfreundlichen Technologien sind seit Jahren vorhanden, erfordern aber Investitionen, vor denen die notorisch klammen deutschen Kommunen zurückschrecken.

4. GRUND

Weil sie auch Nostalgie ist

Nostalgie tut der Seele gut und ist eine Möglichkeit, die Vergangenheit sinnvoll in die Gegenwart zu integrieren. »Nostalgische Erinnerungen können unserer Existenz einen Sinn verleihen«, erläutert Daniel Rettig in seinem Buch *Die guten alten Zeiten*. Sie verbessern die Stimmung und lassen uns länger leben. Und: »Die Erinnerung an die Vergangenheit ist wie eine Schatztruhe, die wir sorgsam hüten und bei Bedarf öffnen.«

Eisenbahnfreunde aller Generationen haben Millionen Möglichkeiten, sich der Nostalgie hinzugeben. Vielleicht sind sie deshalb sogar Eisenbahnfreunde geworden. Die Eisenbahn war zwar zu allen Zeiten Hochtechnologie und modern, doch die lange Lebensdauer der Fahrzeuge liefert permanent Stoff für Nostalgiker, die das Alte lieben und gern daran festhalten möchten oder sich zumindest gern daran erinnern.

Schienenfahrzeuge werden für eine Nutzungsdauer von mindestens 30 Jahren gebaut. Die Deutsche Bahn, nicht eben als nostalgisch und geschichtsbewusst bekannt, hat sogar noch Lokomotiven und Wagen im Einsatz, die bereits 50 bis 60 Jahre auf dem Rahmen haben – etwa E-Loks der Baureihe 140 und die Rangierlok V 60, heute die Baureihen 360 bis 364. Die früher wegen ihres Musters in den Stahlwänden als »Silberlinge« bekannten Nahverkehrswagen stammen auch schon aus den 60er-Jahren des 20. Jahrhunderts. Bei diesen Oldtimern kommt aber kaum Nostalgie auf, denn sie sind ja noch Bestandteil der Gegenwart.

Die Fahrzeuge müssen also früher einmal Allgemeingut gewesen, heute aber selten sein, um angenehm nostalgische Gefühle zu erzeugen. Wie die Erinnerungen an Dampfzüge, erbebende Elektroloks, schmächtige, nietenbedeckte Triebwagen und dampfbeheizte Personenwagen. Holzbänke waren alles andere als komfortabel, wirken heute aber so nostalgisch wie die Fenster, die mit dem Lederriemen bewegt wurden. Wie das geht, steht weiter hinten in diesem Buch. Längst Nostalgie sind auch die fremdsprachigen Schilder an den Schnellzugwagen-Fenstern, die mangels Italienisch-Kenntnissen wie eine verschlüsselte Botschaft wirkten: »È pericoloso sporgersi«. Es ist gefährlich, sich hinauszulehnen. Heute bläst an dieser Stelle die Klimaanlage eiskalte Luft ins Gesicht des Reisenden. Wer erinnert sich noch an den Lederriemen, der von einer Achse den Generator unter den dunkelgrünen Zweiachsern antrieb? Den Geruch von Dampf aus der Heizung, der sich mit dem kalten Rauch aus dem Raucherabteil und den Ausdünstungen brauner PVC-Sitze vermischte. An der Decke die flackernden Glühbirnen oder Leuchtröhren. Die Personenwaage im Bahnhof, die nach einem beeindruckenden Brummen für zehn Pfennig das Gewicht auf einem Fahrkartenkarton ausgab. Und wie wunderbar war das Schächtelchen gebrannter Mandeln aus dem Süßwarenautomaten! Es waren zwar nur halbe Erdnüsse im rotbraunen Zuckermantel, doch sie machten Kinder glücklich.

Wenn wir heute eine Dampflok sehen und ihre Kraftentfaltung hören, auf einer Schmalspurbahn die Fahrt auf der offenen Bühne genießen oder die alte Diesellok losröhrt, empfinden wir Nostalgie. Die leicht verklärte Sehnsucht nach rumpelnden Wagen, öligen Dampflokomotiven und Ruß im Haar, Zugführern mit blauer Uniform, roter Schärpe und Kursbuch, strengen, aber kompetenten Eisenbahnern am Fahrkartenschalter, Wasserkränen, klappernd fallenden Signalflügeln und pünktlichen Zügen. Viele haben diese Zeiten erlebt und möchten sie nicht missen.

In 15 Jahren wird man die erste ICE-Generation als Oldtimer wahrnehmen und froh sein, dass sie endlich ausgemustert ist. In 30 Jahren wird man sich gern an diese Art des Reisens erinnern. Pure Nostalgie für die nächste Generation von Eisenbahnfreunden.

5. GRUND

Weil Dampflokomotiven duften

Dampflokomotiven sind dufte Maschinen. Sie riechen nach heißem Öl, nach feuchtem Dampf, nach Kohle und Stahl. Ein würziges Gemisch quillt aus dem Schornstein, in dem sich Dampf, Ruß und der Geruch von Kohlefeuer verbinden. Manchmal erhitzt auch nur ein profaner Ölbrenner das Kesselwasser. Wer einmal auf eine Dampflok geklettert ist, kennt den Geruch an den schwarzen Händen: Eisen, Ruß, Kohlenstaub. Der Duft der Lok für Eisenbahnfreunde. Schmutz für den Normalo.

Schon vor 100 Jahren nahm der hannoversche Arbeiterdichter Gerrit Engelke an der Dampflok Menschliches wahr. Das herabtropfende Öl und Wasser beschrieb er in seinem Gedicht *Die Lokomotive* als Öl- und Wasserschweiß. Die Dampflok schwitzt wie ein

Mensch. Doch zum Glück riecht sie nicht so. Gerrit Engelke schrieb das Gedicht etwa 1914:

Die Lokomotive
Da liegt das zwanzig Meter lange Tier,
die Dampfmaschine,
auf blank geschliffner Schiene,
voll heißer Wut und sprungbereiter Gier ...
Da lauert, liegt das langgestreckte Eisenbiest –
Sieh da, wie Öl- und Wasserschweiß
wie Lebensblut, gefährlich heiß,
ihm aus dem Radgestänge, den offenen Weichen, fließt.
Es liegt auf sechzehn roten Räderpranken,
fiebernd, langgeduckt zum Sprunge,
und Fieberdampf stößt röchelnd aus den Flanken.
Es kocht und pocht die Röhrenlunge –
Den ganzen Rumpf die Feuerkraft durchzittert:
Er ächzt und siedet, zischt und hackt
im hastigen Dampf- und Eisentakt –
Dein Menschenwort wie nichts im Qualm zerflittert.
Das Schnauben wächst und wächst –
Du, stummer Mensch, erschreckst.
Du siehst die Wut aus allen Ritzen gären –
der Kesselröhren Atemdampf
ist hochgewühlt auf sechzehn Atmosphären!
Gewalt hat jetzt der heiße Krampf:
Das Biest, es brüllt, das Biest, es brüllt,
der Führer ist in Dampf gehüllt.
Der Regulatorhebel steigt nach links;
der Eisenstier harrt dieses Winks ...
Nun bafft vom Rauchrohr Kraftgeschnauf:
Nun springt es auf! Nun springt es auf!
Und ruhig gleiten und kreisen auf endloser Schiene

die treibenden Räder hinaus auf dem blänkernden Band;
gemessen und massig die kraftangefüllte Maschine,
der schleppende, stampfende Rumpf hinterher ...
Dahinten – ein dunkler, verschwimmender Punkt,
darüber – zerflatternder – Qualm ...

6. GRUND

Weil Schienen faszinieren

Der Eisenbahnvirus verändert, wenn auch nicht in schädlicher Art, die Wahrnehmung des Ferro-Equinologen – des Stahlross-Liebhabers. Vielmehr schärft er den Blick für alles, was irgendwie nach Eisenbahn aussieht.

Gebrauchte Eisenbahnschwellen erkennt der Eisenbahnfreak an jedem Zaun und jedem Dauer-Provisorium, wo der Laie nur einen alten Balken mit Löchern sieht. Für mehr Aufmerksamkeit sorgen aber die Schienen. Schon eine schlanke Feldbahnschiene als Brückengeländer weckt die Fantasie: Ist sie der Rest einer Feld- oder Werksbahn aus der Nähe oder ein Relikt des Aufbaus nach den Weltkriegen? Das Rätsel wird meist unlösbar bleiben.

Zwei Schienen im Straßenpflaster wecken nicht nur die romantische Ader des Modellbahners, der darin sofort ein Anlagenmotiv erblickt. Die stählernen Profile geben auch dem Entdeckergeist neue Nahrung. Die Geschichtsforschung fällt leicht, wenn man in Wuppertal an der Kohlfurther Brücke von 1893 steht und abenteuerlich aneinandergereihte gebogene Rillenschienen jenseits der Wupper erkennt, über die einmal eine Straßenbahn gefahren sein muss. Das war die Linie 5 nach Solingen, erfährt man gleich gegenüber bei der Bergischen Museumsbahn, die mit ihren historischen Straßenbahnen eine Art Bergbahn auf einer ebenso historischen Wuppertaler Strecke betreibt. Ein Aufstieg auf Meterspur aus dem

Tal der Wupper in die klare Luft des Bergischen Lands ist Pflicht, die Fahrt durch den Wald im Zweiachser ein Hochgenuss.

Schienen sprechen. Das Walzwerk hat in erhabenen Buchstaben seinen Namen und die Jahreszahl ins Profil gewalzt. »Thyssen 1929« oder »Krupp 1928« zum Beispiel, und dahinter ein Zahlencode, der auf das Metergewicht der Schiene und die Form des Profils schließen lässt. 49 Kilogramm pro Meter wiegen die leichten älteren Schienen auf Nebenstrecken. Heute sind 54 und 60 Kilogramm üblich, die Jahreszahl wird nicht mehr angegeben. Dass die Schienen nicht rechtwinklig auf den Schwellen befestigt, sondern leicht nach innen geneigt sind, gehört schon zum Fachwissen, das nur wenige Eisenbahnfans besitzen. Denn Gleise und Weichen sind eine Wissenschaft für sich. Nicht geheim, aber nicht eben populär.

An der Farbe des Rosts erkennt der Enthusiast, ob die Strecke noch befahren wird oder ob sie stillgelegt ist. Die rostige, raue Oberfläche des Schienenkopfs spricht für eine seit Jahren nicht mehr befahrene Strecke. Glänzende Oberflächen hingegen zeugen von regem Schienenverkehr. Eine schmale glänzende, mäandernde Spur markiert ein selten befahrenes Gleis, auf dem nur alle paar Tage ein Güterzug dahinrollt.

Wenn ein Gleis irgendwo im Nichts endet, ein paar Schwellen ohne Schienen im überwachsenen Schotter liegen, denkt der Eisenbahnfan weiter. Es könnte der Rest eines Industrieanschlusses sein oder eine nur zum Teil abgebaute Nebenstrecke. Stillgelegte Strecken lassen sich leicht ermitteln, Informationen über Industriebahnen und Gleisanschlüsse sind schwerer zu finden. Wenn die Neugier siegt, fängt die private Forschung an, mit oft überraschenden Ergebnissen – jedenfalls aus der Sicht des Eisenbahn-Verstrahlten. Fundstücke im Gestrüpp, verrottete Telegrafenmasten, herumliegende Kleineisen, ein Weichenbock ohne Weiche und verbogene Schilder lassen in der Fantasie der Ferro-Equinologen ganze Eisenbahnwelten entstehen. Denn sie sind Technikromantiker mit angehäuftem Fachwissen, das nur sie zu schätzen wissen.

7. GRUND

Weil sie musikalisch ist

Eine losfahrende Dampf- oder Diesellok ist für musikalische und technikaffine Menschen ein Ereignis. Wer beim ICE 2 und 3 oder modernen E-Loks wie der DB-Baureihe 182 und den ÖBB-Reihen 1016, 1116 und 1216 (»Taurus«) die Ohren spitzt, hört beim Anfahren eine Tonfolge. Die Siemens-Ingenieure haben die Regelelektronik der Transformatoren so abgestimmt, dass beim Anfahren eine F-Dur-Tonleiter ertönt. Das klingt gut und signalisiert dem Lokführer bei Fehlern durch schräge Töne, dass etwas nicht stimmt. So muss er nicht auf die Messgeräte achten.

Wer noch den Klang von Schienenstößen kennt oder sie im Ausland und auf Nebenbahnen erlebt, wird mit musikalischem Grundtalent aus dem Rhythmus der Räder Percussion-Klänge generieren. Es kann kein Zufall sein, dass gerade Musiker den Reiz der Eisenbahn erkennen.

Die Komponisten Arthur Honegger und Antonín Dvořák liebten die Eisenbahn. Auch Peter Alexander und Opernsänger Eberhard Waechter aus Österreich sagte man eine Schwäche für die Eisenbahn nach. Johnny Cash sang nicht nur Railroad Songs, er hätte als Kind auch gern mit den Spur-Null-Zügen von Lionel gespielt und besang sie in *The Mystery of Life*: »When I was young, I had Gene Autry guns | But I never had a Lionel train.« Lionel war eine berühmte Modellbahnmarke, die in Nordamerika etwa dieselbe Bedeutung hatte wie Märklin hierzulande. Frank Sinatra neigte auch bei der Modelleisenbahn zu Übertreibungen. Auf seiner Ranch baute er Anlagen und sammelte Modelle, die heute über eine Million Dollar wert sind.

Die illustre Schar der noch lebenden Eisenbahn- und Modellbahn-Enthusiasten verteilt sich über den gesamten englischsprachigen Raum. Phil Collins wird eine Modellbahnleidenschaft attestiert. Der kanadische Musiker Neil Young spielte nicht nur mit Lionel-Bahnen, sondern rettete die Firma auch vor der Pleite. Bruce Springsteen wird nachgesagt, dass er als Kind eine Lionel-Bahn besaß und mit seinem Sohn Sam in den 1990er-Jahren öfter Züge der New York Transit beobachtet hat. Auf der Insel, wo die Eisenbahn erfunden wurde, arbeitet Rod Stewart seit Jahrzehnten an seiner H0-Anlage der New Yorker Grand Central Station, die regelmäßig den Titel der amerikanischen Zeitschrift *Model Railroader* ziert.

Kaum bekannt ist die Tatsache, dass der Sänger der Who, Roger Daltrey, zu den ganz großen Eisenbahnfans gehört. »The great thing about model railways is you can be doing a bit of woodwork, a bit of painting, a bit of this, a bit of that, and have fun with your mates«, zitierte ihn BBC News im Juli 2014. Bastelspaß mit den Kumpels also. Statt in die Glotze zu schauen, wollte er lieber Radio hören beim Modellbahnbauen, soll er mal erzählt haben. In seiner rund 55 Jahre dauernden Karriere als Rocksänger dürften sich ein paar Britische Pfund angesammelt haben, und so unterstützt Daltrey nicht nur Initiativen für krebskranke Kinder, sondern auch den Bau eines Modelleisenbahn-Museums in Ashford (www.aimrec.co.uk). In einem Neubau auf einem ehemaligen Eisenbahngelände sollen Modelleisenbahnen gesammelt und 20 Anlagen in Betrieb gezeigt werden.

Über die Eisenbahnambitionen deutschsprachiger Musiker ist wenig bekannt. Der Boogie-Woogie-Pianist Axel Zwingenberger fotografierte schon als Zehnjähriger Züge und ließ die musikalische Inspiration der Dampflokomotiven in seine stampfende Klaviermusik einfließen. Nach der Wende widmete er den Dampflokomotiven der Deutschen Reichsbahn einen opulenten Bildband. *Vom Zauber der Züge* setzt der Eisenbahn mit fantastischen Nachtaufnahmen ein Denkmal. Das Buch enthält zwei CDs mit seiner Musik und dem Klang der Dampflok. Daneben engagiert sich Zwingenberger für die Erhaltung großer Schnellzug-Dampfloks und sammelt historische Schienenfahrzeuge: www.kultur-auf-schienen.de.

Mit dem Ex-Rolling-Stone Bill Wyman nahm Zwingenberger Platten auf und spielt seit 2009 in der Band The ABC&D of Boogie Woogie, zusammen mit dem Rolling-Stones-Schlagzeuger Charlie Watts. Der sei zwar kein ausgewiesener Eisenbahnfan, weiß Zwingenberger, fuhr aber schon mal auf der englischen Neubau-Dampflok »Tornado« mit und kennt auch einige der Fahrzeuge des Pianisten. »Der Rolling Stone, der tatsächlich Eisenbahnfan war, war Ian Stewart, Mitbegründer und Pianist der Band«, erzählt mir Zwingenberger. »Den habe ich Ende der 1970er kennengelernt. Kein Wunder, dass er sich für die Eisenbahn interessiert hat, schließlich war er auch Boogie-Pianist!«

Ian »Stu« Stewart (1938–1985) spielte auch mit Led Zeppelin. In *Boogie with Stu* auf dem phänomenalen 1975er-Album *Physical Graffiti* hämmert er den Dampflok-Rhythmus in die Tasten.

8. GRUND

Weil Lokomotiven lebendige Wesen sind

Es gibt kaum eine andere Maschine, die wie eine Dampflok zu leben scheint. Wenn man das Glück hatte, den Dampfbetrieb in all seinen Facetten zu erleben, schwingt bei der Erinnerung an die 1960er- und 1970er-Jahre Wehmut mit. Damals endeten bei der Deutschen Bundesbahn die letzten Dampfloks auf dem Schrottplatz. Nur in der DDR war Dampfbetrieb noch alltäglich, an manchen Stellen bis Mitte der 90er-Jahre des 20. Jahrhunderts. Immerhin: Zahllose Museumsbahnen und Museumsloks machen noch heute die Faszination der Dampfeisenbahn nacherlebbar.

Doch was lässt die Dampflok so lebendig erscheinen? Sie atmet! Jeder Dampfstoß ist wie ein Atemzug. Nach der Arbeit in den Zylindern stößt die Lok den Dampf über das sich verengende Blasrohr in der Rauchkammer ins Freie. Das ist Lärm, wie ihn Eisenbahnfreunde lieben. Lärm, der stoßweise die Kraft der Dampfmaschine hörbar und durch eine 20, 30, 40 Meter hohe Dampfsäule sichtbar macht. Eine Sinfonie der Dampflok.

Schon im Stand zeigt das fahrbare Kraftwerk Leben. Irgendwo entweicht immer ein wenig Dampf, manchmal von Lokführer oder Heizer gesteuert, manchmal wegen kleiner Undichtigkeiten. Oder mit ohrenbetäubendem Lärm, wenn das Sicherheitsventil zu hohen Druck im Kessel ablässt. Die Speisepumpe saugt schlürfend und schmatzend Wasser aus dem Tender, ganz automatisch. Und auch die Luftpumpe erledigt ihre Arbeit ganz von selbst. Wird Strom gebraucht für die Beleuchtung und die Induktive Zugsicherung, muss auch der Turbogenerator laufen. Ein brummender, dampfbetriebener Dynamo, aus dessen Abdampfrohr ein dünnes, weißes Dampffähnchen weht. Die Dampflok lebt, sie strahlt Wärme aus wie ein Körper. Kohle, Holz oder Öl erhitzen das Wasser im Kessel, der leise vor sich hin singt. Man spürt die gebändigte Kraft kaum, bis sie sich beim Fahren entlädt.

Dampflokomotiven waren immer Individuen. Lokführer und Heizer können von ihrer Lok erzählen, als wäre es eine Partnerin mit menschlichen Eigenschaften. Etwas widerborstig, zickig, gutmütig, anspruchslos oder nur mit gewissem Geschick zur Arbeit zu bewegen. Aber immer zu bändigen durch ein Lokpersonal, das seine Arbeit gelernt hat und liebt. So, wie es seine Lok liebt und pflegt. Denn Dampfloks brauchen Zuwendung und Aufmerksamkeit, wenn sie laufen sollen.

Und dann wäre da noch die Pfeife. Hoch und schrill wie in vielen Ländern oder mehrstimmig und melodisch wie in Amerika, wo die Bauart der Pfeife von Flussdampfern übernommen wurde. Gute Lokführer haben es immer verstanden, die Pfeife als Musikinstrument einzusetzen – oder als Stimme der Lok. Sie sprechen, sie warnen, sie grüßen mit dem fein dosierten Zug an der Dampfpfeife. Es soll Lokführer gegeben haben, die man an der Melodie ihrer Pfiffe erkannte. Im Vorbeifahren auf ihrer in weißen Dampf gehüllten Lok.

9. GRUND

Weil Güterzüge bunt sind

Das Aschenputtel der Züge war einst der Güterzug: eine Kette von braunen Wagen in offener und geschlossener Bauart, dazwischen ein paar graue Kesselwagen und einzelne weiße Kühlwagen, schwarze Tragwagen mit kleinen Behältern, selten ein Großraumwagen mit Dämmmaterial und ein paar bunte Zweiachser aus dem Ausland. In den 1960er-Jahren boten die Dachformen noch die größte Abwechslung, und bei den Fahrgestellen war ab und zu ein Speichenrad oder ein ungebremster Wagen, der Leitungswagen, schon ein Hingucker.

Seit den 1990er-Jahren sind Güterzüge ein buntes Schauspiel, das selbst einen altgedienten Eisenbahnfreak wie mich immer wieder überrascht. An der Güterzugstrecke in meiner Nähe beobachte ich binnen einer Stunde gut ein Dutzend Güterzüge mit Lokomotiven von Firmen, von denen ich noch nie gehört habe und die mir auch in den Zeitschriften nie aufgefallen sind. Etwa 300 Eisenbahnverkehrsunternehmen treiben sich auf den Gleisen hierzulande herum. Selbstständige mit ein, zwei Loks, Ableger von großen Industrieunternehmen oder Töchter ausländischer Eisenbahnen wie die schweizerische SBB Cargo, deren rot-blaue E-Loks sogar in Norddeutschland Güterzüge ziehen.

Da kommt eine weiße Siemens-Diesellok der Baureihe 223 mit Autotransportwagen, auf denen Autos verladen sind. Dann ein langer Gleisumbauzug hinter zwei Voith Maxima mit dem Darth-Vader-Gesicht, aber in Gelb und Grau. Dann eine uralte 140 der DB mit rechteckigen Puffern und einem bunt gemischten Güterzug, rasch gefolgt von einer kantigen Voith Gravita der DB-Baureihe 265 mit einem beladenen Autozug und die DB-185 mit einem Güterzug mit Sattelaufliegern und Containern. Dann braust ein kurzer gelber Bauzug mit einer ehemaligen Reichsbahn-V100 vorbei, während ein Güterzug mit Schüttgutwagen hinter E-Loks der Baureihen 152 und 151 den Mittellandkanal überquert. Schon naht ein Kesselwagenzug am Haken eines geleasten Siemens-Vectron, silbrig mit blauem Streifen und dem Schriftzug *Railpool*, während in der anderen Richtung eine Traxx-Lok von Bombardier einen Containerzug nach Hamburg bringt. Ein Zug mit Schienenprofilen passiert die Brücke, in der Gegenrichtung rollt ein Zug voller Baumstämme nach Osten, gefolgt von einem Ganzzug mit leeren Autotransportwagen für Wolfsburg.

Eine weiße E-Lok der Baureihe 185 mit lindgrün umrahmtem Führerhaus, von Captrain geleast, zieht einen Ganzzug mit Kohlewagen. Eine blaue 204 der PRESS fährt als Leerzug vorbei. Dann eine 145 mit Taschenwagen, in denen Sattelauflieger verladen sind, und ein paar halbleeren Containertragwagen. Die 185 399 mit den großen Ziffern »399« und »DB Schenker & Bombardier« auf den Seitenwänden überquert den Mittellandkanal bei Hannover-Misburg, als ich mich auf den Heimweg mache. Eine bunte E-Lok der HVLE folgt mit leeren hellgrauen Taschenwagen.

Was da mit Getöse in hohem Tempo vorbeirollt, ist auch mit der Kamera nur bruchstückhaft zu erfassen, aber interessant. Anthrazitfarbene, eigenartig gewellte Container entpuppen sich als neueste Kreation aus Tschechien, die oben offen ist. Mit Graffiti beschmierte Wagen, bunte Container in allen Farben und Größen, aus unzähligen Wagentypen zusammengestellte Züge mit Zwei- und Vierachsern wechseln sich ab. Und mit etwas Glück schleicht auch ein ICE in Doppeltraktion vorbei, während vor ihm das grüne Vorsignal auf Orange und dann wieder auf Grün wechselt.

So viel Abwechslung gab es zu Bundesbahnzeiten nicht. Jedes Eisenbahnzeitalter, auch das moderne, bietet Stoff zum Sammeln und Fotografieren. Denn in 30 Jahren werden auch diese Bilder Geschichte sein.

10. GRUND

Weil sie Glücksmomente schenkt

Jedes Hobby hat seine Glücksmomente – so wie in der Bierwerbung, wo ein junger Mann, der wahrscheinlich noch nie Motorenöl an den Fingern hatte, bei seinem frisch restaurierten 911er einen Scheinwerfer einsetzt und seinem stillen Glück mit einer Flasche Bier Ausdruck gibt. Etwas geschafft zu haben, macht glücklich. Das stärkt den Bierkonsum. Aber ist das Glück dann von Dauer? Eher nicht. Denn mit dem Alkoholpegel sinkt auch das Glücksgefühl. Die Gartenlaube, der Porsche, das Beet ist fertig. Und was jetzt?

Wir Eisenbahnfreunde erleben immer wieder neue Glücksmomente:
- Wenn wir mit der Kamera an der Strecke stehen und eine seltene Lok fährt vorbei.
- Wenn ich in Kanada mit der Videokamera einen Güterzug aufnehmen will und gleichzeitig der Personenzug, der nur alle paar Tage verkehrt, ins Bild fährt.
- Wenn der Teenager mit der Kamera am Bahnhof steht, wo die V 200 den Gegenzug abwartet und der Lokführer für ein paar Minuten auf den Führerstand bittet.
- Wenn in der Ferne eine Dampffahne über einem Sonderzug hängt und an frühere Zeiten erinnert.
- Wenn ein Pfiff aus der Ferne signalisiert, dass im Hafen eine alte V 60 rangiert.
- Wenn die Dampflok so richtig losballert, weil der Lokführer sein Handwerk beherrscht.
- Wenn man auf der Plattform des letzten Wagens einer Schmalspurbahn steht und seinen Gedanken freien Lauf lassen kann.
- Wenn man mithilfe von Logik, Messschieber und etlichen Fahrversuchen endlich herausgefunden hat, dass der Modellbahnwagen deshalb entgleist, weil ein Radsatzmaß nicht stimmt.

- Wenn man alte Fotos betrachtet und sich noch erinnert, wo und wann das war.
- Wenn ein Eisenbahnfotograf mit einer neuen Perspektive überrascht. Mit etwas Neid: Wieso bin ich nicht auf die Idee gekommen?!
- Wenn man im Frühling in der warmen Sonne im Gras sitzt, mit der Kamera auf einen Zug wartet und die Gleise zu singen anfangen.
- Wenn man zu spät dran ist und der Zug wegen Verspätung noch gar nicht da ist.
- Wenn im ICE noch ein Platz frei ist.
- Wenn in der handyfreien Zone tatsächlich mal niemand telefoniert.
- Wenn bei einer Autofahrt auf der nahen Eisenbahnstrecke plötzlich ein superinteressanter Zug auftaucht und man ihn gleich mit der Kamera verfolgen kann.
- Wenn der Zug auf der Gartenbahn eine Runde ohne Aussetzer schafft.
- Wenn man das neue Lokmodell ausgepackt hat.
- Wenn im ICE auf der Heimfahrt ein frisch gezapftes Bier am Platz serviert wird.

Das sind Glücksmomente, die man als Eisenbahnfreund genießt. Und laufend kommen welche hinzu.

2. KAPITEL
AKTIVITÄTEN

11. GRUND

Weil man seinen Sammeltrieb ausleben kann

Der Mensch ist im Allgemeinen kein Jäger mehr. Doch Sammler ist er geblieben, jedenfalls gilt das für die meisten Eisenbahnfans. Die Sammelleidenschaft kann sich hier unbegrenzt ausbreiten, sofern eine leidensfähige Familie, Geld und vor allem Platz vorhanden sind. Es muss ja nicht gleich eine Diesel- oder Feldbahnlok in Originalgröße sein, die man in den Vorgarten setzt. Obwohl es stolze Besitzer von Lokomotiven und Wagen im Garten gibt. Einer baute sein neues Haus sogar zwischen zwei vierachsige Postwagen und erhielt, oh Wunder der deutschen Bürokratie, sogar eine Baugenehmigung dafür. Weniger raumgreifend demonstrieren andere ihre Liebe zur Eisenbahn mit einem acht Meter hohen Flügel- oder Vorsignal im Garten, wieder andere haben dort wenigstens eine Weichenlaterne aufgestellt. Sehr beliebt sind auch Schlusslaternen mit Petroleumlampen, die beim Original schon lange verschwunden sind. Eine 50 Kilogramm schwere Glocke taugt ebenso zum Sammelobjekt wie Schaffnerlampen, Stempelpressen für Fahrkarten, Schaffnerzangen zum Kartenknipsen, Trillerpfeifen, Mützen und die eine oder andere Uniform.

Wer systematisch sammelt, findet reichlich Objekte. Mit philatelistischem Gespür lassen sich Briefmarken mit Eisenbahnmotiven aus aller Welt den Alben einverleiben. Alte Pappfahrkarten, nur noch bei Museumsbahnen im Einsatz, erinnern an gemütlichere Zeiten und daran, dass das Reisen mit der Eisenbahn einst erschwinglich war.

Ein 2008 beendetes Kapitel, jedenfalls in Deutschland, ist das der Kursbücher. Es ist ein nostalgisches Gefühl, in den alten Wälzern aus leicht beigem Papier zu blättern, die Karte mit den Streckennummern zu entfalten, um noch einmal nach den D-Zügen mit Namen zu suchen und das Zugangebot auf längst stillgelegten oder sogar wieder in Betrieb genommenen Strecken zu studieren. Bei Fernstrecken mussten vor der endgültigen Intercity-Einführung im September 1971 noch die Tage berücksichtigt werden, an denen der Zug nicht fuhr; eine Stolperfalle für Ungeübte. Am Ende der Dampflokzeit, noch ganz ohne Computer, brauchte der erfahrene Bahnbeamte am Schalter des Dorfbahnhofs inzwischen vergessene Kulturtechniken, um einem Gelegenheits-Bahnfahrer zwischen der Abfertigung von zwei Zügen die optimale Verbindung mit den wenigsten Umstiegen und dem kürzesten Weg zu vermitteln. Von Hand, auf einem Formblatt selbstverständlich.

Kaum ein Eisenbahnfreund, der nicht eigene oder fremde Bilder sammelt. Eisenbahnpostkarten waren die SMS oder E-Mail im 19. und 20. Jahrhundert, mit allgemeinen Motiven, die der Fotograf durch retuschierte Fantasie-Loknummern anonymisiert hatte. Oder die Bahnhofspostkarten, die Sehnsucht nach der Ferne weckten und die Vorzüge der Bahnhofswirtschaft bildlich darzustellen versuchten. Und ganz zuletzt, in den 1990er Jahren, illustrierte auch die Bahnindustrie ihre Zukunftsprojekte, etwa neue Straßenbahnen, auf Postkarten. Vorbei! Bilder gibt es heute nur noch online oder als PDF. Ein guter Grund, hinter den Hochglanzpostkarten vergangener Zeiten hinterherzujagen. Ein abgeschlossenes Sammelgebiet.

Wer eigene Bilder sammelt, ist heute mit der Digital- oder einer Videokamera unterwegs. Motive gibt es genug: vom Sonderzug mit Dampflokomotive über exotische Eisenbahnsysteme in fernen Ländern bis zu den vielen bunten Privatbahn- und Werbeloks, die mit Güterzügen quer durch Europa fahren. Oder die nostalgischen bis hochmodernen Schmalspurbahnen wie die Rhätische Bahn in der Schweiz.

Nicht zu vergessen als Sammelobjekt sind die Lokschilder! Schon 1968, als die sogenannten Computernummern mit der Prüfziffer hinter dem Bindestrich eingeführt wurden, wurden die Schilder nicht mehr gegossen, sondern nur noch mit Folien aufgeklebt.

Damals verkaufte die Deutsche Bundesbahn die Schilder für wenig Geld oder man ließ sie sich von einem Eisenbahner schenken. Manche wilderten mit Erfolg auf Schrottplätzen oder klauten sie samt dem DB-Keks von noch betriebsfähigen Loks. Auch in der Schweiz verschwanden so viele Kantonsschilder von den stolzen Elektrolokomotiven, sagt man. Manche Rarität gibt es noch als Nachguss, zum Beispiel BD-, Bw- und Gattungsschilder, daneben auch Fabrik- und Kesselschilder. Gut erhaltene Originale werden hoffentlich auch den Nachlass vieler Sammler überdauern.

Bücher sind trotz Internet noch immer die beste Quelle für umfassende Informationen über Lokomotivbaureihen, Strecken, Privatbahnen, Bahnhöfe und die vielen anderen Themen, die Eisenbahn- und Modellbahnfreaks bewegen. Wer Eisenbahnen in Aktion und akustisch genießen will, sammelt vielleicht auch Videos und ballert mit der Dampflok durchs Wohnzimmer oder lässt die Surroundanlage mit der Diesellok erzittern.

Was man noch sammeln kann: Modelleisenbahnen! Es gibt sie in allen Größen und Ausführungen, alt und neu. So viele, dass man einige Bücher nur mit der Beschreibung der wichtigsten Marken und Modelle füllen könnte. Das Liebenswerte an der Modellbahn versuchen die Kapitel weiter hinten in diesem Buch zu erkunden.

12. GRUND

Weil man Dampfzüge erleben kann

Eine Dampflok im Museum ist besser als eine im Schrott. Der kalte Stahl beeindruckt durch seine Größe und mechanische Komplexität. Doch er strahlt so wenig aus wie das steinerne Denkmal eines Dichters oder Komponisten. Trotzdem muss man über jede Dampflok froh sein, die in einem der zahlreichen Museen, bei Vereinen, Bahngesellschaften und Privatleuten erhalten geblieben ist.

Das Wesen der Dampflok erschließt sich aber nur im Betrieb, wenn die Maschine mit Kohle, Öl oder Holz gefüllt ist und die Glut in der Feuerbüchse das Wasser in Dampf verwandelt. Nur die warme Lok mit ihrem Geruch nach Öl, Stahl, Dampf und Kohle strahlt Leben aus. Wasser tropft, Dampf tritt aus, der Generator summt. Das ist gebändigte Dampfkraft, die sich brachial äußert, wenn die Dampfmaschine Hunderte Tonnen in Bewegung gesetzt hat und die Restenergie über dem Schornstein als entspannter Dampf verpufft. Das von Wasser in Dampf und dann in Druckluft verwandelte flüssige Medium wird nach der Arbeit in den Zylindern wieder zu Dampf und vermischt sich mit den angesaugten Abgasen des Feuers, um wieder zu Wassertröpfchen zu werden. Ein wenig Ruß und mikroskopisch feines Öl sind auch dabei.

Schon eine kleine Schmalspurdampflok macht die Kraft des Dampfs sichtbar und ein bisschen hörbar. Unzählige Museumsbahnen auf verschiedenen Spurweiten machen vom Frühjahr bis in den Herbst an den Wochenenden Dampfbetrieb, um ihre Lokomotiven und Züge stilgerecht zu zeigen. Umweltvorschriften und modernisierte oder längst geschlossene Bahnhöfe sorgen zwar dafür, dass die alten Zeiten des Dampfbetriebs nicht mehr originalgetreu reproduziert werden können, doch einen hautnahen Einblick, wie die alte Technik funktioniert, erhält man doch. Und heute hat das Lokpersonal meist die Muße und Lust, das manchmal schon 100 Jahre alte Exemplar den Eisenbahn-Interessierten näherzubringen. Wenn es die Strecke hergibt, Heizer und Lokführer ihren Job beherrschen und der Mann am Regler ein wenig Ehrgeiz hat, werden optische und akustische Erlebnisse möglich, an die man sich noch lange erinnert.

Leider selten finden Fahrten mit großen Schnellzug-Dampflokomotiven statt, bei denen die über 100 Tonnen schweren Kolosse unter der Führung temperamentvoller Lokführer zeigen können, was in ihnen steckt. Treib- und Kuppelräder mit Durchmessern von zwei Metern und mehr in Bewegung zu sehen ist ein Genuss. Dazu der 4/4- oder 6/6-Auspuffschlag einer Zwei- oder Dreizylinderlok, der sich von einem sonoren Fauchen beim Anfahren bis zu einem fast schon motorisch klingenden Stakkato bei Geschwindigkeiten über 100 km/h steigert, wie ihn kein digitaler Sounddecoder beherrscht.

Man muss viel im Internet unterwegs sein, um die Sonderfahrten und Dampftage zu entdecken, bei denen Schnellzugdampfloks auf Hauptstrecken zum Einsatz kommen und wie in alten Zeiten Fahrten mit Schnellzügen absolvieren. Doch der Eindruck einer anfahrenden oder vorbeidonnernden Schlepptenderlok bleibt haften und entschädigt auch für weite Anreisen. Eine Mitfahrt im Zug mit offenen Fenstern steigert das Vergnügen und hilft durch den Fahrkartenkauf, die wertvollen, teuren Lokomotiven zu erhalten.

13. GRUND

Weil man gemeinsam Eisenbahn spielen kann

Das Eisenbahnhobby lockt Macher an. Der Individualist verwirklicht im stillen Kämmerlein seine Hobbyideen auf der Modellbahn, baut akribisch Modelle oder eine riesige Anlage. Manch einer wählt den Weg in die Öffentlichkeit mit Videos und Fotos, die er im Internet präsentiert. »Sharing« heißt das auf Neudeutsch, man teilt seine Hobby-Leidenschaft und gewinnt damit vielleicht Freunde und Bewunderer. Der gesellige Eisenbahnfreund ist lieber mit sogenannten Gleichgesinnten zusammen und bringt seine Fähigkeiten ein, um eine Lokomotive oder eine Museumsbahn zu erhalten oder die Möglichkeiten der gemeinsamen Modellbahnerei zu nutzen.

Eisenbahn ist Technikgeschichte und ein Kulturgut, das erhalten werden muss. Zum Spaß und um die unaufhaltsame Entwicklung der Eisenbahn für junge Menschen und künftige Generationen zu dokumentieren. Zahlreiche Museumsbahnen, Vereine und lose

Gruppen von Eisenbahnfreunden verbinden das historisch Nützliche mit ihrem Interesse an Technik und einem gewissen Spieltrieb.

»Eisenbahn spielen« ist in diesem Zusammenhang fast schon eine Verniedlichung, denn das Restaurieren, Reparieren und Fahren von Schienenfahrzeugen erfordert viele Qualifikationen. Was früher als Beruf ausgeübt wurde, ist nun freiwillige Tätigkeit von Profis und Laien, die sich Ziele gesetzt haben und sie gemeinsam erreichen wollen: der Wiederaufbau einer alten Feldbahn, die betriebsfähige Erhaltung einer Schnellzugdampflok oder eines ganzen Zugs, der Betrieb einer Museumsbahn mit historischen Fahrzeugen. Das ist Teamwork mit allen Konsequenzen und Konflikten, die es auch bei »richtiger« Arbeit gibt, und doch unter anderen Vorzeichen, weil man es freiwillig tut – ohne Zwang und damit ein wenig auf spielerische Art. Ein Geschenk an die Öffentlichkeit, aber auch mit dem leisen Stolz, eine teilweise schon historische Technik zu beherrschen, die für Außenstehende undurchschaubar ist. Eine Technik, deren Mechanik fasziniert und die, Interesse, Anleitung und etwas Abstraktionsvermögen vorausgesetzt, verständlich ist, womit sie sich wohltuend von der heutigen Elektronik abhebt, die aus undurchschaubaren Programmen und Halbleitern besteht.

Aber es ist auch ein Spiel, in die Rolle eines Heizers, eines Zugführers oder Fahrdienstleiters zu schlüpfen. Die harte Arbeit des Rangierers am eigenen Leib zu spüren, in die Feuerbüchse zu klettern, um sie zu reinigen, das Gestänge zu ölen und den Geruch einzuatmen, den eine Dampflok ausströmt. Oder sich im frisch restaurierten Wagen auf der ersten Fahrt den Wind um die Nase wehen zu lassen und am Abend bei einer Flasche Bier mit den müden, aber glücklichen Mitstreitern über alte Zeiten und die Zukunft der eigenen Bahn zu diskutieren.

Wer sich im Verein oder bei einem Modultreffen trifft, um eine Großanlage zu bauen oder aus Modulen für ein paar Tage zusammenzufügen, will auch spielen und Erfolgserlebnisse haben. Mit seinen Modellen ein paar Hundert Meter Gleis in einer Turnhalle zu befahren oder vorbildnahen Betrieb nach Fahrplan zu machen, ist Spielen im besten Sinn. Bis es so weit ist, müssen Pläne geschmiedet, Strecken und Bahnhöfe geplant werden. Das Internet erleichtert die Vorbereitung über Ländergrenzen hinweg und bringt Modellbahner zusammen, die sich sonst nie begegnen würden. Probleme mit der Digitalsteuerung sind zu klären, die Kenner bringen ihr Wissen ein, die anderen lernen, Fehler zu finden.

Wenn dann die Züge rollen und der Betrieb einer richtigen Eisenbahn nachgeahmt wird, entfaltet sich das Spiel in seiner ganzen Bandbreite. Kindliche Träume vom Führen einer Lok werden wahr, man sieht sich im Zug dahingleiten wie in der Kindheit. Die Steuerung des Modellzugs erfordert die Aufmerksamkeit eines Erwachsenen und die Abstimmung mit den anderen Teilnehmern. Die Fantasie bekommt Flügel, wenn fremde Landschaftsmodule durchquert werden und sich Assoziationen echter Landschaften einstellen. Dann wird die Modellbahn ein Universum, das nur dem Träumenden gehört. Ein stilles Glück, das nur Modellbahner erfahren. Vergleichbar mit dem Glück, auf einem Segelboot dahinzugleiten.

14. GRUND

Weil man eine Straßenbahn fahren darf

»Jetzt können Sie mal eine Vollbremsung machen«, sagt der Fahrschullehrer und hält sich vorsorglich fest. Ich drehe den Fahrschalter nach hinten und muss mich abstützen, so schnell bremst der zweiachsige Fahrschulwagen 401 der Freiburger Verkehrs AG auf der Strecke nach Freiburg-Littenweiler. Das war im Oktober 1974 bei einem Tag der offenen Tür. Der Fahrschulwagen von 1951 ist längst abgestellt, doch es war mein erstes Mal am Fahrpult eines Straßenbahnwagens. Beeindruckend. Unzählige Male habe ich 30

Jahre später in Düsseldorf in den alten Duewag-Wagen der Rheinbahn hinter dem Pult mit dem Fahrschalter gesessen und jede Handbewegung der Fahrerin oder des Fahrers verfolgt. Kurbel nach vorn = beschleunigen. Mittelstellung = rollen lassen. Kurbel nach hinten = bremsen.

2011 bot sich endlich wieder die Gelegenheit, einen Fahrschulwagen selbst zu fahren. Im Hannoverschen Straßenbahn-Museum in Sehnde-Wehmingen wartet der Fahrschulwagen 2304 der Düsseldorfer Rheinbahn in Cremefarbe mit roten Streifen und dem Ziel Benrath Betriebshof, Linie 701, auf Besucher. Die Einweisung ist kurz, der Fahrschullehrer sitzt auf seinem üblichen Platz seitlich hinter dem Fahrer. Die Türen schließen sich auf Knopfdruck, ein Tritt auf das Glockenpedal als Achtungssignal, Fahrschalter leicht nach vorn, und schon setzt sich der kurze Vierachser aus den 1950er-Jahren fast geräuschlos in Bewegung. Die Strecke auf dem Museumsgelände besteht aus vielen Weichen, zwischendurch muss ich halten, damit der Fahrschullehrer aussteigen und eine Weiche stellen kann.

Dann drehe ich den Fahrschalter wieder nach vorn. Mit 30 km/h rollt der Triebwagen dahin und wird vor der sehr engen Kurve am Ende des Geländes abgebremst, um im Schritttempo mit kreischenden Rädern einen Halbkreis zu bewältigen. Mit Tempo geht es nach einem beherzten Tritt auf das Glockenpedal in einem leichten Bogen voran, an abgestellten Straßenbahnwagen vorbei, die vor dem Schneidbrenner gerettet wurden und auf ihre Restaurierung warten. Viel zu schnell ist der Ausgangspunkt in der offenen Abstellhalle erreicht. Der Fahrschullehrer mahnt zur Vorsicht, doch der Wagen kommt rechtzeitig vor den abgestellten Fahrzeugen zum Stehen. Ich habe den Fahrschalter begriffen und bin ja schon ein bisschen Profi, denke ich. »Et hätt no immer jotjejange«, sagt man im Rheinland. Es ist noch immer gut gegangen.

Den Fahrschulwagen des sehenswerten Tram-Museums kann man auch stundenweise mieten. Die in Richtung Mittellandkanal verlängerte Strecke bietet neue Perspektiven und die Gelegenheit, im Stil einer Überlandstraßenbahn durch die Felder zu fahren, mit größter Vorsicht an den Feldweg-Übergängen. Es könnte ja plötzlich ein Traktor aus dem Nichts auftauchen.

15. GRUND

Weil auch Amateure an den Regler dürfen

Eine Dampflokomotive ist eine faszinierende Maschine, ein Dampfkraftwerk mit Rädern. Wer möchte nicht einmal am Regler stehen und eine Lok steuern?

Eine Dampflok zu beherrschen, lernt man nicht in zwei Tagen. Aber mit etwas Geld, Einsatz und Lernbereitschaft darf man eine fahren – als Ehrenlokführer auf einer Schmalspurbahn. Private Eisenbahnunternehmen und Museumsbahnen bieten Lehrgänge an, die einen Einblick in die Arbeit des Lokpersonals und die Funktionsweise einer Dampflok geben. Einen Tag, ein Wochenende oder sogar zwölf Tage dauert die Ausbildung zum Ehrenlokführer. Dann erhält man die Möglichkeit, unter Aufsicht des Lokführers einen Zug zu führen. Das ist nicht ganz einfach und setzt zum Beispiel bei den Harzer Schmalspurbahnen voraus, dass man Signalkenntnisse erwirbt, Rangierzeichen – also Handzeichen und Pfiffe – lernt, beim morgendlichen Aufrüsten der Lok mithilft, auf der Lok mitfährt und eine Prüfung besteht. Wer dann in den Führerstand steigt und zum Spaß die Pfeife betätigt, weil sie so schön laut ist, hat schlechte Karten auf dem Weg zum Brocken. Denn ein öffentliches Verkehrsmittel ist kein Spielzeug, das Pfeifen ist geregelt und kein Freizeitspaß. Manchem Amateurlokführer fällt diese Einsicht schwer.

Mit dem nötigen Respekt gegenüber Lokführer und Heizer, Verantwortungsbewusstsein, Lernbereitschaft und Hilfe beim Auf- und Abrüsten der Lok wird das Führen der Dampfmaschine eine Herausforderung und ein fantastisches Erlebnis. Vielleicht so wie die erste Praxisstunde in der Fahrschule. Nach acht oder zehn Tagen auf der Lok ist der Respekt vor der Arbeit des Personals gestiegen, die romantischen Vorstellungen vom Triebfahrzeugführer-Beruf haben einer realistischeren Betrachtung Platz gemacht.

Wegen des Aufwands werden Ehren- oder Amateurlokführer nur noch bei wenigen Bahnen ausgebildet. Sie müssen gut sehen und hören können und auch körperlich fit sein, weil das Bedienen von Regler, Steuerung und Bremsventil Kraft erfordert und die Arbeit im Stehen geleistet werden muss. Das Angebot ändert sich jedes Jahr. 2015 boten die Harzer Schmalspurbahnen eine 13-tägige Ausbildung an, die durch eine Prüfung und einen Ruhetag unterbrochen ist. Die Schüler werden einem bestimmten Lokpersonal zugeteilt und erleben den Betriebsdienst in allen Facetten vom Dienstantritt zu nachtschlafender Zeit bis zum Ab- und Aufrüsten der Lok nach einer langen Schicht. Preis: 1.399 Euro. Es ist ratsam, ein Jahr im Voraus zu buchen.

Die schmalspurige Mansfelder Bergwerksbahn bietet drei Kurse ab 499 Euro an, bei denen man zehn Kilometer oder einen ganzen Tag lang einen Dampfzug führen darf. Fünf bis 20 Mitreisende dürfen im Zug kostenlos den Fahrkünsten des Loklehrlings folgen. Die Sächsisch-Oberlausitzer Eisenbahngesellschaft in Zittau bietet in der Nebensaison eine zweitägige Ausbildung zum Ehrenlokführer an, der dann zehn Tage lang am Betriebsdienst teilnehmen darf.

Entspannt geht es bei der Selfkantbahn im Raum Aachen zu, wo man an einem Wochenende die Meterspur-Dampfloks der Bahn kennenlernt und sie dann vor Zügen durch die Felder steuern darf. Die Mecklenburgische Bäderbahn Molli lässt wegen des Aufwands niemanden mehr an den Regler, bietet aber im Frühjahr und Herbst ein Dampflok-Erlebniswochenende an, bei dem eine Mitfahrt im Preis enthalten ist. Letztere kann man auch separat kaufen. Die Museums-Eisenbahn Bruchhausen-Vilsen bietet Wochenendkurse an, in denen man das Kleinbahner-Diplom erwerben kann. Dabei lernt man einige Tätigkeiten der Kleinbahn kennen, hilft beim Auf- und Abrüsten der Dampfloks und darf auch mal zum Regler greifen.

Der Club DR Ehrenlokführer (www.dr-ehrenlokfuehrer.de) pflegt den Erfahrungsaustausch und organisiert Reisen für Amateur-Lokführer.

16. GRUND

Weil man sie fotografisch dokumentieren kann

Die Eisenbahn ist ein Fotoobjekt mit zahllosen Perspektiven. Das war vor Jahrzehnten so und hat sich bis heute nicht grundsätzlich geändert. Es gibt zwar viele Gründe, den Dampflokomotiven und gepflegten Bahnhöfen nachzuweinen, wo man den Fahrdienstleiter schüchtern nach Güter- und Sonderzügen fragen konnte, die nicht im Fahrplan standen. Doch vorbei ist vorbei.

Heute sind die Bahnhöfe verwaist und häufig ungastliche Orte. Ansprechpartner gibt es nur noch selten, das Smartphone ersetzt den notierten Fahrplan oder das mitgeschleppte Kursbuch. Wo damals drei Dampflok-, zwei Diesellokbaureihen und die ungeliebten Schienenbusse fuhren, trifft man heute auf Doppelstockzüge, Privatbahnen, ICEs in allen Variationen, bunte Triebwagen und noch buntere Güterzug-Elektroloks aus verschiedenen Ländern. Dazwischen 60 Jahre alte Diesel-Oldtimer und private Bauzüge. Wer die Faszination der Dampflok nicht mehr kennengelernt hat, freut sich aktuell über die neueste E-Lok, die letzten der alten DR- und DB-Lokomotiven und ein Foto des nagelneuen Triebwagenzugs am ersten Einsatztag oder bei Schulungsfahrten. Oder hält seine Kamera auf die röhrende Diesellok mit der ungewöhnlichen Abgasfahne.

Wie die Eisenbahn, so hat sich auch die Fotografie verändert. Als Schüler oder Student saß man in den 1960er- und 1970er-Jahren am Bahndamm, um den letzten Zug des Tages mit der 03 oder einer 38 abzuwarten und den Auslöser im richtigen Sekundenbruchteil ein einziges Mal zu betätigen. Kameras mit motorischem Filmtransport waren teuer, professionelle 6x6-Modelle fast unerschwinglich und sehr langsam. Drei Bilder in zwei Sekunden schaffte meine Rollei 6006. Filmlänge: Zwölf Aufnahmen.

Filmmaterial war zwar bezahlbar, wenn man die Filme selbst entwickelte. Doch täglich einige Hundert Fotos, wie man sie mit der Digitalkamera macht, waren undenkbar. Schon zwei 36er-Kleinbildfilme an einem Tag zu belichten war eine Spitzenleistung. Dafür waren dann aber auch die meisten Bilder brauchbar, scharf und passabel belichtet. Mit einem Fünfhundertstel oder Tausendstel erwischte man auch schnelle Züge scharf, mit Filmen nicht über 400 ISO. Heute muss die Digitalkamera kürzere Verschlusszeiten bieten und mit einem guten Sensor und Autofokus bestückt sein, um einen ICE oder Regionalexpress scharf abzubilden. Die Aufnahme kostet praktisch keinen Cent, wenn man von der deutlich teureren Kamera, den Speicherkarten und dem leistungsfähigen Rechner absieht, ohne die Digitalfotografie nicht funktioniert. Das zeitraubende, umweltschädliche und teure Fotolabor ist im Sperrmüll gelandet. Selbst Nachtaufnahmen gelingen dank hochempfindlicher Sensoren, fernsteuerbarer Blitzgeräte und Bildstabilisierung aus der Hand, wo man früher ein Stativ und fundierte Fotokenntnisse brauchte. Zwischen den Ergebnissen von ambitionierten Amateuren und Profis besteht kaum noch ein Unterschied.

Was sich nicht verändert hat, ist der notwendige erfahrene Blick eines Fotografen. Einen Zug in der Landschaft zu inszenieren, mit typischen Streckenzutaten wie Signalen, Schildern, Oberleitung, Tunnelportalen und Brücken, war schon immer Teil der Fotografenkunst. Während wir früher nur die Maschine im Blick hatten und warteten, bis der Lokführer nicht mehr aus dem Fenster schaute, ist man heute froh über jedes alte Bild mit einem Eisenbahner und dem Umfeld eines Bahnhofs. Heute müssen Sie manchem

Lokführer versprechen, das Bild mit seinem Gesicht im Führerstandsfenster nirgendwo zu veröffentlichen.

Was heute an alten Fotos reizt, ist die gemütlich wirkende Eisenbahnatmosphäre, das Ensemble aus Zügen, Bahnhöfen, Landschaft, Menschen. Die meisten von uns Eisenbahnfans hatten nur die Loks im Blick und vor der Kamera. Fotos von Bahnhöfen, Bahnanlagen und Wagen sind heute Raritäten. Damals haben wir viel zu wenig dokumentiert, denn es war ja da und schien auf Jahrzehnte zu bleiben.

Doch was heute noch modern und alltäglich ist, wird in 40 Jahren verschwunden sein. Dann werden die ICE-Züge Oldtimer sein, denen man nur noch auf Sonderfahrten begegnet. Auch die Diesellok-Baureihe 218 wird passé sein wie schon die 215. Bald folgen die 111 und viele noch alltägliche Lokbaureihen, die bereits ein paar Jahrzehnte auf den Drehgestellen haben. Und auch die mehrfach umlackierten Schnellzug- und Eilzugwagen aus den 1960ern werden eines Tages verschrottet sein. Die Bahnhöfe, die heute schon ihrer alten Substanz beraubt sind, werden wohl abgerissen, weiter verfallen oder zu Privathäusern und Kulturzentren umgebaut werden. Viele Brücken werden zerstört werden. Signale oder gar alte Telegrafenleitungen wird es nicht mehr geben. Fotografieren Sie sie jetzt! Sie würden es später bedauern, die Bilder nicht gemacht zu haben.

17. GRUND

Weil Videos Dampfkraft und Tempo dokumentieren

Wie leicht man es heute doch hat, mit der Videokamera oder dem Smartphone Züge zu jagen und Videos zu drehen! Als Anfang der 1970er-Jahre die Bundesbahn-Dampfloks von den Gleisen verschwanden, mussten Eisenbahnfans für zehn bis zwölf DM Super-

8-Filme kaufen und einen Kassettenrekorder dabeihaben, um umständlich den Ton festzuhalten. Nur wenige Kameras konnten die magnetische Tonspur der Filme bespielen, die auch noch im Entwicklungslabor aufgeklebt werden konnte. Etwas mehr als drei Minuten passten auf den schmalen Film mit grobem Korn und mäßiger Schärfe. Nur Profis verfügten über eine teure 16-mm-Kamera und ein Uher Report oder gar ein noch professionelleres Tonbandgerät von Nagra, um dann die eingefangenen Töne und Bilder am Schneidetisch zu montieren. Entsprechend selten sind Aufnahmen aus der Zeit, als Dampfloks und die V 200 über die Strecken ballerten und dröhnten und die Böden der Bahnbetriebswerke noch mit schwarzer Schlacke, Kohle und Öl bedeckt waren. Was später die ersten Videokameras aufgezeichneten, hat bestenfalls historischen Wert. Mangels Schärfe und Mono-Ton geben die Videos vom Band wenig von der Faszination wieder, die eine anfahrende Dampflok oder eine zweimotorige Großdiesellok auslösten.

Was digitale Camcorder, Smartphones und die besseren Digitalkameras heute in Sachen Video leisten, übertrifft 20 Jahre altes Profi-Equipment leicht. Schon minimale Technikkenntnisse reichen aus, kräftig dampfende Loks auf Sonderfahrten beeindruckend einzufangen. Denn die Dampfkraft und der Ton allein entfalten beim Zuschauer genügend Emotionen. Ein guter Kamerastandort ohne die üblichen Heerscharen von Video- und Fotografen im Vordergrund sind dann schon das Sahnehäubchen – auch wenn solche Bilder nur noch schwer zu gestalten sind. Doch gerade abseits der Massenveranstaltungen finden sich genügend Eisenbahnen und Fahrzeuge, mit denen sich Geschichten erzählen lassen. Auch ohne gesprochenen Kommentar.

YouTube und Vimeo sind voll von gut gemachten, mehr oder weniger professionell aufgenommenen Filmen über Museumszüge, sächsische Dampfbahnen und andere große und kleine Eisenbahnen aus aller Welt. Beeindruckend in Bild und Ton, mit fantastischen Bildern etwa von Fotogüterzügen mit zwei Dampfloks vorn und einer Schiebelok hinten. Oder, für die Jüngeren, eine Sammlung von ICEs, die mit hohem Tempo aus einem modernen Tunnel herausschießen oder in ihm verschwinden.

Die meisten Videos sind aber Schrott: mit geringer Auflösung gespeichert, mit bollerndem Ton mangels Windschutz. Wild wird hin und her gezoomt, die Kamera bewegt sich wie der Kopf nach links und rechts. Und immer wird ohne Stativ und mit wackeligem Horizont minutenlang draufgehalten. Schnittprogramme kennen die Videoamateure nicht, Überblendungen und das Herausschneiden verunglückter Szenen sind Fehlanzeige. Das Rohmaterial wurde einfach hochgeladen und im dümmsten Fall auch noch als besonders spektakulär betitelt, damit die Klickzahl steigt.

Liebe Videografen: Tun Sie bitte sich und Ihren genervten Videokonsumenten einen Gefallen: Kaufen Sie sich ein Stativ mit einem Videokopf, der das Verfolgen von Zügen ohne Sprünge erlaubt, ein Mikrofon mit Windschutz und nutzen Sie wenigstens ein simples Schnittprogramm, wenn Sie Ihre Videos veröffentlichen wollen. Denn das, was wir lieben, sollte auch mit Liebe dokumentiert werden. Unscharfe Wackelvideos mit Windgeräuschen zeigen Sie Ihren Freunden auf dem Smartphone. Wenn die nach 15 Sekunden wegschauen, ahnen Sie vielleicht den Grund.

18. GRUND

Weil Eisenbahnaktien reich machen

Es sind Stiche aus dem 19. und frühen 20. Jahrhundert, mit verschnörkelter Schrift, wunderschönen Dampflokomotiven und monumentalen Brücken auf hochwertigem Papier: Eisenbahnaktien. In Amerika wurden die Eisenbahnstrecken nicht vom Staat finanziert wie meist in Europa, sondern von Aktiengesellschaften mit hohen Renditeerwartungen gebaut. Die Unternehmen nannten sich nach den Städten und Regionen, die sie verbinden wollten: Chicago, Burlington and Quincy Railroad, Lehigh Valley Railroad, Pennsylvania Railroad, Northern Pacific Railway und die Canton, Aberdeen & Nashville Railroad, um nur ein paar klangvolle Namen zu nennen. Einige, wie die Union Pacific, gibt es noch heute.

Die bunten Aktien haben nur noch Sammlerwert, wecken aber noch immer die Sehnsucht nach der großen, weiten Welt jenseits des Atlantiks. Beschwerlich und gefährlich muss das Reisen im 19. Jahrhundert gewesen sein, luxuriös dagegen im 20. Jahrhundert, als die »Limited« genannten Expresszüge Reisegeschwindigkeiten erreichten, von denen die Amerikaner heute nur noch träumen können. Die vom Staat ziemlich vernachlässigte Personenverkehrsgesellschaft Amtrak ist nur noch ein müder Rest amerikanischer Reisekultur, und auch die Pläne für ein Hochgeschwindigkeitsnetz entglitten der Obama-Regierung.

Trotz der Renaissance von Straßen- und Regionalbahnen ist der Schienenverkehr Nordamerikas völlig auf den Transport von Gütern ausgerichtet. Die Charts der hocheffizienten Güterbahnen stellen oft bekannte Börsenstars in den Schatten. Die europäische Wirtschaftspresse, von der *Wirtschaftswoche* einmal abgesehen, schaute nur einmal kurz nach Amerika, als der berühmte Investor Warren Buffett die BNSF kaufte. Der wusste, was er tat, denn Eisenbahnaktien erleben in guten Jahren schon mal Kursgewinne von 60 Prozent. Mit geringem Risiko waren in dieser grundsoliden Verkehrsindustrie binnen drei Jahren 100 bis 250 Prozent drin. Die Rücksetzer 2015 boten neue Einstiegschancen.

Welche Aktiengesellschaften sollte man sich anschauen? Zu meinen Favoriten gehört die Kansas City Southern (US4851703029), die in der Golfregion Häfen und Güterverkehrszentren bedient und auch am Panamakanal und in Mexiko Güterbahnen betreibt. Recht gut schlägt sich auch die Norfolk Southern (US6558441084), die ihr Geld hauptsächlich mit Kohletransporten verdient. Gut sehen die Kursverläufe auch bei der Union Pacific (US9078181081) aus. CSX

(US1264081035) verdoppelte in drei Jahren seinen Kurs. Die Genesee & Wyoming (US3715591059) gehört mit ihren vielen Nebenstrecken und Wegerechten für Ferngüterzüge zu den weitgehend unbekannten Unternehmen der nordamerikanischen Eisenbahnlandschaft, die einen Blick wert sein dürften.

Zwei kanadische Aktiengesellschaften fahren mit Gewinn Güterzüge. Die Canadian National (CA1363751027) machte in drei Jahren über 110 Prozent Plus. Gut lief auch die Canadian Pacific Railway (CA13645T1003) mit rund 150 Prozent Steigerung.

Kaum bekannt sind die amerikanischen Zulieferer der Bahnindustrie, die wie American Railcar Industries (US02916P1030) Güterwagen bauen, reparieren und verleasen. Ihr Kurs hat sich in fünf Jahren vervierfacht. Weit entfernt von dieser Performance ist GATX (US3614481030), deren Kesselwagen mit den vier weißen Buchstaben in jedem amerikanischen Güterzug zu sehen sind. Doch phasenweise könnte sich ein Blick auf diese General American Transportation Corporation lohnen, die auch Dieselloks verleast und ihr Geschäft mit Kesselwagen nach Deutschland, Österreich und Polen ausgedehnt hat. Auch die deutsche VTG schlägt sich seit Ende 2014 sehr gut.

Zu den Hidden Champions gehören zweifellos die Greenbrier Companies (US3936571013), welche unter anderem die Tiefladewagen für den doppelstöckigen Containerverkehr produzieren, die als Gunderson Stacks bekannt wurden. Kursentwicklung in drei Jahren: etwa 300 Prozent.

Auch wenn die Dividenden nordamerikanischer Eisenbahngesellschaften nicht so üppig wie bei DAX-Unternehmen fließen, macht es bei ihrer längerfristigen Performance Spaß, Aktionär zu sein. Auf fein gedruckte Eisenbahnaktien müssen Sie zwar verzichten, denn moderne Aktien sind virtuell. Der kleine Eisenbahn-Tycoon genießt lieber die Vorstellung, dass da drüben ein Radsatz oder ein ganzer Güterwagen für sein Geld ertragreich durch Prärien und über die Rocky Mountains rollt.

3. KAPITEL
GESCHICHTE

19. GRUND

Weil Eisenbahnmuseen Geschichte machen

Eisenbahnmuseen gibt es fast überall auf der Welt. Leider können nicht alle Fahrten mit Dampflokomotiven und anderen historischen Fahrzeugen anbieten, um lebendige, nachvollziehbare Technikgeschichte zum Anfassen zu vermitteln. Denn nichts ist so tot wie eine abgestellte Dampflok. Dem kalten Stahlkoloss fehlt einfach die Ausstrahlung einer warmen, dampfenden und tropfenden Lok, die nach Öl, Wasserdampf und Ruß riecht. Doch man muss für jedes erhaltene Eisenbahn-Exponat dankbar sein, denn oft reichen die Mittel nicht für betriebsfähige Fahrzeuge und Strecken.

Das Dänische Eisenbahnmuseum in Odense beweist, dass man auch auf relativ kleiner Fläche mit liebevoll aufbereiteten Exponaten die regionale Geschichte der Eisenbahn unterhaltsam präsentieren kann. Mindestens drei Stunden sollte man sich Zeit nehmen, wenn man das Museum am Bahnhof Odense auf der Insel Fünen besucht. Danmarks Jernbanemuseum ist in einem Ringlokschuppen untergebracht. Einige der dänischen Eisenbahn-Raritäten stammen aus Deutschland, und selbst die Zeit, als die dänischen Bahnen von der deutschen Besatzungsmacht als Teil der Reichsbahn geführt wurden, wurde nicht ausgespart.

Die zweitälteste Lok von 1868 kam aus der Fabrik des englischen Dampflokpioniers Stephenson. Wie bei den meisten Exponaten haben die Museumsleute die Lok mit Personal versehen. Angehängt ist ein Abteilwagen, auf dem ein Arbeiter die Laterne einsetzt und der Schaffner außen auf dem Trittbrett balanciert. Eine B2'-Tenderlok wurde 1882 bei Hohenzollern in Düsseldorf gebaut. Auch das Wrack eines einst luxuriösen Salonwagens von 1854 für Fahrten mit hochstehenden Persönlichkeiten zwischen Schleswig und Holstein ist ausgestellt. Es kontrastiert mit mehreren königlichen Wagen, durch deren Fenster man das vornehme Innere begutachten kann, das höchste Reisekultur garantierte. Liebevoll ausgestattet ist ein Speisewagen, der im königlichen Zug mitfuhr, wenn König Frederik und Königin Ingrid in den Winterurlaub fuhren oder Staatsbesuche machten. Ein paar Schritte weiter steht eine der beiden Dampflokomotiven der Baureihe E, mit der traditionsgemäß auch König Frederik seine letzte Reise zur Ruhestätte antrat. Ausgestellt ist außerdem der erst 2001 ausgemusterte Salonwagen der dänischen Hoheiten.

Die vielen Draisinen und Kleinloks, eine sogar im rustikalen Lkw-Design, machen Freude und lassen einen schmunzeln. In die orangefarbene Rangierlok mit der Nummer 57, die beim Drehen des Kinofilms *Die Olsenbande stellt die Weichen* benutzt wurde, darf man sogar einsteigen. Mit einem fast schon futuristischen Design, bei dem auch Techniken des Bootsbaus integriert wurden, ragt ein gewaltiger hölzerner Schneepflug aus der Sammlung heraus. Einige der Personen- und Güterwagen dürfen betreten werden, darunter auch ein zweistöckiger Personenwagen, ein Kühlwagen mit Schweinehälften und ein Postwagen, dessen Räder sich nach dem Einsteigen rumpelnd in Bewegung setzen und den Besuchern eine Ahnung davon vermitteln, wie sich die Arbeit der Bahnpostler anfühlte.

Vor dem Gang ins Freigelände wartet eine sechsachsige Nohab-Diesellok von 1956 auf Neugierige. Sie ist an einer Seite offen. Das Geräusch des mächtigen 16-Zylinder-Motors mit Generator wird im Führerstand per Lautsprecher eingespielt, während man vom Lokführersitz die bewegte Projektion einer dänischen Strecke betrachtet. Schon nach kurzer Zeit entwickelt sich ein echtes Lokführergefühl.

Leider bietet das Museum kein Buch an, in dem die Exponate beschrieben sind. Ein Katalog auf Englisch oder Deutsch wäre wünschenswert, damit man nach dem Museumsbesuch die vielen Eindrücke verarbeiten und Details nachlesen kann. Lohnenswert ist der Besuch aber allemal. Man darf sogar einen Picknickkorb mitbringen. Das ist dänische Gemütlichkeit.

20. GRUND

Weil in Döbeln die Pferdebahn fährt

Das Stahlross gilt allgemein als Synonym für das Fahrrad. Falsch! Denn wie das englische »iron horse« war »Stahlross« die ironische Bezeichnung für eine Dampflok, gelegentlich wurde auch vom Dampfross gesprochen. Aus gutem Grund, denn die ersten Eisenbahnwagen wurden noch von Pferden gezogen.

In über 80 Städten der heutigen Bundesrepublik Deutschland bewältigten Pferdebahnen den städtischen Nahverkehr. Viele Städte ersetzten sie um 1900 herum durch elektrische Straßenbahnen, in manchen Kleinstädten schleppten noch in den 1920er-Jahren Pferde zweiachsige Personenwagen und mancherorts auch Güter- und Postwagen durch die Straßen.

Was bis heute im deutschsprachigen Raum als die oder das Tram bezeichnet wird, hat seinen Ursprung im deutschen Bergbau des Mittelalters. Wie die Autoren des Deutschen Pferdebahnmuseums Döbeln überzeugend herleiten, sind »Tramen« auf Alt- und Süddeutsch wie auch Österreichisch Holzbalken. Auf sogenannten Tramen-Wegen wurden die Kohlehunte geschoben. Deutsche Bergleute brachten den Begriff nach England, wo er auch bei eisernen Gleisen als »tramway« weiterverwendet wurde. Von der Insel verbreitete sich der Begriff in viele andere Länder und gilt als Synonym für die Straßenbahn.

Die erste Pferdebahn mit Personenverkehr verkehrte ab 1807 zwischen Swansea und Oystermouth in Wales. 1827, ein Jahr vor der Schlebusch-Harkorter Kohlenbahn, nahm die erste Pferdebahn auf dem europäischen Kontinent in Saint-Étienne den Betrieb auf, auf 21 Kilometern zunächst für den Kohletransport im Loire-Becken und ab 1832 auch mit Personenverkehr.

In Österreich entstand zur selben Zeit eine Fernstrecke für Güter- und Personenverkehr vom böhmischen Budweis über Linz nach Gmunden. Darüber mehr an anderer Stelle dieses Buchs. Die 1,8 Kilometer lange Brigittenauer Pferdebahn war ab dem 2. Juni 1840 zwei Jahre lang eine Attraktion vor den Toren Wiens. Dort wurde nach einem zeitgenössischen Stich sogar erstmals eine Art Wendezugbetrieb durchgeführt. Das Pferd lief zwischen den beiden Wagen des Zugs, wurde an den Endstationen gedreht und wieder dazwischengespannt.

Das erste Rössli-Tram fuhr ab 1862 in Genf in der Schweiz und verband die Vorstadt Carouge mit der Place Neuve am Rand der Innenstadt. Bis 1902 wurden drei Pferdebahnlinien betrieben.

Die erste Pferde-Straßenbahn in Deutschland fuhr ab Juni 1865 von Charlottenburg zum Brandenburger Tor und wurde noch im selben Jahr zum Kupfergraben verlängert. Die Bahn mit Hufschlag war bis 1902 zu hören. Auf den Nordsee-Inseln holten Pferdebahnen die Passagiere der Schiffe von den Anlegestellen ab und brachten sie in die Orte, auf Spiekeroog bis 1949. Heute kann man sich wieder auf einem kurzen Streckenstück mit der Spiekerooger Inselbahn zum Westend fahren lassen. Das Pferd läuft dabei traditionell neben dem Gleis.

Echten Pferdebahnbetrieb gibt es auch im sächsischen Döbeln, zwischen Leipzig und Dresden gelegen. Von 1892 bis 1926 verband eine meterspurige Pferdebahn den Hauptbahnhof mit der Innenstadt und einem Hotel. Die ersten Wagen waren in Köln und Dresden gebaut worden und verfügten über zwölf Sitz- und 15 Stehplätze. Aus Köln kam auch der Postwagen, mit dem die Post zwischen Hauptbahnhof und Postamt transportiert wurde. Den Fahrgastrekord erreichte die Straßenbahn 1913 mit 293.542 Nutzern, am Ende waren es noch gut 171.000 Fahrgäste, die von den acht Pferden gezogen wurden. Bis zu 20 Kilometer am Tag konnte man ihnen auf der knapp drei Kilometer langen Strecke zumuten.

Nach jahrelangen Vorarbeiten durch den Traditionsverein Döbelner Pferdebahn e. V. rollt seit 2007 ein Wagen durch Döbeln, der aus einer Meißener Straßenbahn umgebaut wurde. Betrieb ist an bestimmten Samstagen im Sommer auf neu verlegten Normalspurgleisen, die weitgehend der alten Route folgen. Das Deutsche Pferdebahnmuseum Döbeln gibt Besuchern Einblicke in die Geschichte der Pferdebahnen, die man auch in einem informativen Katalog nachlesen kann. Sogar Hotel- und Hospitalbahnen sind darin erwähnt.

21. GRUND

Weil die erste Eisenbahn nicht in Franken fuhr

Die erste Eisenbahn in Deutschland fuhr am 7. Dezember 1835 von Nürnberg nach Fürth, weiß jeder, der sich für die Geschichte der Eisenbahn interessiert. Das stimmt zwar, weil es die erste deutsche Eisenbahn mit Dampfbetrieb war. Doch die ersten deutschen Eisenbahnen waren da bereits einige Jahre in Betrieb – und zwar zwischen Bergischem Land und Ruhrgebiet.

Die Schlebusch-Harkorter Kohlenbahn wurde 1828 im Raum Gevelsberg und Hagen als Schmalspurbahn in Betrieb genommen. Pferde beförderten beladene Wagen und kurze Züge aus leeren Wagen. Die schon 1820 von dem Eisenbahnpionier Friedrich Harkort gegründete Bahngesellschaft überlebte mit mehrfach geänderten Spurweiten als Schlackenbahn der Hasper Hütte bis 1966. Eine kleine Dampflok der erst sehr spät, ab 1877, mit Lokomotiven betriebenen Bahn wird bei der Selfkantbahn der Nachwelt erhalten.

Die erste Eisenbahn-AG auf deutschem Boden war 1828 die Deilthaler Eisenbahngesellschaft. Auch sie wurde von Harkort gegründet und 1831 nach einem Besuch des Prinzen Wilhelm von Preußen als Prinz-Wilhelm-Eisenbahn bekannt. Ab 1832 oder 1833 wurden auf der etwa 7,5 Kilometer langen Pferdebahnstrecke auch Personen befördert – also zwei oder drei Jahre vor der berühmten »ersten deutschen Eisenbahn« in Franken. 1847 begann der Lokomotivbetrieb. Heute benutzt die S-Bahn Wuppertal–Essen zwischen Nierenhof und Essen-Kupferdreh die alte Trasse.

Die Ludwigseisenbahn von Nürnberg nach Fürth hatte zwar von Anfang an den »Adler« aus der Fabrik von Robert Stephenson und einen englischen Lokführer. Doch die stolze Dampflokomotive wurde wegen der hohen Kosten für die Bereitstellung der sächsischen Kohle nur einmal täglich für ein Zugpaar angeheizt. Die übrigen 20 Züge hatten Pferde vorgespannt.

So haben die Franken zwar schon 1835 gegen den passiven Widerstand des bayerischen Königs Ludwig I. gezeigt, dass sie das fortschrittlichere Völkchen in Bayern sind, und reichlich Ruhm für die angeblich erste Eisenbahn eingestrichen. Tatsächlich aber haben Harkort und die westlichen Westfalen schon viel früher weitsichtig das Potenzial der Eisenbahn erkannt und Strecken über Tage gebaut. Dafür haben sie ein spätes Lob verdient.

22. GRUND

Weil Zahnradbahnen zackig sind

Viele frühe Erfindungen der Eisenbahntechnik basieren auf den englischen Dampfmaschinen, die im Mutterland der Eisenbahn in Bergwerken genutzt wurden. Bergbauingenieur John Blenkinsop (1783–1831) war Chef einer Kohlengrube in Middleton bei Leeds und entwickelte für den wirtschaftlichen Transport von großen Lasten zwei dreiachsige Dampflokomotiven, die 1812 geliefert wurden. Nur der mittlere Radsatz wurde angetrieben und trug große Zahnräder, die in gusseiserne Zahnstangen außen am Gleis eingriffen. So konnte die Dampfmaschine trotz ihres geringen Reibungsgewichts auf den leichten Pferdebahngleisen über 50 Tonnen schwere Kohlezüge ziehen.

Aus der Horizontalen in die schiefe Ebene wagte sich 1847 erstmals die Madison & Indianapolis Railroad mit einer echten Zahnradlokomotive. Im Katalog der Baldwin Locomotive Works von 1881 findet sich eine Skizze und Beschreibung der vierachsigen Lok »M. G. Bright«. Zwischen den vier in Paaren angeordneten Kuppelachsen befand sich ein Zahnrad, das von einem separaten Zylinderpaar angetrieben wurde und auf die Zahnstange abgesenkt werden konnte. Erfunden hatte diesen Antrieb Andrew Cathcart, der Chefmechaniker der Eisenbahn. 1850 baute Baldwin eine ähnliche Lok mit dem Namen »John Brough«, die mit der Schwestermaschine bis zur Aufgabe der Strecke in Betrieb blieb, vermutlich 1868.

In den Vereinigten Staaten wurde auch die erste touristische Bergbahn gebaut. Die Mount Washington Cog Railway wurde in Teilstücken ab 1868 eröffnet und ist mit einer durchschnittlichen Steigung von über 250 Promille und maximal 374 Promille die zweitsteilste Zahnradbahn der Welt (nach der 1889 fertiggestellten Pilatusbahn in der Schweiz). Eine Dampflok von 1875 und fünf Dieselloks schieben jeweils einen Personenwagen über 4,8 Kilometer knapp 1.100 Höhenmeter den Mount Washington hinauf.

Die 1871 eröffnete Vitznau-Rigi-Bahn bei Luzern in der Schweiz gilt der Legende nach als erste Zahnrad-Bergbahn Europas. In Wirklichkeit fuhr in Ostermundigen schon 1870 die erste Dampflok der Steinbruchbahn mit Niklaus Riggenbachs Zahnstange vom Steinbruch zum Bahnhof. Weil Riggenbach auch die Vitznau-Rigi-Bahn geplant hatte, wurde diese am 21. Mai 1871 öffentlichkeitswirksam in Betrieb genommen. Erst am 6. Oktober 1871 weihten die listigen Eidgenossen die über ein Jahr alte Steinbruchbahn ein. Die Dampflok »Gnom« von 1870 wurde in der von Niklaus Riggenbach geleiteten Werkstatt der Schweizerischen Centralbahn in Olten gebaut und blieb wie die 1876 angeschaffte »Elfe« erhalten. Die erste Zahnrad-Dampflok der Welt, wie manchmal behauptet wird, ist die »Gnom« allerdings nicht. Sie ist aber die erste Lok für

Adhäsions- und Zahnradbetrieb, die keinen separaten Antrieb für das Zahnrad besaß.

Die älteste deutsche Zahnradbahn zur Personenbeförderung ist die meterspurige Drachenfelsbahn bei Königswinter am Rhein. Sie wurde 1883 mit Dampfbetrieb eröffnet und nutzt das Zahnstangensystem von Riggenbach. Erst in den 1950er-Jahren wurde die nur 1,5 Kilometer lange und maximal 200 Promille ansteigende Strecke allmählich auf Elektrotriebwagen umgestellt. Schon 1876 hatten die Königlich Württembergischen Hüttenwerke in Wasseralfingen eine meterspurige Zahnradbahn in Betrieb genommen. Eine weitere Werkbahn mit Steilstrecke betrieb seit 1880 die Grube Friedrichssegen an der Lahn. Jedes Mal kam die Riggenbachsche Zahnstange zum Einsatz.

Riggenbach schlug schon 1872 in Österreich-Ungarn eine Zahnradbahn für die Strecke von Nussdorf bei Wien auf den Kahlenberg vor, um die Weltausstellung 1873 mit einer Attraktion zu bereichern. Erst 1874 nahm sie ihren Betrieb auf und wurde 1922 nach kriegsbedingtem längeren Siechtum eingestellt und verschrottet. Heute fährt man mit dem Bus auf den Kahlenberg, genießt den Blick über Wien und wünscht sich die Dampfzahnradbahn zurück.

23. GRUND

Weil Tunnel den Weg ebnen

Für das System Eisenbahn wurden viele Technologien entwickelt. Der Tunnelbau gehört nicht dazu. Man muss dabei gar nicht an Bergwerke und römische Wasserleitungen denken, für die tunnelähnliche Löcher gebohrt wurden. Wenn es um Verkehrsmittel geht, wurden die ersten Tunnel – man glaubt es kaum – für Schiffe gebaut. Besonders in Großbritannien durchzog ein Kanalnetz das

Land, lange bevor die Eisenbahnen entstanden. In Norwegen will man demnächst sogar einen Tunnel für große Küstenschiffe bauen.

Auch in Frankreich, Deutschland und der Schweiz wurden schon im 17. und 18. Jahrhundert Verkehrstunnel in die Berge gehauen, bevor Stephenson ab 1826 auf der Strecke Liverpool–Manchester den ersten Eisenbahntunnel bauen ließ. Auf der Tollwitz-Dürrenberger Eisenbahn, einer Feldbahn in Sachsen, wurde 1836 der erste deutsche Eisenbahntunnel gebohrt, bevor ab 1837 auf der Strecke Leipzig–Dresden der Oberauer Tunnel entstand. Er wurde 1933 aufgeschlitzt und existiert nicht mehr.

In der Schweiz sprengte man für die Spanisch-Brötli-Bahn 1847 den Schlossbergtunnel bei Baden in den Berg. Der Gotthardtunnel wurde von 1872 bis 1982 angelegt und soll mit dem 57 Kilometer langen Gotthard-Basistunnel ein modernes Pendant bekommen. Nach der Eröffnung 2016 wird es der längste Eisenbahntunnel der Welt sein. Auf der Mariazellerbahn (760 mm) liegt der längste Schmalspurtunnel Österreichs. Er ist 2.369 Meter lang und wurde 1906 in Betrieb genommen. An einem Bergrücken im Flachland entstand 1841 auf der Südbahn der Gumpoldskirchner Tunnel, der besser als Busserltunnel bekannt ist.

Womit wir beim romantischen Aspekt der Eisenbahntunnel wären. Da Reisezugwagen früher mit Petroleum- und Gaslampen beleuchtet wurden, waren die Tunneldurchfahrten dunkel. Gelegenheit für einen verstohlenen Kuss im Schutze der Dunkelheit. Auch noch zu Bundesbahnzeiten, als tagsüber keine Beleuchtung eingeschaltet wurde, gab es kurze beklemmende Tunnelfahrten im Dunkeln. In der Fantasie konnte man sich dann Diebstahl, Mord und andere verbotene Dinge vorstellen, bis das Licht am Ende des Tunnels sichtbar wurde.

Als die Fenster der Personenwagen sich noch öffnen ließen, lösten DB-Lokführer bis 1988 vor der Einfahrt in den Tunnel einen Achtungspfiff aus. So wurden Streckengeher im Tunnel und unvorsichtig aus dem Fenster lehnende Fahrgäste gewarnt. Auf der

Schwarzwaldbahn von Offenburg nach Singen am Hohentwiel wurde reichlich gepfiffen, denn mit 39 Tunneln gehört sie zu den tunnelreichsten Strecken in Deutschland. Hier gibt es einige Kehrtunnel, in denen in einer moderaten Neigung die Richtung gewechselt wird. Ein Kehrtunnel gab der Sauschwänzlebahn in Baden-Württemberg ihren Namen. Manche Kehrtunnel beschreiben fast einen Kreis. In der Schweiz auf der Rhätischen Bahn existieren einige Kehrtunnel, aber auch eine Freiluft-Kehre auf dem Brusio-Viadukt. Auch die Strecken über den Brenner und den Semmering kamen nicht ohne Kehrtunnel aus.

Bei Hochgeschwindigkeitsstrecken durch Mittelgebirgslandschaften sind Tunnel unvermeidbar. Auf der Strecke Hannover–Würzburg liegen die längsten Tunnelbauten der Deutschen Bahn, jeweils über zehn Kilometer lang. Bei Stuttgart 21, dem dümmsten Bahnprojekt aller Zeiten, wird der Fildertunnel fast 9,5 Kilometer lang sein. Insgesamt müssen rund 60 Kilometer Tunnelröhren riskant durch sehr empfindlichen Gipskeuper gebohrt werden, um den unterirdischen Bahnhof anzuschließen. Dagegen ist der Eurotunnel zwischen Frankreich und England ein Leuchtturm der Sinnhaftigkeit. 15 Milliarden Euro, doppelt so viel wie geplant, hat der Eurotunnel gekostet. Stuttgart 21 wird, sollte das Projekt frühestens bis 2026 fertiggestellt werden, einige Milliarden mehr kosten. Der Nutzwert: Null.

24. GRUND

Weil sie prächtige Hotels hervorgebracht hat

Nach der Erschließung des nordamerikanischen Westens durch die Eisenbahn folgte das Einrichten von Hotels und Gaststätten, um lange Reisen erträglicher zu machen. Frederick Henry Harvey (1835–1901) war Eisenbahner bei einer kleinen regionalen Bahn und entwickelte die Idee, wichtige Bahnhöfe mit Speiselokalen auszustatten. Speisewagen waren 1875 noch nicht erfunden. Bis dahin konnten die Reisenden bei einem längerem Aufenthalt, zum Beispiel anlässlich eines »water stops«, also wenn die Lokomotive Wasser nehmen musste, lediglich in einer meist schlecht geführten Wirtschaft am Bahnhof ihren Hunger und Durst stillen.

Fred Harvey entwickelte den Ehrgeiz, in Zusammenarbeit mit der Kansas Pacific Railway und der späteren Atchison, Topeka & Santa Fe Railway eine frühe Form der Systemgastronomie einzuführen, die überall eine hohe Speisenqualität in gut ausgestatteten Hotelräumen bot. Frisches Fleisch und Lebensmittel kamen aus dem Osten mit der Eisenbahn. 18 bis 30 Jahre alte Frauen, die ledig, gut erzogen, attraktiv und intelligent sein sollten, waren die optische Attraktion für männliche Reisende und die Dorfbewohner. In weißen Schürzen bedienten die recht gut bezahlten Harvey Girls ihre manchmal ungehobelten Gäste, die schon mal zu Colt oder Revolver griffen.

Die Fred Harvey Company verfügte schließlich über 84 Hotels, von denen nur noch wenige existieren, darunter das 1905 eröffnete El Tovar am Grand Canyon. Harvey versorgte auch die ersten Speisewagen bei der AT&SF. Ein sehr spannendes Sachbuch über das Harvey-Imperium schrieb Stephen Fried 2010. *Appetite for America* beschreibt in einzigartiger Weise, wie Harvey seine Systemgastronomie aufbaute, die Zivilisation in den Westen brachte und dabei geschickt den Tourismus ankurbelte. Sein Hotel am Grand Canyon hat die gigantische Schlucht erst als Reiseziel bekannt gemacht.

In Kanada baute die Hotel-Tochter der Canadian Pacific Railway (CPR) bombastische Hotels, die später als »Châteaux« (Schlösser) bekannt wurden. Das erste Hotel entstand 1888 in Vancouver. CPR-Präsident William Cornelius Van Horne hatte den Standort für das im selben Jahr eröffnete Banff Springs Hotel ausgewählt und die Regierung zur Gründung des ersten Nationalparks in dieser Rocky-Mountains-Region in Alberta überredet. Folglich baute die

CPR in den folgenden neuen Nationalparks weitere Hotels, um den Bahntourismus zu fördern. Zu den monumentalsten Hotels jener Zeit gehört das 1890 erbaute Château Lake Louise, das durch eine Schmalspurbahn mit dem CPR-Bahnhof im Tal verbunden war und bis heute ein internationaler Touristenmagnet ist.

Immer mehr riesige Hotels wurden von der CPR auch in Großstädten errichtet, darunter das Château Frontenac in Québec. Der Rivale Canadian National Railway kopierte Van Hornes Ideen und ließ unter anderem das Château Laurier in Ottawa bauen, das noch heute existiert und ein kleines Fotomuseum enthält, das auch Bilder von Buster Keatons letztem Film auf kanadischen Gleisen verkauft: *The Railrodder*. Neben dem Tourismus galt gelegentlich auch Alkohol als Motivation für Hotelbauten: Die amerikanische Great Northern Railway eröffnete 1927 das traumhaft gelegene Prince of Wales Hotel im Waterton-Lakes-Nationalpark in Alberta – als grenznahe Anlaufstelle für Amerikaner während der Prohibition.

In Europa hatten Bahngesellschaften schon früher eigene Hotels gebaut, so die englische Midland Railway. Das Hotel der St Pancras Station in London wurde 1868 fertiggestellt. Auch das heutige Hallmark Hotel in Derby stammt von der Midland Railway.

In Österreich tat sich die Südbahngesellschaft beim Bau von luxuriösen Hotels hervor, nachdem die Semmeringbahn in Betrieb genommen worden war. 1878 wurde das heutige Grand Hotel Toblach in Südtirol zum Anlaufpunkt für zahlungskräftige Wiener. Das Südbahnhotel am Semmering eröffnete 1882 und zog als Nobeladresse die intellektuelle Elite an: Arthur Schnitzler, Sigmund Freud, Gustav Mahler, Ludwig Wittgenstein, Alma Mahler und Franz Werfel verkehrten hier. Seit Jahrzehnten steht das Hotel leer.

Ein mondänes Seebad entwickelte die Südbahn in Abbazia, dem heutigen Opatija in Kroatien. Die 1873 eröffnete Zweigstrecke Pivka–Rijeka führte an Opatija vorbei, wo bereits seit 1844 die Villa Angiolina in die Sommerfrische an der österreichischen Riviera lockte. 1882 erwarb die Südbahn die Villa samt Parkanlagen und baute sie zu einer Luxusherberge aus, die auch gern von Kronprinz Rudolf und seiner Gattin Stephanie besucht wurde.

Mit ihren Hotels erleichterten in vielen Ländern die Bahngesellschaften das Reisen in der Frühzeit der Eisenbahn, brachten städtische Lebensweisen in ländliche Regionen und legten im 19. Jahrhundert aus Eigennutz die Grundsteine für den Tourismus. Die alten Monumentalbauten künden noch heute von einer Zeit, als das Reisen eine ganz andere Qualität hatte und dem Vergnügen der höheren Stände vorbehalten war.

25. GRUND

Weil sie den Mobilfunk populär gemacht hat

Was heute in Zügen oft als Dauerbelästigung empfunden wird, hatte seinen Ursprung bei der Eisenbahn. Denn schon vor 80 Jahren konnte man im Zug telefonieren. Nach Erprobungen ab 1924 bot die Deutsche Reichsbahn-Gesellschaft (DRG) angeblich schon seit 1926 in Fernschnellzügen zwischen Hamburg und Berlin handvermittelte Funktelefongespräche an. *Elsners Taschenbuch der Eisenbahntechnik* 1984 datiert die Technik dagegen auf die Jahre 1931 bis 1938. Nur Reisende der 1. Wagenklasse konnten diese Hochtechnologie nutzen. Gefunkt wurde im Langwellenbereich.

Eine simple Art des Zugfunks führte die Pennsylvania Railroad (PRR) ab 1936 ein. Sie diente der Verständigung des Lokführers mit dem Zugpersonal und dem nächstgelegenen Stellwerk. Das Trainphone-System nutzte die Schienen oder Telegrafenleitungen, um die Gespräche in einem niedrigen Frequenzband durch Induktion zu übertragen. Die Funkeinrichtung war bei den Loks und Wagen der PRR an einer langen Reling auf den Dächern zu erkennen. Mit einem tragbaren Telefon konnten Rangieranweisungen gegeben werden. Auf den elektrifizierten Strecken der PRR funktionierte das

Trainphone wegen Interferenzen nicht. Erst in den 1960er-Jahren wurde es durch Funksysteme ersetzt.

Die Deutsche Bundesbahn stattete ihre Fernschnellzüge ab 1954 und dann die neue Generation hochwertiger Reisezugwagen Anfang der 1960er-Jahre mit Funktelefonen aus. Zur Bedienung reiste im Zugsekretariat eine Sekretärin mit. Geschäftsleute konnten hier auch ihre eilige Korrespondenz diktieren und mit der mechanischen Schreibmaschine tippen lassen oder Telegramme absetzen. Die DB nutzte das erste Mobilfunknetz der Deutschen Bundespost, das handvermittelte A-Netz, als Letzte bis 1977. Ein DB-Prospekt für den Fahrplan 1976/77 listete mit Uhrzeiten 22 TEE-Züge und rund 35 IC-Züge auf, deren Zugsekretariate über den Zugpostfunk erreichbar waren.

Seit 1972 betrieb die Post das B-Netz, das Wählverbindungen in beiden Richtungen erlaubte – wenn man wusste, in welcher Region sich das damals noch Autotelefon genannte Funktelefon befand. Schon 1978 fuhr der österreichische Paradezug »Transalpin« mit einem Münztelefon. Mit dem Konzept »IC 79« entschloss sich auch die Deutsche Bundesbahn, ihre Intercity-Züge mit Münztelefonen auszustatten, zumal die Zugsekretariate abgeschafft werden sollten. Die flugs entwickelten Münz-Zugtelefone Interset 200 von Siemens waren in einem 1.-Klasse-Wagen installiert und funkten bis 1995 im B-Netz.

Das 1985 eingeführte C-Netz war ohne technische Kenntnisse benutzbar, weil man nicht mehr wissen musste, wo das Autotelefon unterwegs war. In alten Kursbüchern sind die ab 1991 eingeführten ICE-Züge mit den 0161-Vorwahlen des C-Netzes aufgelistet. Im Zugführerabteil befanden sich Anrufbeantworter, auf denen man Nachrichten für einen Fahrgast hinterlassen konnte. Die Anrufbeantworter wurden regelmäßig abgehört. Der Reisende wurde dann ausgerufen und zum Zugführer gebeten. Von einer neuen Kabine mit Funktelefon, das auch Telefonkarten akzeptierte, rief man zurück. Handys waren da noch nicht bekannt. Erst kurz vor der Abschaltung dieses letzten analogen Mobilfunknetzes Ende 2000 gab es ein handliches C-Netz-Telefon.

Mit dem Start der digitalen D- und E-Netze ab 1992 wurden die Telefonkabinen in den Zügen allmählich überflüssig, zumal nach den Feldtelefon-ähnlichen Kästen mit Hörer am Spiralkabel schnell handliche und leicht tragbare Handys auf den Markt kamen.

Bis heute haben es die Mobilfunkunternehmen und die Deutsche Bahn nicht geschafft, für ein lückenloses Funknetz und für Repeater in den Zügen zu sorgen, die den Faradaykäfig des Wagenkastens überbrücken. Wegen der Funklöcher muss man nach Verbindungsabbrüchen banale und geschäftliche Gesprächspassagen wiederholt anhören. Dem überdrüssigen unfreiwilligen Mithörer kommt der anhaltende Trend zur Sprachlosigkeit entgegen. Wer per E-Mail, Facebook, WhatsApp, Twitter und anderen Medien kommuniziert, quasselt im Zug wenigstens nicht mehr.

26. GRUND

Weil der Deutsche Eisenbahn-Verein die Kleinbahn gerettet hat

Als in den 1960er-Jahren die Stilllegungswelle bei den westdeutschen Schmalspurbahnen rollte, endeten viele Lokomotiven, Triebwagen und Wagen auf dem Schrottplatz und dann im Hochofen. Die Verkehrspolitik förderte zwar die Anschaffung von Bussen, nicht aber die Modernisierung der betagten Züge. Die immer größeren Lastwagen beförderten Güter schneller und billiger als die Schmalspurbahn. Auf mehreren Nordseeinseln wurde der Betrieb eingestellt, am Steinhuder Meer, in Baden-Württemberg und Nordrhein-Westfalen wurden Strecken abgebaut und das Rollmaterial größtenteils verschrottet oder Einzelstücke notdürftig abgestellt. Heute wären viele der Strecken Touristenattraktionen, ähnlich wie die zahlreichen Schmalspurbahnen, die in der DDR überlebt haben.

Weitsichtige Hamburger Eisenbahnfreunde hatten schon 1961 erkannt, dass es Zeit für eine Museumseisenbahn war. Sie versuchten zu retten, was bei den Schmalspurbahnen zu retten war, und gründeten 1964 den Deutschen Kleinbahn-Verein. Der wurde später in Deutscher Eisenbahn-Verein (DEV) umbenannt und betreibt bis heute die Meterspurbahn von Bruchhausen-Vilsen nach Asendorf, etwa 30 Kilometer südlich von Bremen. Über 90 Triebfahrzeuge und Wagen umfasst die Sammlung. Die knapp acht Kilometer lange Bimmelbahn führt über eine lange Steigung hinauf auf eine Hochfläche, wo die Gleise bald der Bundesstraße folgen. In Heiligenberg, wo auch ein Teil der Wagen in einem großen Schuppen abgestellt ist, können Zugkreuzungen stattfinden.

Immer am ersten Augustwochenende veranstaltet der DEV ein großes Spektakel, bei dem fast alles, was Räder hat, unterwegs ist: Güterzüge mit Normalspurwagen auf Rollböcken oder Rollwagen, stilreine Personenzüge mit württembergischen Personenwagen oder norddeutschen Inselbahn-Wagen, dazwischen der Wismarer Triebwagen der Steinhuder-Meer-Bahn. Der heißt wegen seiner Motor-Vorbauten auch »die Maus«. Zur Restaurierung wurden Teile eines baugleichen Triebwagens der Sylter Inselbahn verwendet.

Natürlich braucht eine Kleinbahn auch Dampflokomotiven. Die Hauptarbeit erledigt die dreiachsige »Hoya« von 1899, die seit Eröffnung der Kleinbahn 1900 immer auf dieser Strecke gefahren ist. Allerliebst und noch älter ist die zweiachsige »Franzburg« von 1894, die einst bei den Franzburger Kreisbahnen von Stralsund nach Ribnitz-Damgarten fuhr. Die DDR-Reichsbahn verkaufte sie 1973 an einen Freizeitpark. 1982 wurde sie nach einer Aufarbeitung beim DEV wieder in Betrieb genommen und leistet mit ihrem schlanken Schornstein auf dem schmalen Kessel Beachtliches. Mit nur 85 Pferdestärken zieht die kleine grüne Dampflok vier bis fünf Wagen bergauf durchs Vilser Holz. Stärker noch ist die »Spreewald«, die ebenfalls aus der DDR kam und einst der Pillkaller Kleinbahn in Ostpreußen gehörte. Dann fuhr sie bei der Spreewaldbahn, bis sie 1971 nach der Aufarbeitung bei den heutigen Harzer Schmalspurbahnen an den Verein verkauft wurde. Ein Glücksfall.

Zum Lokomotivpark gehören die ehemalige Diesellok V 29 der Deutschen Bundesbahn, die in den 1950er-Jahren die Strecke von Nagold nach Altensteig bediente, einige andere Diesellokomotiven und die »Plettenberg«. Das ist eine zweiachsige kastenförmige Dampflok der Plettenberger Kleinbahnen von 1927, die im Vilser Wald mit einem langen Zug am Haken geräuschvoll mit 25 km/h bergan stürmt wie eine große Dampflok. Ein akustischer Hochgenuss!

Der DEV besitzt auch einen gelben Schwerkleinwagen für Streckenarbeiten. Er trägt zufällig meinen Vornamen, weil auch der Spender so hieß. Ich war es nicht, doch war ich in den 1970er-Jahren schon einmal DEV-Mitglied und bin es seit ein paar Jahren wieder.

Es gibt unzählige Vereine in Deutschland, Österreich und der Schweiz, die alte Eisenbahnfahrzeuge sammeln. Durch Fahrkartenverkauf und Mitgliedsbeiträge finanzieren sie einen Teil der Aufarbeitung der Fahrzeuge und den laufenden Betrieb. Zuschüsse der Kommunen, Fördergelder und Mäzene decken den anderen Teil der Kosten ab. Neben der Liebe zur Eisenbahn gehören eine Menge Idealismus und viel Zeit dazu, die Geschichte der Eisenbahn aktiv zu erhalten. Unterstützen Sie sie durch Spenden und Mitfahren, liebe Leser!

4. KAPITEL
TECHNIK

27. GRUND

Weil sie vielen Spuren folgt

Eins-dreiundvierzig-fünf. Diesen Code entschlüsselt jeder Eisenbahnfreund auf Anhieb: 1.435 mm ist die Spurweite der Normalspur, die weltweit für etwa zwei Drittel der Gleise gilt.

Die Spurweite bezeichnet den Abstand zwischen den Schienen, in Höhe der Schienenoberkante oder einige Millimeter darunter gemessen. Die Spurweiten entstanden oft zufällig. Im 16. Jahrhundert wurden im erzgebirgischen Bergbau die ersten Gleise mit geringen Spurweiten verlegt. Im 19. Jahrhundert waren Eisenbahnen oft das Produkt von Schmieden, Spenglern und Maschinenbauern, welche die Spurweiten nach Belieben, Budget und Platzbedarf wählten. Später sorgten regionale und koloniale technische Traditionen für die Verbreitung bestimmter Spurweiten.

Das führte zu einem weltweiten Wildwuchs. Die Badener bauten ihre Strecken zunächst in 1.600 mm Breitspur, die man heute noch vor allem in Irland, Teilen Brasiliens und Australiens antrifft. Auch die Straßenbahnen folgten lokalen Vorstellungen: In Chemnitz wurde mit 915 mm – drei Fuß um einen Millimeter aufgerundet – begonnen und dann um einen Zentimeter erweitert, bevor man im 20. Jahrhundert zur Normalspur wechselte. Auf Meterspur verkehren bis heute die Straßenbahnen zum Beispiel in Bielefeld, Mainz, Krefeld und Würzburg. Auf 1.100 mm Spurweite rollt die Straßenbahn in Braunschweig, früher auch die in Lübeck und Kiel. Aus der Reihe tanzte die Straßenbahn in Rostock mit 1.440 mm, bevor sie in den 1970er-Jahren auf Normalspur umgebaut wurde. In Dresden und Leipzig fährt man aus Tradition ganz allein auf exotischen Spurweiten: 1.450 und 1.458 mm.

133 Spurweiten listet Wikipedia auf. Zieht man die eher Modellbahn-typischen 89 mm und Spezialspurweiten über zwei Meter ab, die für Schrägaufzüge und Schiffshebewerke verwendet werden,

bleiben immer noch 121 Spurweiten übrig. In der Vielzahl der Spurweiten, von denen allerdings einige gar nicht mehr benutzt werden, bildet die 1830 von George Stephenson in England erfundene Normalspur 1.435 mm den Mittelpunkt. Im Berner Abkommen wurde sie 1886 für Mitteleuropa zur Norm. Was darunter oder darüber liegt, gilt als Schmalspur oder Breitspur. Weit verbreitet war die kostengünstige Spurweite 750 mm in Sachsen und Württemberg. In Österreich-Ungarn wurde die ein Zentimeter breitere Bosnische Schmalspur verwendet.

Die Meterspur fand in der ganzen Welt Verbreitung und prägt die Schienennetze in Brasilien und Thailand. Zahlreiche Bahnen in Deutschland, Österreich und der Schweiz wickeln Personen- und manchmal Güterverkehr meterspurig ab. Die Rhätische Bahn und die Matterhorn-Gotthard-Bahn in der Schweiz bilden auf Meterspur fast vollwertige Alternativen zur Normalspurbahn. In Deutschland betreiben die Harzer Schmalspurbahnen ein 140 Kilometer großes Streckennetz, viele lokale Strecken blieben durch Museums- und Straßenbahnen erhalten.

Die Kapspur 1.067 mm (dreieinhalb Fuß) spielte in Japan, Australien, Südafrika und den ehemaligen britischen Kolonien eine große Rolle und ist vor allem in Japan außerhalb der normalspurigen Hochgeschwindigkeitsstrecken weit verbreitet. Die Russische Breitspur ist vor allem in den früheren Sowjetrepubliken und Finnland anzutreffen. Der alte 1.524-mm-Standard wurde auf 1.520 mm reduziert, doch sind die Spurweiten kompatibel. Die Iberische Breitspur mit 1.668 mm ist in Spanien auf dem Rückzug, die neuen Hochgeschwindigkeitsstrecken wurden normalspurig gebaut. Die fünfeinhalb Fuß (1.676 mm) breite Indische Breitspur ist noch in Indien, Afghanistan, Argentinien, Pakistan und Sri Lanka zu finden.

Besonders breitspurig kam Hitlers »Reichsspurbahn« daher, die von 1942 bis 1945 geplant wurde. Auf drei Metern Spurweite wollte man sechs Meter breite und 42 Meter lange Doppelstockwagen einsetzen, die etwa doppelt so lang, hoch und breit wie ein ICE-Wagen gewesen wären. Dampf-, Diesel- und Elektrolokomotiven sollten die Züge, in denen auch Badewagen, Kinos und Restaurants vorgesehen waren, mit 250 km/h durch Europa ziehen. Die monumentale Idee eines Irren.

28. GRUND

Weil Alt und Neu zusammenpassen

Wie bei wenigen anderen Technologien gibt es bei der Eisenbahn eine friedliche Koexistenz zwischen Hochtechnologie und dem, was einmal Hightech war und nach Jahrzehnten als primitiv belächelt wird. Doch viele Eisenbahnfreunde ziehen das Alte als besonders erhaltenswerten Rest dem Modernen vor. Die »noch richtige Eisenbahn« von damals wird stärker geliebt.

Tatsächlich war die Eisenbahn immer eine Hochtechnologie, die die Grenzen des Machbaren erprobte und mit genialem Erfindergeist nach Lösungen für bis dahin als unmöglich gehaltene Fahrzeuge und Streckenverläufe suchte. Steilstrecken wie die Steilrampe Erkrath–Hochdahl bei Düsseldorf wurden anfangs mit Seilzügen bewältigt, weil Lokomotiven nicht genug Reibungsgewicht und Kraft hatten, um die 33,3-Promille-Steigung zu bewältigen. Für stärkere Dampfloks und Elektroloks war das bald kein Problem mehr.

Noch heute gibt es unzählige Standseilbahnen, bei denen der talwärts fahrende Wagen den anderen hochzieht. Früher wurde der Wassertank des oberen Wagens gefüllt, um genügend Gewicht für die Talfahrt zu haben. Ein Öko-Antrieb mit Wasser als Ballast. Unten wurde der Behälter entleert und der obere Wagen belastet, bis starke Elektromotoren über Seilrollen den Antrieb übernahmen. Mit verschiedensten Technologien lernten Dampflokomotiven die leichtere Kurvenfahrt bei reduziertem Verschleiß. Dampfturbinen setzten Lokomotiven in Bewegung, noch lange, nachdem elektrische Antriebe um 1900 zwei Triebwagen auf über 200 km/h beschleunigt hatten.

Die Zahnstange wurde erfunden, um steile Berge zu bewältigen. Mindestens drei verschiedene Zahnstangensysteme bilden bis heute die Grundlage für Zahnradbahnen. Schon 1889 bewältigte die Pilatusbahn in der Schweiz mit einer Zahnstange Steigungen bis zu 480 Promille.

Das Machbare galt auch für den Komfort in Reisezugwagen. Aus offenen Wagen wurden Abteil- und Großraumwagen mit Fenstern, Kohle- und Dampfheizung. Dann ersetzten elektrische Heizungen die Dampfheizung, während woanders bereits die ersten Klimaanlagen eingebaut wurden. Heutige Klimaanlagen messen die Atemluft und passen Lüftung, Heizung und Kühlung an die Fahrgastzahl an.

Das alles, von der Kohleheizung bis zur energiesparenden Klimaanlage, kann man heute erleben. Auch wenn der Kohleofen in der Schmalspurbahn – zum Beispiel auf Rügen – als Relikt vergangener Zeiten nostalgisch belächelt wird: Er ist ein technischer Zeitzeuge so wie die TGVs und ICEs, die man in 30, 40 Jahren schmunzelnd als wertvolle Oldtimer betrachten wird – sofern sich ein privater Sammler engagiert, denn die Deutsche Bahn ist nicht gerade ein geschichtsbewusstes Unternehmen.

Auch die Bremssysteme haben sich über die Jahrhunderte entwickelt. Bremste man am Anfang noch mit Holzklötzen und auf Kommando von Hand im Bremserhaus oder Bremsersitz auf dem Dach, entstanden bald Druck- und Saugluftbremsen mit Klotz- und Scheibenbremsen. Heute nutzt man die Motoren elektrischer Fahrzeuge beim Bremsen als Generatoren und speist die gewonnene Energie in die Fahrleitung zurück oder speichert sie zum Anfahren zwischen. Dank ausgeklügelter Regeltechnik – sei es mechanisch oder elektronisch – können Alt und Neu sogar zusammen in einem Zug fahren.

Für die über 200 Jahre alte Eisenbahn gilt: forever young. Sie wird immer Hightech sein, während die Hochtechnologie von gestern allmählich zur liebenswerten Technik »von früher« wird. Eisenbahnfreunde können alles schön finden – und haben außerdem die Wahl zwischen moderner und altmodischer Eisenbahn.

29. GRUND

Weil Dampflokomotiven das Kurvenfahren lernten

Als die Dampflokomotiven immer stärker und schwerer wurden, verteilten ihre Konstrukteure das Gewicht auf immer mehr Achsen. So ließ sich der Achsdruck begrenzen und erzeugte genügend Reibung, um die Kraft der Dampfmaschine aufs Gleis zu bringen.

Da Dampfloks in der Regel nur eine Treibachse haben, musste diese mit den anderen Rädern mithilfe einer Kuppelstange verbunden werden. Man nennt sie deshalb Kuppelachsen. Bei vier bis sechs gekuppelten Rädern bekommt eine Lok aber Probleme in den Kurven. Je kleiner der Radius, umso mehr müssen sich die Radsätze seitlich verschieben können und desto größer ist der Anlaufwinkel zur Schiene. Biegsame Kuppelstangen gibt es aber nicht und auch nicht so viel Spiel zwischen Rahmen, Radsatz und Schiene wie bei Modelleisenbahnen. Deshalb teilten findige Konstrukteure die Kuppelstangen und trieben so die Endradsätze an. Luttermöller versuchte es mit Zahnrädern, Klien und Lindner mit der nach ihnen benannten Hohlachse. Sonderlich erfolgreich waren diese Konstruktionen alle nicht.

In den 1880er-Jahren wurden neue Antriebssysteme entwickelt, die auch langen und schweren Dampfloks mehr Kurvengängigkeit brachten. Neben den an anderer Stelle beschriebenen Waldbahn-Lokomotiven mit ihren Gelenkwellen wurden von Meyer und Mallet geteilte Antriebe entwickelt. Die Grundidee: Zwei bis drei gekuppelte

Radsätze in der hinteren Hälfte der Lok werden wie gewöhnlich von zwei Zylindern angetrieben. Vorn unter dem Kessel und der Rauchkammer befindet sich ein kurzes Drehgestell mit einem weiteren Zylinderpaar, das den Kurven folgen kann. So bewältigten die Lokomotiven nicht nur enge Radien, sondern kamen auch besser mit schlecht verlegten Gleisen und Übergängen in Steigungen und Gefälle klar.

Zwischen den Bauarten von Meyer und Mallet gab es einen kleinen Unterschied. Der Schweizer Anatole Mallet ordnete beide Zylinderpaare vor den Treib- und Kuppelachsen an. Der Franzose Jean-Jacques Meyer hatte sich seine Gelenklok schon 1861 patentieren lassen und wählte die umgekehrte Anordnung für das vordere Drehgestell: Die Zylinder waren hinter den Radsätzen montiert. So konnten die beiden Zylinderpaare einfacher mit Dampf versorgt werden. Beide Ingenieure nutzten den Dampf aber in gleicher Weise im Verbund: Der unter hohem Druck stehende Dampf arbeitete zuerst in den hinteren kleinen Zylindern, entspannte sich bereits und wurde dann noch einmal mit geringerem Druck in den vorderen Zylindern genutzt, die für eine ähnliche Antriebsleistung deshalb wesentlich größer sein mussten.

Die Meyer-Loks fanden besonders in Sachsen Anklang und sind heute auf vielen Schmalspurbahnen noch im Einsatz. Die Mallets fand man nicht nur auf schmalen Spuren in Europa, sondern auch als normalspurige Dampfgiganten in Nordamerika. Der Big Boy und der Challenger der Union Pacific Railroad sind die bekanntesten Mallets – wobei bei ihnen sogar noch Laufachsen in den beiden Antriebsgruppen untergebracht waren, um die Laufeigenschaften zu verbessern. Der Big Boy hatte zweimal vier, der Challenger zweimal drei gekuppelte Radsätze. In den Vereinigten Staaten probierte Baldwin 1914 bis 1916 eine wahnwitzige Variante und baute zwei Antriebssätze unter vier Dampfloks und einen weiteren Antrieb unter den Tender. Die sogenannte Bauart Triplex soll sehr stark gewesen sein, aber problematisch im Betrieb und für höhere Geschwindigkeiten nicht geeignet.

Von Meyer und Mallet abgeleitet wurden die mächtigen südafrikanischen Garratts. Dort wurden Kessel und Führerhaus als Brücke zwischen zwei größeren Antriebseinheiten platziert, die als Drehgestelle fungierten und mit Wasser und Kohle beladen waren.

30. GRUND

Weil Schmalspurbahnen hinkommen, wo andere scheitern

Schmalspurbahnen waren in dünner besiedelten Regionen und engen Tälern der technisch und wirtschaftlich einzige Weg, eine Verbindung zu größeren Städten und dem landesweiten Schienennetz aufzubauen. Mit der Motorisierung nach dem Zweiten Weltkrieg verschwanden viele der romantischen Schmalspurbahnen, die langsam fuhren, einen oft zusammengewürfelten Fuhrpark hatten und durch Beschaulichkeit und Niedlichkeit auffielen. Sie waren Eisenbahnen, die sich dem alles beschleunigenden Fortschritt zwar nicht aktiv verweigerten, doch wegen der sinkenden Tonnagen und Fahrgastzahlen altmodisch bleiben mussten.

Wir Eisenbahnfreunde haben die Schmalspurbahnen geliebt und lieben sie noch heute. In der DDR blieben viele erhalten, weil die massenhafte Motorisierung der Bürger in der Mangelwirtschaft auf sich warten ließ. Heute sind wir dankbar für die Bähnchen in Sachsen, an der Ostseeküste, auf Rügen und im Harz. Manche sind zu neuer Blüte erwacht und Touristenattraktionen geworden. Die Preßnitztalbahn wurde teilweise wieder aufgebaut, und in Klütz beim Ostseebad Boltenhagen liegen nun auf der früheren Normalspurtrasse Feldbahngleise, die billiger und mit geringerem Aufwand befahrbar sind.

Für die Schmalspur sprachen schon immer geringere Baukosten, weniger Flächenbedarf und kleinere Radien. Gerade in engen Tälern und bei großen Steigungen brachte das Vorteile, deshalb auch die vielen Schmalspurbahnen in den engen Tälern des Erzgebirges oder der Alpen. Ab 750 mm kann man sogar Normalspurwagen transportieren, sofern die Trasse breit genug ist. Auch die Deutsche Bundesbahn betrieb Schmalspurbahnen, die aber schon früh stillgelegt wurden. Normalspur-Güterwagen auf Rollböcken sicherten dem »Öchsle«, der 750-mm-Bahn zwischen Warthausen und Ochsenhausen im Schwäbischen, bis 1983 den Betrieb. Heute ist sie eine Museumsbahn.

Die kleineren Personen- und Güterwagen prädestinierten die Schmalspur als Verkehrsmittel für recht geringe Verkehrsaufkommen oder ermöglichten durch ihre bescheidene Bauweise und Geschwindigkeit erst den Anschluss an die große, weite Welt. Schmalspurbahnen dringen in Seitentäler vor, verbinden wie die Mariazellerbahn in Österreich eine Hauptstrecke mit einem Wallfahrtsort oder erschließen wie die Rhätische Bahn einen ganzen Kanton. Bei den zuletzt Genannten ist nichts mehr altmodisch, hier fahren auf effizient gesteuerten Strecken meist moderne Triebwagen.

Die Sendung *Eisenbahn-Romantik* des SWR porträtiert ständig Schmalspurbahnen aus aller Welt. Die Liste der kleinen Bahnen auf Wikipedia ist endlos, und es sind weit mehr in Betrieb, als einem spontan einfallen wollen. Zwischen den Inselbahnen der Nordsee, der Chiemsee- und der Zugspitzbahn sind in Deutschland noch viele Schmalspurbahnen aktiv.

In Wales fahren winzige Dampflokomotiven und schmale Wagen, die sich nur von außen öffnen lassen. Die 1832 gegründete Ffestiniog Railway ist die älteste noch aktive Privatbahn der Welt und nutzt die exotische Spurweite 597 mm. Auf 603 mm rollt die Vale of Rheidol Railway, die den staatlichen British Railways gehörte. Im Angebot wären außerdem 311, 610, 686 und 762 mm sowie 1.067 mm bei der Great Orme Tramway, die als Standseilbahn auf den 200 Meter hohen Great Orme's Head führt. Sie sind es alle wert, bereist zu werden.

In Spanien sind noch zahlreiche Meterspurbahnen in Betrieb, die Ferrocarril de Sóller auf Mallorca fährt allerdings auf 914 mm Spurweite. Die FEVE und EuskoTren betreiben darüber hinaus ein großes Meterspurnetz im Raum Bilbao. In Korsika und Sardinien fahren Meterspurzüge auf spektakulären Gebirgsstrecken, die kurvige Rittnerbahn bereichert Südtirol. Auch woanders in Italien fährt man schmalspurig. Auf Sizilien kann man den Ätna umrunden. In Frankreich wird die Meterspur noch in einigen Regionen gepflegt, was nicht verwundert, stammt sie doch wahrscheinlich aus dem Land des Urmeters.

31. GRUND

Weil gut gepflegte Züge immer fahren

Die Zeiten, als auf großen Bahnhöfen Züge in Reserve standen, sind lange vorbei. Aus guten und schlechten Gründen wurden überall Wagen- und Zugkapazitäten abgebaut, die nun fehlen, wenn ein Fahrzeug ausfällt oder vor langen Wochenenden und Ferienbeginn viel mehr Fahrgäste befördert werden müssen.

So bedauerlich es sein mag: Die mehr oder minder privatisierten Eisenbahnen können und wollen sich keine Reservekapazitäten mehr leisten. Das klingt nach Ärger und Pannenbahn, doch die Praxis beweist, dass Züge nahezu ausfallsicher sein können. Dazu braucht man servicefreundliche Fahrzeuge, ein vorausschauendes Wartungskonzept, ein hervorragendes Datenmanagement, eine ausgeklügelte Werkstattlogistik und den Ehrgeiz, über 98 Prozent der Züge am Laufen zu halten.

Schon bei der Konstruktion denken gute Maschinenbauer an eine einfache Montage und einfache Wartung. Wie in anderen Industrien auch, arbeiten Eisenbahn-Ingenieure mit dreidimensionalen Konstruktionssystemen und virtueller Realität. Mit Spezialbrillen und anderen Hilfsmitteln bewegen sie sich in dem konstruierten Fahrzeug und testen sogar die Zugänglichkeit von Bauteilen. Ein Mock-up, ein Teilmodell des Wagenkastens, dient – wenn überhaupt – dazu, dem Kunden die Konstruktion zu zeigen und kleine Optimierungen vorzunehmen.

Ausländische Bahnunternehmen kaufen schon seit der Jahrtausendwende Züge mit Instandhaltungsverträgen ein, die sich über mehr als 30 Jahre erstrecken. 40 Jahre beträgt allgemein der erwartete Betriebszeitraum einer Lok oder eines Triebzugs. Die Wartungsverträge haben für beide Seiten Vorteile: Der Hersteller kennt seine Fahrzeuge besser als jeder andere, wartet die Züge wirtschaftlich nach Bedarf und nicht nach starren Fristen und sammelt im Betrieb Erfahrungen, die in die nächsten Modelle einfließen. Der Betreiber erhält eine vertraglich zugesicherte Verfügbarkeit der Züge und bezahlt dafür eine Wartungspauschale. Was der Betrieb eines Zugs über 30 Jahre kosten wird, ist also klar kalkulierbar und ein Betreiberwechsel bei den oft von Leasinggesellschaften finanzierten Zügen kein Problem. Reservezüge werden nur in kleinstem Umfang vorgehalten. So steht kein Kapital herum.

Siemens ist mit langfristigen Instandhaltungsverträgen sehr erfolgreich und hat in der Bahnindustrie das am weitesten entwickelte Vorsorgekonzept für fast hundertprozentig verfügbare Züge: Predictive Maintenance – vorausschauende Instandhaltung – baut auf einer systematischen Sammlung und Auswertung von Fahrzeugdaten auf. Hunderte von Daten wie Stromfluss und Temperatur der Motoren, Temperatur und Konsistenz des Transformatorenöls, Vibrationen im Drehgestell, Stromstärken in Hilfsbetrieben und zahlreiche andere Parameter werden laufend oder in Intervallen gemessen und per Mobilfunk abgesichert in die Rail Service Center von Siemens übertragen. Dort werden die Daten nach erfahrungsbasierten Algorithmen ausgewertet und auf Auffälligkeiten untersucht. Die weltweit verteilten Werkstätten erhalten anschließend Empfehlungen, was mit welcher Priorität zu tun ist.

Zieht zum Beispiel der Antrieb einer Tür beim Schließen und Öffnen mehr Strom als üblich, bahnt sich ein Ausfall an. Binnen einer bestimmten Frist muss nun der Türantrieb untersucht und ausgetauscht werden – oder ein bisschen Fett in die Führungsschienen der Tür. Eine nicht schließende Tür würde die Abfahrt verzögern, was besonders unangenehm wäre, wenn die Verfügbarkeitsgarantie auch mit einer bestimmten Pünktlichkeit gekoppelt ist wie bei manchen Verträgen in Großbritannien.

Stellt sich im Betrieb bei einem Zug eine Fehlerquelle heraus, werden alle anderen Züge dieser Baureihe untersucht und vorsorglich die Teile ausgetauscht, die einmal ein Problem machen könnten.

Repariert wird nach Prioritäten in eigenen oder gemeinsam mit dem Bahnunternehmen betriebenen Werkstätten über Nacht oder wenn der Zug umlaufbedingt ins Depot zurückkehrt. In prekären Fällen fährt ein Technikerteam zum Fahrzeug. Längere Wartungsarbeiten werden nicht am Stück ausgeführt, sondern in Etappen. So muss ein Zug nicht tagelang in der Werkstatt bleiben. Defekte Drehgestelle werden ausgetauscht und in Ruhe repariert, während der Zug schon wieder unterwegs ist.

Der mit der ICE-Baureihe 403 verwandte Velaro E der spanischen RENFE gehört zu den ersten Zügen, die auf diese Weise instand gehalten werden. Durchschnittlich nach 1,1 Millionen Kilometern Laufleistung, was 2.300 Fahrten entspricht, ist eine einzige Fahrt verspätet. Ab 15 Minuten Verspätung erhalten die Fahrgäste den vollen Fahrpreis zurück. Die 26 in Krefeld gebauten Siemens-Züge fahren mit einer Verfügbarkeit von über 99,98 Prozent. Sogar über 99,99 Prozent erreicht das ICE-Pendant in Russland, immerhin etwa 99,3 Prozent der Heathrow Express in London. Auch in Deutschland gibt es Züge, die über 99,99 Prozent Verfügbarkeit erreicht haben: Es sind die Desiro-Züge der Mittelrheinbahn (trans regio).

32. GRUND

Weil Blindwellen einfach Charakter haben

Als man noch nicht wusste, wie man einen Antrieb baut, der die Kraft eines Motors auf mehrere Achsen überträgt, erfanden Ingenieure die Blindwelle. Blind ist die Welle oder Achse, weil auf ihr keine Räder mit Bodenberührung sitzen, sondern nur Kurbeln mit Gegengewicht. Sie übertragen das Drehmoment eines Motors, der mit der Blindwelle über ein hydraulisches Getriebe verbunden ist, mit einer Treibstange auf eine Kuppelstange. Diese ist in der Regel mit drei Radsätzen verbunden.

Die erste Großlokomotive mit hydraulischem Getriebe und Blindwelle war die 1936 in Dienst gestellte V 140 der Deutschen Reichsbahn. Wie eine Tenderlok hatte sie die Achsfolge 1'C1', also eine Laufachse, drei gekuppelte Achsen und eine weitere Laufachse. An der Stelle, wo gewöhnlich die Dampfzylinder saßen, drehte sich die Blindwelle mit Kurbel und Gegengewicht. Nur dass dieses Dampflok-Fahrwerk kein weiteres Gestänge brauchte. Der Wagenkasten der Diesellok entsprach schon etwa der Form, in der sich diese neue Lokomotivart in den nächsten Jahrzehnten weiterentwickelte. So war es schon immer bei der Eisenbahn: Wenn eine neue Technologie erprobt wurde, blieb man bei alten, bekannten Formen und entwickelte erst später den Ehrgeiz, einer neuartigen Lok eine neue Form zu verpassen.

Die Blindwelle übernahm schon in den 1920er-Jahren die Aufgabe bei zwei deutschen Dampfturbinenlokomotiven, die drei Kuppelachsen anzutreiben. Krupp baute 1924 die T 18 1001 mit Dampfturbinen nach der Bauart des Mexikaners Heinrich Zoelly (1862–1937), einem Schweizer Auswandererkind, das bald seine polytechnische Ausbildung in der Schweiz genoss und später eingebürgert wurde. Seine von Wasserturbinen abgeleitete Dampfturbine hatte Zoelly schon 1903 erfunden und den Beweis erbracht, dass sie wirtschaftlicher arbeitete als eine Kolbendampfmaschine. 1919 bauten die Schweizer Firmen SLM und Escher Wyss zusammen mit Zoelly eine alte B-3/4-Dampflok um und erprobten den Turbinenantrieb.

Er war dabei nicht der Erste, denn schon 1908 hatte der italienische Professor Giuseppe Belluzzo (1876–1952) eine Dampfspeicherlok mit vier Turbinen angetrieben. Bis in die 1940er-Jahre experimentierten Bahngesellschaften mit Turbinenantrieben, wobei auch Generatoren angetrieben wurden, um Strom für elektrische Motoren zu gewinnen. Heraus kamen dann unbrauchbare Maschinenmonster wie die knapp 560 Tonnen schwere Class M-1 der Chesapeake & Ohio Railway. Zum Vergleich: Große deutsche Schnellzugdampfloks wogen etwa 110 Tonnen.

Doch nach diesem Ausflug in die Hightech-Welt des 20. Jahrhunderts zurück zur Blindwelle. Auch ein zweiter, wenig erfolgreicher Turbinenlok-Versuch mit der T 18 1002 nutzte diese Kraftübertragung. Blindwellen gab es auch beim »Glaskasten«, einer zweiachsigen bayerischen Dampflok, dort aber nur, um eine zu lange Treibstange zu vermeiden. In Österreich, der Schweiz und in Deutschland wurden einige Elektrolokomotiven mit Blindwellen entwickelt, welche die Radsätze direkt oder indirekt wie beim berühmten »Krokodil« antrieben.

In den 1930er-Jahren entstanden viele kleinere Diesellokomotiven mit Blindwelle, darunter die V 20 und die V 36 der Reichsbahn. Auch in den 1950er-Jahren, als man mit der V 80 bereits leistungsfähige Drehgestell-Diesellokomotiven entwickelt hatte, setzte die Deutsche Bundesbahn bei Rangierlokomotiven noch auf Blindwellen. Die V 65 war sogar vierachsig wie die V 60 der Deutschen Reichsbahn der DDR, von der nur noch ein paar Breitspur-Versionen am Fährhafen Mukran auf Rügen rangieren. Die dreiachsige V 60 der DB von 1956, die man noch auf Rangier- und Abstellbahnhöfen sieht, hat bis heute überlebt. Ein Oldtimer mit Charakter.

33. GRUND

Weil man Schnee pflügen und schleudern kann

Die vier Feinde der Eisenbahn sind bekanntlich Frühjahr, Sommer, Herbst und Winter. Wie jung der Spruch ist, lässt sich nicht feststellen. Denn früher war ausnahmsweise alles besser – jedenfalls im Winter, als Schnee über drei Zentimeter kein Hindernis für die Deutsche Bundesbahn war. Das Personal auf den Bahnhöfen befreite Bahnsteige und Weichen vom Schnee. Schneepflüge standen bereit, die Lokomotiven schoben 20 bis 30 Zentimeter Schnee einfach vom Gleis. Verspätungen und Zugausfälle waren selten, die Jahreszeiten einfach Jahreszeiten und der Winter eben Winter. »Schneekatastrophen« und Sondersendungen nach etwas Schneefall gab es nicht. Auf den Winter stellte man sich ein, und sei es bei −10° C, wenn der Kleister für Frachtgutzettel im unbeheizten Güterschuppen nur mit heißem Wasser flüssig blieb.

In Nordamerika, in den Alpen, Skandinavien und anderen Regionen gehört Schnee zum Winter wie der Bär im Winterschlaf. Schneezäune, Lawinenvorbauten und Tunnel begrenzen den Einfluss auf die Eisenbahnstrecken, und wenn es mächtiger geschneit hat und meterhohe Schneeverwehungen zu beseitigen sind, kommt schweres Gerät zum Einsatz: Schneepflüge und Schneeschleudern.

Die Schmalspurstrecken der Denver & Rio Grande Western wurden, soweit es ging, von Dampflokomotiven mit riesigen Schneepflügen vor der Rauchkammer geräumt. Dampfschneeschleudern – sogenannte Rotaries – beseitigten meterhohe Schneeverwehungen, wenn nichts mehr ging. Das waren im Prinzip Dampflokomotiven mit einem großen rotierenden Rad an der Vorderseite, das von einer Dampfmaschine angetrieben wurde. Verstellbare Lamellen fraßen sich in den Schnee und schleuderten den Schnee in hohem Bogen zur Seite. Bei sehr hoher Schneelage schoben bis zu fünf Dampflokomotiven nach – in den Rocky

Mountains auf bis zu 4.000 Meter Höhe ein gern fotografiertes Spektakel unter blauem Himmel.

In der Schweiz unterhält die Rhätische Bahn noch eine Dampfschneeschleuder, wenn auch überwiegend für Sonderfahrten für Fotografen und Video-Filmer. Viele Bahnen der Alpenländer hatten Schneeschleudern, wenn auch längst moderne Modelle Einzug gehalten haben, die sich nicht nur in einer Richtung in den Schnee hineinfräsen, sondern auf dem Rahmen drehbar sind, um auch den Rückweg zu bearbeiten.

Legendär und noch im Einsatz sind die großen Schneepflüge der Canadian National, die man in Kanada noch an einigen Bahnhöfen findet. Auch bei den südlichen Nachbarn werden Schneepflüge mit hohem Tempo durch den Schnee geschoben, die weiße Pracht landet 20 Meter weit neben dem Gleis.

In Österreich und Deutschland gibt es noch wenige Schneepflüge, die auf der Basis alter Tender aufgebaut wurden und nach ihrem österreichischen Erfinder Klima-Schneepflüge hießen. Beilhack aus Rosenheim stellt seit den 1970er-Jahren dieselbetriebene Schneeschleudern, Schneepflüge und andere Räumgeräte her, die bis zu 22.000 Tonnen Schnee pro Stunde von den Gleisen schaffen können. Auch Straßenbahnen brauchen Schneepflüge. In Düsseldorf behilft man sich mit einem umgebauten Triebwagen aus dem Jahr 1925, weil man nach Jahren ohne Schneefall modernere Fahrzeuge verkauft hat.

Das Schneeräumen ist harte Arbeit. Wer mit den Stichwörtern »snow plow« oder »Schneepflug« im Internet nach Videos sucht, wird Stunden von Material finden und den Mut der Männer bewundern, die bei wenig Sicht in Schneewehen hineinfahren – und manchmal stecken bleiben.

34. GRUND

Weil eine Lok im Nu auf 100 ist

Einen Choleriker auf 100 – zum Kochen – zu bringen, ist keine große Sache. Aber bringen Sie mal eine 84 Tonnen schwere Lok von null auf 100 km/h!

Ich hatte 2010 das Vergnügen, auf dem Testgelände von Siemens in Wegberg-Wildenrath, wo ich einen nagelneuen Vectron bis auf 140 km/h beschleunigen und zwölf Kilometer fahren durfte. Die vierachsige Elektrolok hat eine Leistung von 6,4 Megawatt, was exakt 8.583,54 PS entspricht. Das ist knapp 16 Mal die Leistung des starken Porsche Panamera, bei 43-fachem Gewicht. Ich hatte als Lokführer das Gefühl, jeden Sportwagen abhängen zu können. Ich juchzte vor Vergnügen und war fasziniert von der enormen Beschleunigung. 140 km/h wurden sekundenschnell und mühelos erreicht.

Der Porsche ist in knapp vier Sekunden auf 100 km/h. Und die Lok? Niemand wusste es! »Solche Daten sind für uns und die Kunden irrelevant, wir messen die gar nicht«, antwortet lapidar der Vectron-Chefentwickler bei Siemens. Bei aller Enttäuschung reagiere ich mit Verständnis und frage noch einmal auf der Inno-Trans nach. »Das wissen wir wirklich nicht«, antwortet ein anderer Siemens-Ingenieur, und da Ingenieure anders denken als Journalisten und Eisenbahnfans, erklärt er: Wichtig ist zum Beispiel die Anfahrzugkraft, die etwas darüber aussagt, was die Lok in Bewegung setzen und ziehen kann. 300 Kilonewton ist die Anfahrzugkraft des Vectron, und die ist nicht nur abhängig von den vier Motoren und Getrieben, sondern vom Gewicht der Lok und dem Reibungskoeffizienten. Während Gummireifen auf der Straße gut haften, muss die Kraft der Stahlräder auf der Schiene sogar begrenzt werden, damit sie nicht durchdrehen. Auf Vollgummireifen wäre die Lok wohl der Porsche-Killer.

Viele Ingenieure können gut erklären, und so wird mir die rasante Beschleunigung aus ganz praktischen Gründen als betrieblich völlig uninteressant ausgeredet: »Stellen Sie sich mal vor, was mit den Reisenden passiert, wenn Sie so beschleunigen würden!« – »Die würden wohl umfallen«, antworte ich. »Richtig«, sagt der Ingenieur mit einem leisen Lächeln. Ich habe keine Fragen mehr.

Eisenbahningenieure sind freundliche Leute, und deshalb hat mir der Chefentwickler einen Zeitschriftenausschnitt zukommen lassen, in dem ein österreichischer Journalist 2002 eine Beschleunigungsmessung in einem Siemens Taurus beschreibt: »Der Vorschub lässt alle Stehenden nach Halt suchen. ... Wer sich jetzt im schmalen Maschinengang befindet, kommt nicht mehr voran gegen die Beschleunigung.«

Der Taurus, ein Vorläufer des Vectron, leistet ebenfalls 6,4 Megawatt und ist bis zu 230 km/h schnell. Nach 61 Sekunden hatte die Lok 200 km/h erreicht. Ein ähnliches Eurosprinter-Modell, die österreichische 1216 050, stellte am 2. September 2006 mit 357 km/h den Weltrekord für Lokomotiven auf. Auf YouTube finde ich ein Video (www.youtube.com/watch?v=UK7B5XNzTvg), bei dem ein Taurus der Reihe 1216 nach der Warnung »Festhalten!« von null auf 220 km/h beschleunigt. 40 Sekunden! Eine Güterzuglok der Baureihe 189 von Siemens schafft es in einem anderen Video in 28 Sekunden auf 140 km/h.

Am Ende erfahre ich von Siemens: »Wir haben mal nachgerechnet: elf Sekunden.« Mein Vectron mit der Loknummer 193 901 war also in elf Sekunden auf 100, so schnell wie ein gut motorisiertes Mittelklasseauto. Wenn ein Porsche Panamera auf der Autobahn an mir vorbeirast, schaue ich lächelnd hinterher. 8.584 PS wird der Fahrer nie unter dem Hintern haben. Dafür müsste er schon Lokführer oder Eisenbahn-Fachautor sein.

35. GRUND

Weil Straßenbahnen »oben ohne« fahren

Straßenbahnen sind das umweltfreundlichste und angenehmste Verkehrsmittel in Städten – von leisen, modernen Elektrobussen einmal abgesehen. Doch gerade in engen Innenstädten mit historischer Bebauung stören die Oberleitungsmasten. Die kleinen Lichtbögen zwischen Fahrdraht und Stromabnehmer können empfindliche Messgeräte beeinflussen. Bei weitläufigen Straßenkreuzungen stört das Oberleitungswirrwarr nicht nur optisch, sondern muss mangels ausreichender Höhe manchmal für Schwertransporte abgebaut werden. An Baustellen könnte ein zu geringer Abstand von Baugerüst und Oberleitung gefährlich werden. Und dann gibt es noch Stadtpolitiker, die keine Oberleitung vor markanten Bauten haben wollen und deshalb eine Straßenbahnlinie ablehnen. In Düsseldorf zum Beispiel im Medienhafen an den Gehry-Bauten vorbei.

Die Kommunalpolitiker waren schlecht informiert, denn oberleitungsfreie Straßenbahnen kann man schon lange in verschiedenen Ausführungen kaufen. In Wien und Berlin gab es schon Ende des 19. Jahrhunderts in die Fahrbahn versenkte Stromschienen, die allerdings bei Regen und Schnee Probleme machten. Alstom führte 2003 in Bordeaux eine neue Art von Stromschiene ein, die nur dann Strom führt, wenn sich eine Straßenbahn über ihr befindet. So wird die Innenstadt ohne Oberleitung durchquert, außerhalb wird der Pantograf ausgefahren. Das APS-Stromschienensystem wird per Funk gesteuert und erfordert einen hohen Schaltaufwand bei der Stromzuführung. Trotz gelegentlicher Probleme nach starkem Regen hat es sich aber doch so bewährt, dass man das System in Angers und Reims übernahm. Weitere Installationen sind geplant.

TramWave, ein ähnliches System der italienischen Ansaldo STS mit zwei Stromschienen, die durch einen Dauermagneten in der Tram aktiviert werden, hat sich dagegen nicht bewährt. Eleganter, aber sehr teuer ist die induktive Stromversorgung durch große Spulen im Gleis, wie sie Bombardier propagiert. Beim Überfahren liefern jeweils mit einigem Aufwand eingeschaltete Spulen Energie für die Spulen in der Straßenbahn. Durch den großen Abstand zwischen den Spulen geht allerdings viel Energie verloren – ein technischer Irrweg.

Bombardier, Siemens und andere Hersteller bieten als pragmatische Lösung Bahnen mit Stromspeicher an, die mindestens zwei Kilometer ohne Oberleitung fahren können. Dazu werden Speichermodule auf dem Dach der Triebwagen platziert, in denen sehr leistungsfähige Kondensatoren – sogenannte Supercaps – und Akkus kombiniert genügend Strom für ein paar Kilometer Fahrstrecke unter voller Belastung speichern. Binnen 20 bis 30 Sekunden lassen sich die Speicher unter dem Fahrdraht aufladen. Beim Bremsen nehmen sie die durch die Motoren generierte Rekuperationsenergie auf und nutzen sie beim Beschleunigen. Das reduziert Verbrauchsspitzen und spart ganz nebenbei bis zu 30 Prozent Energie. Weil damit Lastspitzen vermieden werden, kann der Verkehrsbetrieb auch bei seiner Energieversorgung sparen.

Seit Ende 2008 fahren von Siemens ausgerüstete Trambahnen bei MTS in der Nähe von Lissabon. Bombardier lieferte ab 2009 ähnlich aufgebaute Züge an den RNV für den Einsatz in Heidelberg. In der Education City in Katars Hauptstadt Doha geht Siemens noch einen Schritt weiter und baut ein neues Straßenbahnsystem auf, das völlig ohne Fahrdraht auskommt. Ab Mitte 2016 werden auf einer zwölf Kilometer langen Strecke mit 24 Haltestellen 19 Straßenbahnen vom Typ Avenio oberleitungsfrei fahren. Mit kleinen Stromabnehmern an den Fahrzeugenden laden sie ihren Speicher beim Stopp über eine Stromschiene unter den Haltestellendächern sekundenschnell auf.

36. GRUND

Weil Bremsen leiser werden

Die Bewohner des Rheintals kämpfen seit Jahrzehnten vergeblich gegen den Lärm, den täglich über 400 Güterzüge links und rechts des Flusses verursachen. Im Elbtal ist es ähnlich laut. Und auch woanders lärmt die Bahn. Eine Nacht in Würzburg genügt, um die täglichen und vor allem nächtlichen Qualen der Anlieger nachzuempfinden. Alle drei bis fünf Minuten rollt bis zum Morgengrauen ein Güterzug durch die Stadt im Maintal, bremst im Gefälle oder muss vor der Einfahrt in den Bahnhof halten.

Es sind sehr lange Güterzüge, welche die Täler verlärmen. Nicht die fiktiven schnellen, kurzen Güterzüge, mit denen die Neubaustrecke Stuttgart–Ulm schön- und rentabel gerechnet wurde. Im Gegenteil: Je länger der Zug, umso geringer die Kosten. Denn Loks und Lokführer sind Kostenfaktoren.

Seit Jahren experimentiert die Deutsche Bahn mit sogenannten Flüsterbremsen, um die Güterzüge leiser zu machen. Im Gegensatz zu Personenzügen mit ihren recht leisen Scheibenbremsen werden Güterwagen nach alter Väter Sitte mit Klotzbremsen bestückt. Zwei Bremsschuhe aus Guss drücken beim Bremsen kreischend auf die Laufflächen jedes Rads und wetzen sich am Stahl. Das bringt die Räder zum Klingen und schleift feine Rillen in die Laufflächen, in denen sich Schmutz und Bremsstaub absetzen. Die winzigen Partikel machen den Lauf nur ein bisschen unruhiger. Doch wenn Hunderte Räder und die Schienen vibrieren, wird der Zug eine unangenehme Lärmquelle. Selbst wenn nicht gebremst wird, baumeln die Bremsschuhe an den Hängeeisen und erzeugen laute Klänge.

Die Deutsche Bahn stattet seit 2001 neue Güterwagen mit Komposit-Bremssohlen aus, die aus Kautschuk, Harzen, Eisen und Kupferpartikeln bestehen und die Laufflächen nicht aufrauen. Bis 2020 sollen 60.000 Wagen von DB Schenker mit den sogenannten

Flüsterbremsen versehen sein. Ende 2014 waren es etwa 14.000. Weitere 120.000 Wagen anderer Bahnen und privater Einsteller warten auf die Umrüstung, die den Lärm beim Bremsen halbieren soll.

Man könnte nachts auch langsamer fahren, um den Güterzuglärm einzudämmen. Der Verband Deutscher Verkehrsunternehmen ermittelte bei einer Geschwindigkeitsreduzierung auf 70 km/h eine 24 Prozent längere Fahrzeit und 20 Prozent Kapazitätsverlust. Und das will kein Bahnunternehmen.

Man hätte im Bundesverkehrsministerium längst zur Kenntnis nehmen können, dass Deutschland wie die Schweiz ein Transitland für den europäischen Güterverkehr ist, das neue leistungsfähige Güterverkehrsmagistralen abseits dicht besiedelter Gebiete braucht oder zumindest Umfahrungen der Städte. Doch vorausschauende Verkehrspolitik gab es hierzulande noch nie, sie lässt sich wie eh und je treiben. Es fehlt nicht an Geld, sondern an politischem Willen. Und an kompetenten Verkehrsministern, deren Arbeitseifer sich nicht wie bei Ramsauer (CSU) auf die Eröffnung von (meist bayerischen) Umgehungsstraßen und unwichtigen Autobahnabschnitten beschränkt. Oder Dobrindt (CSU), der wider jede Vernunft eine nutzlose Maut durchzusetzen versucht.

Für eine umweltschonende Verkehrspolitik, die den Namen verdient, braucht es Vorgaben, Ziele, Kontrolle und Durchsetzungsvermögen auch gegenüber dem Bundesunternehmen DB Mobility Logistics AG, das sich darin gefällt, in Deutschland verdientes Geld international oder in Busse zu investieren, aber den Schienenverkehr im Kernland so lange wie möglich auf Verschleiß fährt. Mit öffentlich-privaten Partnerschaften und hochkomplexen Mautsystemen bedient das Bundesverkehrsministerium die Interessen der Maut- und Straßenbaulobbyisten und verteuert unnötig öffentliche Bauprojekte. Zukunftsgerichteter Gestaltungswille ist nicht erkennbar. Verkehrsminister-Darsteller ohne Fachkompetenz und Elan gab es schon zu viele. Und die sind schuld daran, wenn man nicht schlafen kann.

Manchmal gibt es Gründe, die Eisenbahn nicht zu lieben. Vor allem aber die Art, wie mit ihr umgegangen wird.

37. GRUND

Weil Kälte Züge kaltlässt

Draußen sind es +28° C, in der Klimakammer −30° C. Für die Techniker der RTA Rail Tec Arsenal Fahrzeugversuchsanlage in Wien ist das tägliche Routine, für die Ingenieure von Siemens und anderen Bahnherstellern gehört der Klimaschock zu den letzten Herausforderungen am Ende einer Fahrzeugentwicklung. Denn Lokomotiven und Triebzüge müssen bei allen Temperaturen und Wetterlagen funktionieren. Deshalb gehören neben Siemens auch Alstom und Bombardier zu den Gründern der Anlage.

In der Wiener Klimakammer wird trotz der belastenden Temperaturen rund um die Uhr gearbeitet, sieben Tage pro Woche. Die vielen zu absolvierenden Tests, aber auch der Energieaufwand für die Erzeugung bitterer Kälte und sengender Hitze im größten Klima-Wind-Kanal Europas erfordern zügiges Arbeiten. Züge für Russland zum Beispiel müssen bis −40° C und +45° C einwandfrei funktionieren, so schreiben es die russischen Normen vor. Die Anlage in Wien-Floridsdorf schafft aber auch −50° C und +60° C und wird schon mal von Skispringern, Auto- und Helikopterherstellern benutzt, um Sprungtechniken und die Auswirkungen von Eisstürmen zu testen.

Die Techniker haben Wagen der Desiro-Triebzüge und des Velaro RUS, der mit dem ICE 3 verwandt ist, nach allen Regeln der Kunst vereist, mit 160 km/h angeblasen, beregnet und schnellstmöglich aufgeheizt und abgekühlt, um Tunnelfahrten zu simulieren. Geprüft wird nach genau festgelegten Programmen die Funktion der Stromabnehmer, der Scheinwerfer-, Kamera- und Scheibenheizungen, der Türen und Schiebetritte und der Nasszellen. Das Abwasser darf nicht einfrieren, wenn der Zug einen Tag bei Minusgraden abgestellt ist. Und der mit Nassschnee oder Eis bedeckte Pantograf muss auch bei −7° C beweglich bleiben.

Es ist bitterkalt in der 100 Meter langen Klimakammer, ein Ende des Mittelwagens ist mit dicken Platten verschlossen. Aus einer Öffnung quellen Kabel von 400 bis 500 Sensoren, die Feuchtigkeit und Temperaturen am Fußboden, in Sitz- und Kopfhöhe messen. Alle Sitze sind mit Heizdecken belegt, um mit 80 bis 120 Watt Heizleistung die Körperwärme der Fahrgäste zu simulieren. Ein Dutzend Verdampfer erzeugt in den Testwagen feuchte Atemluft. Die kilometerlangen Kabelstränge führen in einem 20 Zentimeter dicken Kabelbaum in die beiden Kontrollräume, in denen die Messergebnisse aufgezeichnet und bewertet werden. Die meisten Ergebnisse dienen der Feinabstimmung von Heizungen, Klimaautomatik und Steuerungen aller Art, werden aber auch bei künftigen Fahrzeugentwicklungen berücksichtigt.

Mit diesen Methoden prüfen die Eisenbahningenieure bei den Triebzügen, ob sich vereiste Türen noch öffnen und schließen, welche Feineinstellung die Klimaanlagen brauchen, um je nach der Passagierzahl und der Qualität der Atemluft energiesparend zu heizen, zu kühlen und Feuchtigkeit herauszufiltern. Sie prüfen, ob es in Kopfhöhe oder am Fenster zieht und ob es nach Regen und Schnee irgendwo undichte Stellen oder schädliches Kondenswasser gibt. Oder ob die Heizung in den Kupplungen ausreicht, um sie bei starkem Frost funktionsfähig zu halten. Und selbstverständlich darf die Elektronik bei keiner Temperatur versagen.

Auch bei tropischer Hitze wird getestet. Unzählige Strahler können bis zu 1.000 Watt pro Quadratmeter UV-Licht auf Scheiben und Bleche strahlen und schnell die ungeschützte Haut verbrennen. Sandstürme kann man in Wien zwar nicht simulieren, aber Stürme mit Geschwindigkeiten mit bis zu 300 km/h, die beliebig mit Regen oder Schnee angereichert werden können, um binnen Minuten das

Fahrzeug zu vereisen, die Bremsfähigkeit zu überprüfen und die Qualität jeder Dichtung zu untersuchen. Oder so banale Dinge wie eingefrorene Signalhörner, die in Österreich schon einen Toten gefordert haben, weil kein Ton herauskam.

Der anspruchsvolle Einsatz in der Klimakammer lohnt sich: Die heiß und kalt getesteten Lokomotiven und Züge bewältigen so gut wie jede Wetterlage.

38. GRUND

Weil der ICx viele Triebwagen hat

Die deutschen ICE-Züge sind ein gutes Beispiel dafür, wie Zugtypen weiterentwickelt werden. Die ab 1991 planmäßig eingesetzten Hochgeschwindigkeitszüge der ersten Generation hatten noch, wie das französische Pendant TGV, eine Lok an beiden Enden. Die ab 1993 gelieferte zweite Generation ist kürzer und muss mit einer Lok auskommen. Dieser Triebkopf sorgt mit seinen vier Achsen für den Vortrieb. Am anderen Zugende gibt es nur einen Steuerwagen. Sehr häufig fahren diese sogenannten Halbzüge im Doppelpack und trennen sich an Knotenpunkten wie Hamm in Flügelzüge auf, die den Rest der Strecke auf getrennten Wegen bewältigen.

Diese wie Triebwagen wirkenden Züge haben einen Nachteil: Die ganze Antriebskraft konzentriert sich auf die beiden Drehgestelle der Triebköpfe. Beim ICE 1 kommen also acht Treibachsen auf 48 nicht angetriebene Achsen der zwölf Wagen. Beim ICE 2 müssen vier Achsen je nach Zugzusammenstellung 24 oder 28 Achsen von sechs oder sieben Wagen in Bewegung bringen. Entsprechend bescheiden ist die Beschleunigung der alten ICE-Züge.

Erst der ICE 3 ist ein richtiger Triebzug, weil hier der Antrieb auf mehrere Wagen verteilt ist. Jeweils vier angetriebene und nicht angetriebene Wagen wechseln sich ab. Auch der neue Velaro D der

Baureihe 407 hat einen auf mehrere Wagen verteilten Antrieb, hätte aber wegen der vielen Designunterschiede die Bezeichnung ICE 4 verdient. Der verteilte Antrieb beschleunigt die Züge nicht nur schneller, er gibt ihnen auch eine höhere Höchstgeschwindigkeit von 320 bis 330 km/h. Weil die Motoren beim Bremsen als Generatoren geschaltet werden und den gewonnenen Strom rückspeisen, reduziert sich der Verschleiß der Bremsscheiben.

Triebzüge mit verteiltem Antrieb haben den Nachteil, dass die elektrischen und Antriebskomponenten wegen des Gewichts und der Größe auf verschiedene Wagen verteilt sind. Was Siemens zusammengefügt hat, darf die Bahn nicht trennen. Beim künftigen ICx gehen Siemens und die Deutsche Bahn deshalb einen Schritt weiter. Ein modularer Triebzug war gefragt, der in der Länge und Spurtstärke verändert werden kann. Denn niemand kann voraussehen, wie sich der Fernverkehr in den 30 bis 40 Jahren Laufzeit dieser Züge verändern wird. Das Kürzel ICx lässt übrigens offen, ob die Baureihe 412 als Intercity-Nachfolger, als neue ICE-Generation oder als neues Zugangebot unterwegs sein wird.

Die Lösung entstand durch 28 Meter lange Wagen, die bis zu vier Meter länger sind als ICE-Wagen. Die langen Wagen sparen nicht nur einen Wagen auf der gesamten Zuglänge ein, sondern haben auch mehr Platz zwischen den Drehgestellen. Unter sogenannten Power Cars – bei Siemens auch gelegentlich korrekt als »Triebwagen« bezeichnet – findet nun auch die elektrische Ausrüstung mit Transformator, Traktionsstromrichter und Teilen der Hochspannungsausrüstung Platz, die zuvor auf einen weiteren Wagen verteilt werden musste. Nur die beiden Dachstromabnehmer sitzen auf anderen Wagen. Aus gutem Grund: Da die fünf- bis 14-teiligen Züge jeweils zur Hälfte aus Triebwagen bestehen können, wäre ein Pantograf auf jedem angetriebenen Wagen unnötiger Ballast.

Zunächst sollen die ICx-Züge sieben- und zwölfteilig konfiguriert werden. Je nach Streckenprofil können mehr oder weniger Triebwagen eingefügt werden. Der Rest des Zugs besteht aus den

Endwagen, also den Steuerwagen, einem Restaurant- und einem Servicewagen sowie verschiedenen Mittelwagen. Jeder Wagen ist von der Informationstechnik her eine Einheit, die über einen Datenbus mit dem Zug verbunden ist. Das hat Vorteile bei Fehlererkennung und Steuerung und macht den Zug sehr flexibel. Mal eben ein paar Wagen herausnehmen oder hineinstellen klappt aber nicht binnen ein paar Minuten, weil die Wagen mechanisch fest gekuppelt sind. Änderungen an der Zugkonfiguration könnte es aber zum Fahrplanwechsel geben.

39. GRUND

Weil die InnoTrans Profis und Amateure begeistert

Alle zwei Jahre trifft sich seit 1996 die Bahnindustrie zur InnoTrans in Berlin. Die Messe der Schienenverkehrstechnik wird immer größer und hat sich zur wichtigsten ihrer Art entwickelt. In den Hallen präsentieren Hersteller und Zulieferer ihre Lösungen, von Zugmodellen über einzelne Komponenten, Zugsicherungstechnik, Ticketautomaten bis hin zu futuristischen Zügen, die man sich als Bahnkunde wünscht – die aber aus Kostengründen für immer Fiktion bleiben werden. Manchmal ist auch ein Mock-up, ein begehbares Teilmodell eines Wagens in Originalgröße, ausgestellt.

Am spannendsten für Eisenbahnfreunde sind aber die Fahrzeuge auf dem Gleisgelände in der Nähe des Funkturms. 2014 konnten 145 Lokomotiven, Güter- und Personenwagen, Triebzüge und Bahndienstfahrzeuge fotografiert und zum Teil auch von innen besichtigt werden. Auf der InnoTrans bekommt man häufig die allerersten Fahrzeuge einer neuen Baureihe zu Gesicht, noch bevor sie an die Kunden ausgeliefert werden.

Eine Hybridlokomotive, die als Diesellok auch elektrisch und abgasfrei rangieren kann, Hochgeschwindigkeits- und Doppelstockzüge verschiedener Hersteller, Züge für den Regionalverkehr von DB Regio und Mitbewerbern, elegante Straßenbahnen, ein gigantischer Schienenkran und zahlreiche Baumaschinen wecken das Interesse der Besucher, für die extra am Ende der Messe Publikumstage eingerichtet wurden. Polnische E-Loks und Triebwagen in hinreißendem Design ziehen die Aufmerksamkeit auf sich. Dazwischen entdeckt der Eisenbahnfan eine kleine DB-Rangierlok, hochmoderne Traktoren und Zweiwegefahrzeuge, die als Rangierlok und Zugmaschine auf der Straße dienen können. Schneepflüge, Gleisbaumaschinen und Produkte der einheimischen Bahnindustrie für ausländische Bahnen sind auf den Gleisen aufgereiht. Mit etwas Glück lässt sich auch ein modernisierter Diesel-Oldtimer wie eine Lok der Baureihe 221 fotografieren.

Der Liebling aller Besucher scheint aber die kleine Dampflok »Emma« der Gleisbaufirma H. F. Wiebe zu sein, die jedes Mal auf der InnoTrans unter Dampf steht. Sie wurde 1925 bei Hanomag in Hannover gebaut.

5. KAPITEL
GROSSE UND KLEINE EISENBAHNEN

40. GRUND

Weil Schweineschnäuzchen allerliebst sind

Die Eisenbahnwelt ist voller seltsamer Lokomotiven, Triebwagen und Wagen. Weil sich die Eisenbahntechnik seit der ersten Dampflok und den kutschenähnlichen Wagen permanent weiterentwickelte, mussten für neue Fahrzeugtypen neue Formen gefunden werden. So manche genial erscheinende Erfindung erwies sich nicht nur als hässlich, sondern als völlig unbrauchbar im Betrieb. Umgekehrt haben manche Aschenputtel auf Schienen einfach und zuverlässig über Jahrzehnte funktioniert. Ihr Äußeres spielte keine Rolle.

»Form follows function« – die Gestaltung leitet sich aus der Funktion ab – gehört zu den Leitsätzen der Designer. Heute arbeiten Designbüros regelmäßig bei der Gestaltung von Hochgeschwindigkeitszügen, Straßenbahnen und Triebwagen mit, um den Fahrzeugen eine schöne und zweckmäßige Form sowie eine angenehme Inneneinrichtung zu verpassen. Von Ausnahmen wie Raymond Loewy und anderen Künstlern abgesehen, wurden Eisenbahnfahrzeuge von Ingenieuren gestaltet. Auf jeden Fall, wenn sie simpel, robust und preiswert sein sollten.

Der Wismarer Schienenbus ist so ein Fahrzeug. Er entstand 1932 bei der Triebwagen- und Waggonfabrik Wismar und wurde als Typ »Hannover« bezeichnet, wahrscheinlich nach dem Landeskleinbahnamt Hannover, das nach einem erfolgreichen Prototypen für die Kleinbahn Lüneburg–Soltau den ersten größeren Auftrag erteilt hatte. Die Triebwagen sollten nicht mehr als 30.000 Reichsmark kosten und Teile aus dem Lastkraftwagenbau verwenden, um schon bei weniger als zehn Fahrgästen kostendeckend fahren zu können. Ihre ungewöhnliche Form wird heute schmunzelnd zur Kenntnis genommen und geliebt. Und so heißt der Wismarer bei seinen Fans und Kennern »Schweineschnäuzchen«.

Der Spitzname ist schnell erklärt: An den Wagenkasten des zweiachsigen Triebwagens haben die Konstrukteure an beiden Enden eine Schnauze angebracht, wie sie Autos bis in die 1950er-Jahre hatten. Unter der Schnauze lag der längs angeordnete Benzinmotor, der jeweils in Fahrtrichtung eingeschaltet wurde und wie ein Auto über einen Rückwärtsgang zum Rangieren verfügte. Auf beiden Seiten ragt aus dem Motorvorbau ein schwarzes Kühler-Schnäuzchen hervor. Zwar fehlen diesem die Nasenlöcher und Schweineschnauzen sind auch selten dunkel, aber die preußisch-niedersächsische Landbevölkerung wird schon gewusst haben, warum der Triebwagen so heißt. Auch wenn nicht überliefert ist, wann der Kosename das erste Mal auftauchte.

Mit der Nase zwischen den Scheinwerferaugen sieht der nur in Nord- und Ostdeutschland verbreitete Oldtimer nicht nur niedlich aus. Er weckt auch Beschützerinstinkte. So ein Triebwägelchen muss man einfach lieb haben. Zumal es dieses Design in dieser Form nirgendwo ein zweites Mal gegeben hat. Zum Glück blieben einige der 60 Exemplare erhalten. Von den 25 nach Spanien gelieferten Triebwagen hat wohl keiner überlebt. Mein Lieblingsmodell des Schweineschnäuzchens fährt auf Meterspur beim Deutschen Eisenbahn-Verein. Der T 41 mit seinen schwarzen Nasenspitzen trägt den Spitznamen »Maus«, was wesentlich besser zum Erscheinungsbild passt.

So ganz stimmt es übrigens nicht, dass beim »Wismarer« nur Ingenieure am Werk waren. Laut Wikipedia sollen Bauhaus-Studenten die klare Inneneinrichtung der Triebwagen gestaltet haben.

41. GRUND

Weil ein V der Stolz der Bundesbahn war

Zwei Zwölfzylinder-Motoren, zwei Drehgestelle mit zwei Achsen und an beiden Enden ein geschwungenes »Vogel-V« auf dem rundlichen Bug: Das war die V 200 der Deutschen Bundesbahn.

Wie keine andere Diesellok der 1950er-Jahre verkörperte die V 200 den technischen Fortschritt, die neue Eleganz des Reisens und den ersten Schritt zum Abschied von der Dampflok. Die schwere Lokomotive mit dem weinroten Farbkleid der Dieselmaschinen, dem Anthrazit des oberen Teils und dem hellen Dach weckte schon durch die rundlichen Formen Aufmerksamkeit. Das V aus Aluminium-Profilen, die sich über den runden Bug kompliziert den Weg zu den Längsseiten des Fahrzeugs bahnten, machte den Designaufwand sichtbar. Die aufgenieteten Aluminium-Lettern »DEUTSCHE BUNDESBAHN« glänzten in der Sonne und unterstrichen den Anspruch des Besonderen bei der deutschen Staatsbahn.

V 200 war das Kürzel für eine Lok mit Verbrennungsmotor und 2.000 PS. Damals wurden mehrere Prototypen über längere Zeit von den Herstellern und der Deutschen Bundesbahn getestet, bevor sie in Serie gingen. Tatsächlich erhielt die Diesellok zwei 1.100 PS starke Motoren, sodass die V 200^0, später 220, über 2.200 PS verfügte. Ab 1962 kam die äußerlich ähnliche V 200^1 hinzu, die mit 2.700 PS sogar die Leistung der starken Schnellzugdampflok der Baureihe 01 übertraf. Die ab 1968 als 221 eingereihte modernere V 200 hatte eine etwas mehr nach vorn geneigte Schnauze und statt breiter Fenster an den Seiten große Lüftungsgitter.

Die komplexen Bug-Formen, die aus 1,5 Millimeter dünnem Blech auf Holzschablonen hergestellt wurden, die vielen Handgriffe, Türen und Tritte und manche geänderte Details bei verschiedenen Herstellern und Serien haben die Modellbahnindustrie sehr verwirrt. Es gibt, egal in welcher Baugröße, kaum ein Modell, das exakt dem Vorbild entspricht.

Die V 200 zog Schnellzüge, die ersten internationalen Intercity-Züge, Eilzüge, schwere Güterzüge und auch mal einen Sonderzug mit der englischen Königin. Die formschönen Loks glänzten auf der neu eröffneten Vogelfluglinie in Richtung Dänemark. Sie halfen bei der dänischen DSB und der BLS in der Schweiz aus. Die SBB übernahm sieben Lokomotiven, nachdem die DB in den 1980er-Jahren beschlossen hatte, die Großdieselloks zu verkaufen. Sie dienten auch in Saudi-Arabien, Italien, Spanien, Frankreich, Algerien, Griechenland und Albanien. Einige kehrten nach Deutschland zurück und sind heute bei privaten Bahnunternehmen und Museumsbahnen im Einsatz.

Die Lok beeinflusste zahlreiche Konstruktionen in Großbritannien und Spanien und war auch die Basis für die vier- und sechsachsigen Konstruktionen von Krauss-Maffei für die USA. Bei der Denver & Rio Grande und der Southern Pacific Railroad hatten die dieselhydraulischen Loks allerdings kein langes Leben, die ausgeklügelte europäische Technik überforderte die Werkstätten. Amerikaner waren einfache dieselelektrische Lokomotiven gewohnt mit einem großen Dieselmotor, Generator und elektrischen Fahrmotoren – die durchaus ihre Vorteile haben im nordamerikanischen Klima.

Die Königin der deutschen Dieselloks war immer etwas Besonderes. Ich hatte 1971 die Gelegenheit, im Führerstand einer 220 mit einem Nahgüterzug am Haken die Schwarzwaldbahn zu befahren. Es war ein lautes Vergnügen vor den röhrenden Motoren. Sehr viel später versuchte ich im Motorraum einer 221, in voller Fahrt Tonaufnahmen zu machen. Nur ein Motor war wegen des kurzen Sonderzugs eingeschaltet. Der Zwölfzylinder brüllte ohrenbetäubend, und durch die Gitter im Lokkasten pfiff der Wind. Es war ein unvergessliches Erlebnis.

42. GRUND

Weil die Bergkönigin das Ende der Zahnstange einläutete

Mit gewaltiger Dampfentwicklung und einem Gänsehaut erzeugenden Auspuffschlag ballert die Reichsbahn-Tenderlok 95 027 die Rübelandbahn hinauf. Leider fährt an den jährlich etwa 25 Betriebstagen nur ein Zugpaar. Aber Fotografen bezahlen keine Kohle, und so ist die Mitfahrt hinter der von Meisterhand geführten Preußenlok die bessere Wahl. Auf der Strecke der ehemaligen Halberstadt-Blankenburger Eisenbahn-Gesellschaft (H. B. E.) im Ostharz, von Blankenburg bis Rübeland, wird Technikgeschichte buchstäblich erfahrbar.

1885/86 wurde die Verbindung von Blankenburg nach Tanne eröffnet, um Kohle, Erz, Kalk und Holz in die neuen Hochöfen im Tal zu befördern. Die Bahn überwand 434 Höhenmeter und war die erste deutsche Normalspurbahn mit bis zu 60 Promille Steigung. 40 Promille sind sonst das Maximale bei Nebenbahnen. 7,5 Kilometer der gut 30 Kilometer langen Strecke wurden mithilfe der Abtschen Zahnstange bewältigt, die hier erstmals eingesetzt wurde. Die Dampflokomotiven der Maschinenfabrik Esslingen mit drei Kuppelachsen und einer Laufachse besaßen zwei separate Zylinder unter der Lok, die ein Zahnrad antrieben, das abwechselnd mit zwei Zähnen in die beiden versetzten Zahnstangen eingriff. So zogen sie bis 1920 Personen- und Güterzüge über die Harzbahn.

Von 1886 bis 1917 verfünffachte sich der Güterverkehr auf der H. B. E.. Die Bahngesellschaft suchte deshalb nach einem Ersatz für die verschlissenen kleinen Zahnradlokomotiven und nach Möglichkeiten, das bescheidene Tempo von 15 km/h auf bis zu 25 km/h anzuheben. Nach Versuchsfahrten mit einer 99 Tonnen schweren Borsig-Tenderlok mit fünf Kuppelachsen bestellte die Bahn vier der bulligen Exemplare. Zwei wurden noch mit Bremszahnrädern ausgeliefert, die sich wegen der Gegendruckbremse, bei der die Dampfzylinder beim Bremsen halfen, als überflüssig erwiesen. 180 Tonnen schwere Züge zogen die Maschinen mit ihren kleinen Rädern und mächtigem Kessel problemlos über die 6-Prozent-Steigungen. Als »Tierklasse« gingen die 1'E1'-Dampfloks mit den Namen »Mammut«, »Wisent«, »Büffel« und »Elch« in die Geschichte der Lokomotiventwicklung ein. Die »Mammut« kündet noch heute als wieder betriebsfähiges Denkmal vom Wagemut der Konstrukteure und der privaten Bahngesellschaft.

Nach erfolgreichen Einsätzen der Harzloks auf Zahnradbahnen am Rennsteig, in Boppard, Dillenburg und Eschwege bestellte das Reichsverkehrsministerium bei Borsig für die 1920 gegründete Deutsche Reichsbahn ähnlich aufgebaute Dampfloks. Sie sollten über zweieinhalb Meter länger sein und wirkten mit größerem Raddurchmesser nicht so gedrungen wie die Tierklasse. Weil sie schon von der Preußischen Staatseisenbahn geplant wurden, erhielten sie die Bezeichnung »preußische T 20« und wurden als Baureihe 95^0 in den Nummernplan der Reichsbahn eingereiht.

Von 1922 bis 1924 fertigten Borsig und Hanomag 45 der Steilstreckenloks, die ein Dienstgewicht von 127,4 Tonnen auf die Waage brachten – gut zehn Tonnen mehr als eine Schnellzuglok. Dazu führten die gut 15 Meter langen Kraftpakete zwölf Kubikmeter Wasser und vier Tonnen Kohle mit sich. Zwischen Sonneberg und Probstzella, auf der Spessartrampe, der Geislinger Steige, der Schiefen Ebene Neuenmarkt-Wirsberg–Marktschorgast und auf der heutigen Rübelandbahn beförderten die stärksten deutschen Tenderloks Güter- und Personenzüge und schoben schwere D-Züge bis zu den Scheitelpunkten der Bergstrecken nach. 1958 endeten die 14 Exemplare der Deutschen Bundesbahn unter dem Schneidbrenner. Die Reichsbahn der DDR zog die teilweise auf Ölfeuerung umgebauten Dampfloks erst 1981 aus dem Verkehr. Fünf blieben erhalten.

Wann die Baureihe 95^0 zur Bergkönigin gekrönt wurde, ist unklar. Sie läutete jedenfalls das Ende der Zahnstange ein und zeigte, dass man mit genügend Reibungskraft und geeigneten Bremssystemen Züge auf sehr steilen Strecken schleppen kann. Die Arbeitsgemeinschaft Rübelandbahn beweist das mit der fast 100 Jahre alten Hightech-Maschine immer wieder neu.

43. GRUND

Weil die Straßenbahn in Lissabon mit deutscher Technik Steilstrecken erklimmt

Keinem Besucher von Lissabon entgehen sie, und niemand wird auf eine Fahrt mit den weiß-gelben Straßenbahnwagen verzichten wollen, denen man beim Spaziergang durch die Altstadt immer wieder begegnet.

Die kurzen Trambahnwagen des Straßenbahnbetreibers Carris sehen alt aus und sind es auch zum Teil. Wer die kaum lesbaren AEG-Fabrikschilder auf den Fahrgestellen entdeckt, vermutet hundertjährige Fahrzeuge im Einsatz. Der hölzerne Wagenkasten und die simplen Rollenstromabnehmer sind weitere Indizien für das hohe Alter. Der Rollenstromabnehmer im Stil von 1898 auf dem Dach ist eine Stange mit einer Rolle, die gegen die Oberleitung gedrückt wird. Herrlich nostalgisch sind auch die Fenster, die nach oben geschoben für Frischluft und bei unvorsichtigen Fahrgästen für Schürfwunden durch die nahen Häuserwände der Alfama sorgen.

Was da in der Altstadt auf 900 Millimeter Spurweite Radien ab neun Metern und enorme Steigungen von bis zu 14,5 Prozent bewältigt, wurde von 1928 bis 1931 in den Werkstätten der portugiesischen Straßenbahngesellschaft gebaut. Einige Fahrzeuge stammen erst aus den Jahren 1936 bis 1940. Den Oldtimer-Charakter verdanken sie den Birney Safety Cars der American Car Company, einer Tochter der J. G. Brill Company. Die Wölbung unter der Lampe des Triebwagenkopfs war ein typisches Merkmal der Birneys. Brill hatte nach der Jahrhundertwende viele vierachsige Straßenbahnwagen, die »Americanos«, nach Lissabon exportiert und das Bild geprägt.

Unter den hölzernen Wagenkasten von rund 40 Zweiachsern tun seit 1995 neue Fahrgestelle der AEG Schienenfahrzeuge Nürnberg ihren Dienst. Sie verfügen über eine Widerstandsbremse, Klotzbremsen und auch eine Magnetschienenbremse. Die »Remodelados« (Umgebauten) erhielten leistungsfähigere Nockenfahrschalter im Stil von 1951 von Kiepe Elektrik aus Düsseldorf, heute Vossloh Kiepe. Nockenfahrschalter heißen die Kästen, auf denen die Schaltkurbel sitzt, mit der die Straßenbahn beschleunigt und gebremst wird. Ferrostaal aus Essen hatte die Federführung bei dem Modernisierungsprojekt, das in Lissabon durchgeführt wurde und 45 Wagen umfassen sollte. Mit der deutschen Technik werden die etwa 80 Jahre alten Oldtimer noch ein paar Jahrzehnte länger die engen Gassen auf den Hügeln Lissabons bewältigen und ein Lächeln ins Gesicht der Touristen zaubern. Moderne kurze Fahrzeuge für so enge Radien müssten erst entwickelt werden, was schon an den Entwicklungskosten scheitern würde. Und auch die Stadtbewohner wissen ihre alte Tram zu schätzen.

Lissabon bietet noch eine Menge weiterer verkehrstechnischer Leckerbissen wie die Standseilbahnen, die früher durch das Gewicht der Wassertanks bewegt wurden und längst elektrisch fahren. Stadtrundfahrten bietet Carris auch mit rot-weißen Straßenbahnen an. Das Verkehrsmuseum MuseuCarris zeigt eine beeindruckende Sammlung der städtischen Verkehrsmittel seit der Pferdebahn.

Straßenbahnurlaub in Lissabon. Das wäre mal was. Zumal man überall in der Nähe der Straßen- und Standseilbahnen gut essen und trinken kann – oder einen fantastischen Ausblick über die Stadt und den Tejo genießt.

44. GRUND

Weil Gleisanschlüsse ergiebig sind

Die deutsche Verkehrspolitik hat nicht viel getan, um Gleisanschlüsse zu erhalten. Von über 13.400 Anschlussgleisen, welche die Deutsche Bundesbahn und die Deutsche Reichsbahn 1992 besaßen, sind nur noch etwa 2.400 übrig.

Überall entstehen Frachtzentren auf der grünen Wiese, auch die Deutsche Post verzichtete bei ihren Verteilzentren auf Gleisanschlüsse. Lobbyisten des Straßenverkehrs treiben seit Jahrzehnten fachlich überforderte Verkehrsminister vor sich her, die außer Lippenbekenntnissen nichts unternehmen, um einen Teil des Lkw-Verkehrs zurück auf die Schiene zu verlagern. Österreich und die Schweiz fördern dagegen Gleisanschlüsse, um die Straßen zu entlasten. Und so findet man bei den Anschlüssen von Industriebetrieben und Lägern auch neue Gleisanlagen, auf denen moderne Rangiertraktoren oder Zweiwege-Fahrzeuge die Güterwagen rangieren.

Eisenbahnfreunde interessieren sich meist mehr für das Alte, und da waren (und sind!) Gleisanschlüsse gleich mehrfach interessant. Ein Punkt sind die hier eingesetzten privaten Lokomotiven, die schon im 20. Jahrhundert selten dieselben waren wie bei den Staatsbahnen. Hier tummelten sich kleine Loks von Orenstein & Koppel, Deutz und längst vergessenen Herstellern oder von den Staatsbahnen billig erworbene Dampf- und Kleinloks, manchmal auch eine Akkulok oder ein elektrischer Oldtimer. Bunt waren sie meistens, in Firmenfarben lackiert oder schon etwas heruntergekommen im Lauf der Jahrzehnte. Heute sind es oft die modernsten Dieselloks privater Unternehmen, die Güterwagen zustellen oder abholen. Ein Job, an dem die DB kein Interesse mehr hat oder für den sie schlicht zu viel verlangt.

Für Eisenbahnfotografen sind exotische Lokomotiven, die man vor den Werkstoren oder den früher meist offenen Gleisanschlüssen am Bahnhof beim Rangieren antrifft, besonders interessant. Für Modellbahner, die nach kompakten Vorbildern suchen, zählt mehr das, was auf und in den Wagen ist. In früheren Zeiten kam alles mit der Bahn: Zement, Benzin, Heizöl, Hohlblocksteine, Kies, Traktoren, Mähdrescher, Rohstoffe wie Kohle, Schrott, Sand, Bleche und Stahl, Tierfutter, Torf, Papier, Bier und sogar Wein. Wenn ein Umspannwerk seinen Großtransformator austauschen musste, wurde dieser mit einem Spezialtransportwagen per Bahn transportiert (und wird es nach wie vor).

Noch heute haben Zementwerke, Futtermittelfabriken, Metall verarbeitende Betriebe, Stahlwerke, Kraftwerke, Schotterwerke, Kraftstofflager, Chemiefabriken, Betonwerke, Schrottplätze, Papierfabriken und die Hersteller von Schwellen, Schienen, Lokomotiven, Zügen und Wagen eigene Gleisanschlüsse. Auch Gleisbau-Dienstleister stellen ihre Baufahrzeuge auf Grundstücken mit Anschlussgleis ab. Und manchmal transportiert, wie ab Warstein, sogar ein Bierzug das wertvolle Nass in Containern auf der Schiene.

In der Nähe von Bahnhöfen, selbst bei Schmalspurbahnen, finden sich immer noch viele Hinweise auf längst aufgegebene Gleisanschlüsse. Mit etwas Forschergeist und Fantasie können Modelleisenbahner aus ein paar Fotos und Skizzen Gleispläne entwickeln, die auf kleinster Fläche einen abwechslungsreichen Betrieb gewährleisten. Und vielleicht wird daraus eine kompakte Anlage, die alle Freiheit lässt und trotzdem dem Vorbild nahekommt.

45. GRUND

Weil nordamerikanische Güterzüge endlos sind

Klackklackklackklackklackklackklackklackklack ... Über Hunderte von Metern greifen die Klauenkupplungen ineinander, als der Güterzug im kanadischen Fraser Canyon das Ausweichgleis verlässt.

Erst wenn die beiden Dieselloks an der Spitze des leeren Kohlewagen-Zugs schon ein paar Meter gefahren sind, setzen sich die letzten vierachsigen Wagen in Bewegung. Die Turbodiesel röhren und pfeifen, Qualm steigt aus den Abgaskaminen der sechsachsigen Maschinen der Canadian Pacific auf, als sie den lauten Zug in der kargen Canyon-Landschaft beschleunigen, um in zahllosen Kurven dem rauschenden breiten Fluss zu folgen.

Auf der anderen Talseite folgt ein zweites Gleis dem zum Teil tief eingeschnittenen Fluss, an dem Parkplätze mit bärensicheren Abfallbehältern zum Beobachten der Züge in spektakulärer Landschaft einladen. Hier rollen die Güterzüge der Canadian National, bis sich die Strecken bei Lytton kreuzen und die Flussseite wechseln.

Man bräuchte schon den Maßstab einer Z-Modellbahn, um die gewaltige Landschaft mit ihren steilen Felshängen nachzubilden, die von Lawinenschutzbauten und kurzen Tunneln unterbrochen sind. Wie sich die unendlich langen Güterzugschlangen durch die Kurven schlängeln, ist ein besonderes Schauspiel. Gelb-silberne dreistöckige Autotransportwagen, schwarze Kesselwagen, lange offene Wagen mit einem hohen Traggerüst (»center beams«) in der Mitte sind mit verpackten Spanplatten beladen. Bunte gedeckte Wagen, so lang wie europäische Schnellzugwagen, wechseln sich ab. Sie gehören Bahnen aus ganz Nordamerika und Mexiko, oft nur an ein paar großen Buchstaben erkennbar.

Gemischte Güterzüge führen auch Containertragwagen mit, auf denen sich die Container übereinanderstapeln. Unten zwei kleine, oben ein längerer, der an den Enden über die unteren hinausragt. Die schweren Wagen schwanken auf den hohen Schienenprofilen, weil lockere Schienennägel und verwitterte Schwellen keine Ausnahme sind. Manchmal folgen drei Güterzüge im Abstand von zehn, 15 Minuten aufeinander. Doch dann kann es Stunden oder sogar Tage dauern, bis die nächsten Züge vorbeirollen. Nur Eisenbahnfans mit Funkscanner können abschätzen, wo sich etwas bewegt, wenn die Hot Box Detectors die Daten vorbeifahrender Züge funken.

Bis zu drei Kilometer lang sind die Güterzüge, die meist nur eine Wagenart dabeihaben: Containerwagen, Kohle-, Kessel- oder Getreidewagen. Zwei Dieselloks vorn, in der Mitte des Zugs nach vielleicht 90 Wagen und 360 Achsen der Mid Train Helper, eine funkferngesteuerte Diessellok. Dann die zweite Hälfte und am Ende je nach Last ein oder zwei ferngesteuerte Dieselloks. Fünf Minuten dauert je nach Tempo die Vorbeifahrt – ein Genuss für Beobachter und Videofilmer.

Doch auch fünf bis sechs Loks können einen Zug anführen: bunt gemischte Maschinen verschiedener Generationen in den Lackierungen der Privatbahn, die das Streckenrecht besitzt, ausgeliehene Loks anderer Bahnen und Leasingloks, die die Lackierung und Beschriftung des Leasinggebers tragen.

Die Gleise sind die Lebensadern Nordamerikas, wo wenig produziert, aber viel transportiert wird. Ware aus China und Mexiko, Getreide für den Export, Erdöl und Kohle für Kraftwerke, Autos. Wenn die Güterzüge mit dem Mehrklanghorn »kurz – kurz – lang – kurz« die blinkenden Bahnübergänge überqueren und kilometerweit zu hören sind, bekommt der Eisenbahnfreund Fernweh. Und kaum ein amerikanischer Kinofilm kommt ohne diese Geräuschkulisse aus.

46. GRUND

Weil in Triest die Straßenbahn wie am Schnürchen läuft

Straßenbahnen sind erstaunlich kletterfreudig. Bis zu 145 Promille Steigung kann man ihnen zumuten, bis die Reibungskräfte versagen und die Räder nicht mehr genügend Halt auf dem Gleis finden. Gewöhnlich verlängert man die Strecke dann künstlich, um den Anstieg auf ein vernünftiges Maß zu bringen.

In der damals noch österreichischen Küstenstadt Triest ließ die dichte Bebauung Ende des 19. Jahrhunderts wenig Platz für eine neue meterspurige Straßenbahn nach Opicina. So entschieden sich die Ingenieure, einen 260 Promille steilen Streckenabschnitt mithilfe von Zahnraddampfloks zu überwinden. 160 Höhenmeter waren auf einer Strecke von nur 797 Metern zu erklimmen. Die Straßenbahnwagen sollten von den Lokomotiven den Berg hinauf geschoben und bergab abgebremst werden. Insgesamt 326 Höhenmeter mussten bewältigt werden.

1902 ging die 5,2 Kilometer lange Tranvia di Opicina in Betrieb und wurde 1906 bis zum Staatsbahnhof Opicina verlängert. 1927 war man des Dampfbetriebs überdrüssig, baute die Zahnstangen ab und installierte eine Standseilbahn, die 1928 ihren Betrieb aufnahm. Sogenannte Traktoren an den Enden des Stahlseils schoben nun einen Straßenbahnwagen bergauf und bremsten den anderen bei der Talfahrt. In der Mitte der Strecke kreuzten sich die Wagen auf einer Ausweiche.

In den 1930er- und 1940er-Jahren erhielt die Straßenbahn neue vierachsige Triebwagen. 1974 wurden neue Traktoren eingesetzt, die mit ihrem Führerhaus und dem Dachstromabnehmer wie eine Elektrolok aussahen, aber keine waren. Seit 2005 hängen an den Enden des Seils nur noch flache Pufferwagen, die Seilbahn wird von den Straßenbahnfahrern ferngesteuert. Wenn der Triebwagen die Talstation erreicht, fährt er über eine Weiche, schaltet sie um und rollt dann rückwärts bis vor den Traktor. Gleichzeitig muss der Wagen in der Bergstation an den Traktor andocken, bevor das 950 Meter lange Stahlseil von einem stationären Antrieb in Bewegung gesetzt wird. So klappt alles wie am Schnürchen. An den Endstationen fahren die Triebwagen weiter, die Prozedur wiederholt sich in umgekehrter Reihenfolge und im 20-Minuten-Takt. Wer nicht vom Sitz rutschen will, wählt die talseitigen Sitzbänke.

Die Triester Art der Standseilbahn mit Traktorbetrieb – kombiniert mit einer Straßenbahn – ist weltweit einmalig und eine Touristenattraktion in Norditalien.

47. GRUND

Weil die steilste Zahnradbahn der Welt in der Schweiz fährt

Aus vielen Gründen besteigen Menschen seit Jahrhunderten die höchsten Berge. Psychologisch ist das wahrscheinlich erklärbar, doch wer heute mit der Seilbahn oder einer Bergbahn alpine Gipfel erklimmt, hat wohl kaum Todessehnsucht oder einen dominanten Vater im Gepäck. Der neugierige Aufsteiger will Spaß haben, seiner Entdeckungslust freien Lauf lassen und die schöne Aussicht genießen, um mit ein wenig Sonnenbrand ins Tal zurückzukehren. Vielleicht sogar auf Skiern.

Überhaupt ist der Blick von oben immer schöner als von unten. Die Schweizer haben das schon früh erkannt und Bergbahnen gebaut, die technisch große Wagnisse waren. Die Pilatusbahn von Alpnachstad bei Luzern zum 2.073 Meter hoch gelegenen Bahnhof Pilatus Kulm wurde am 4. Juni 1889 in Betrieb genommen. Sie hat nur eine Spurweite von 800 mm und überwindet auf einer Strecke von 4.618 Metern eine Höhendifferenz von 1.635 Metern. Das ergibt eine durchschnittliche Steigung von 38 Prozent, stellenweise bewältigen die Gleise sogar 48 Meter Höhenunterschied auf 100 Meter. Das ist Weltrekord, die Pilatusbahn ist die steilste Zahnradbahn der Welt.

Seit dem 15. Mai 1937 ist die schmalspurige Bergbahn elektrifiziert. Die zehn roten Triebwagen sind schräg gebaut mit Abteilen und Türen in Stufen. Motoren mit 210 PS bzw. 154 Kilowatt Leistung befördern mit 9 bis 12 km/h bis zu 40 Personen bergauf, bergab sind höchstens 9 km/h erlaubt. Im Winter ruht der Betrieb aus Rücksicht auf die Oberleitungen und die weitgehend freiliegende Strecke, nur von Mai bis November wird gefahren. Der Pilatus mit seinem Hotel ist aber ganzjährig von der Luzerner Seite aus mit einer Seilbahn erreichbar, die 2015 durch futuristische Kabinen bereichert wurde.

Wegen der enormen Steigung kamen woanders genutzte Zahnradbahn-Systeme nicht in Betracht. Gewöhnlich greift das Zahnrad der Lokomotiven und Triebwagen von oben in die Zahnstange ein. Das funktioniert nur bis zu bestimmten Neigungen des Gleises gut, danach besteht die Gefahr, dass das Zahnrad aufklettert und das Fahrzeug aus dem Gleis gehoben wird.

Eduard Locher erfand deshalb für die Pilatusbahn ein eigenes System, bei dem zwei Zahnstangen in der Mitte des Gleises von beiden Seiten von Zahnrädern in die Zange genommen werden, die außerdem noch Halt unter den Zähnen der Zahnstangen finden. So klammert sich das Fahrzeug sicher an der Zahnstange fest, die auch als Fischgrätenzahnstange bekannt ist. Und noch zwei Besonderheiten hat das System Locher: Weil keine Weichen mit dieser Art von Zahnstange möglich waren, verbinden zwei leichte Bögen, die auf einer Plattform seitlich verschiebbar sind, die Ausweichgleise in der Mitte der Bergbahn mit dem Streckengleis. Wohl wegen des beschränkten Raums für den Zahnradantrieb auf dem 800-mm-Gleis hat man die Spurkränze der Räder nach außen verlagert.

48. GRUND

Weil man sich auf Gleisen abstrampeln kann

Stillgelegte Strecken sind eine Herausforderung für Kommunal- und Landespolitiker. Die kurzsichtigen lassen die Gleise herausreißen und bauen mit enormem Aufwand Fahrradwege oder pflastern die Trasse mit neuen Straßen und Supermärkten zu. Die weitsichtigen nutzen die Strecke für sanften Tourismus. Mit der Option, dass eines Tages vielleicht sogar wieder ein Zug fährt, wenn sich die Verkehrspolitik und die Wohnstrukturen ändern.

Moderne Fahrraddraisinen sind eine gute Erfindung, um stillgelegte Strecken mit einem Minimum an Kraftaufwand und festen

Regeln zu bereisen. Zu zweit oder mit mehreren Passagieren bewegt man sich in frischer Luft gemächlich über alte Gleise und sieht die vorbeiziehende Landschaft noch intensiver als aus dem Zug. Ein Picknickkorb, eine Kamera und ein Schlückchen zu trinken sind dabei, und je nach Strecke kann man dort Rast machen, wo es am schönsten ist. Oft lockt auch ein schönes Freiluftrestaurant oder ein Biergarten, bevor die Rückfahrt wieder angetreten wird. An Bahnübergängen wecken die Schienenradler mit einer Fahne die Aufmerksamkeit der Autofahrer oder dürfen sogar eine Schranke herunterlassen. Die Übersetzung des Draisinenantriebs überfordert auch ungeübte Fahrradfahrer nicht, und zu zweit ist das moderne Freizeitfahrzeug leicht vom Gleis genommen und gedreht.

Südlich von Berlin hat man zwischen Zossen und Jänickendorf die Auswahl zwischen Treten und Pumpen. Die etwa 26 Kilometer lange Strecke ist Teil der ehemaligen Königlich Preußischen Militär-Eisenbahn. Von 1901 bis 1903 wurden zwischen Zossen und Marienfelde Schnellfahrversuche mit zwei Drehstromtriebwagen unternommen. Am 28. Oktober 1903 war ein Triebwagen mit 210,2 km/h das schnellste Verkehrsmittel seiner Zeit. Der Weltrekord galt bis 1931. Vom Draisinenbahnhof Zossen biegt man nach Mellensee-Saalow ab und rollt gemütlich auf Gummireifen, die von Kunststoffrollen gelenkt werden, durch die malerische Landschaft des Fläming. Wälder, Wiesen und Felder werden durchquert, vorbei geht es an Bächen, Seen und kleinen Ortschaften.

Zur Auswahl stehen Fahrraddraisinen für vier Personen, von denen zwei in die Pedale treten müssen. Vier Menschen können ihre Kraft in Armen und Rücken auf einer Kleindraisine beweisen, die mit einem Hebel angetrieben wird und keine Sitzplätze hat. Die größte Draisine bietet Platz für 14 Personen und muss von vier bis sechs Muskelmännern vorangehebelt werden.

Rund um Berlin werden auf verschiedenen Strecken ganzjährig Draisinenfahrten angeboten, manchmal in Kombination mit Grill, Lagerfeuer und Übernachtung in Eisenbahnwagen. Fast 50

Draisinenstrecken gibt es in Deutschland, eine Handvoll in Österreich und der Schweiz, wo man mit dem Schienenvelo auf dem Weg von Ramsen nach Hemishofen den Rhein auf einer 25 Meter hohen Brücke von 1875 überqueren kann. Weit verbreitet sind Draisinenfahrten in Schweden, wo die Idee entstanden sein soll, mit Fahrraddraisinen stillgelegte Strecken zu befahren. Eine gute Übersicht über deutsche und internationale Draisinenstrecken gibt www.draisinenfahrten.de.

49. GRUND

Weil der Schienenbus das Landleben verbesserte

Wir haben sie missachtet, als sie in den 1960er-Jahren »richtige« Personenzüge mit einer Dampflok verdrängten. Manche Eisenbahnfreunde bezeichnen die weinroten Schienenbusse heute infantil als »Rote Brummer«. Ob sie wissen, dass es verschiedene Ausführungen mit ein oder zwei Motoren, mit und ohne Puffer gab, mit verschiedenen Kupplungen, sogar einige mit Zahnradantrieb? Die geschichtslose Verehrung von etwas rundlich Rotem auf vier Rädern wird den Fahrzeugen nicht gerecht.

Denn so unbeliebt sie bei Eisenbahnfotografen waren: Die Uerdinger Schienen(omni)busse fuhren überall und retteten die Nebenbahnen. »Abseits der großen Verkehrsströme und Ballungsgebiete brummte der Schienenbus über die vielen kleinen Strecken, die zu den schönsten Eisenbahnlinien überhaupt gehörten«, schrieb Joachim Seyferth 1989 in seinem Buch *Erinnerungen an den Schienenbus* und belegt das durch wunderbare Aufnahmen von einsamen Haltepunkten, Zügen auf Viadukten und auf Strecken, die den Bächen folgten oder sogar einen Stausee im Sauerland durchquerten – einzeln, mit Beiwagen oder als Dreier- oder gar Sechser-Garnitur im Schülerverkehr. Die Triebwagen überquerten auf der alten Grünentaler Hochbrücke den Nord-Ostsee-Kanal. Manchmal hing ein Post-, Gepäck- oder Güterwagen an den niedrigen Triebwagen mit ihren von Dieselruß geschwärzten Dächern.

UERDINGEN stand vorn in der Mitte der Zierleiste aus Aluminium in einer Raute, dahinter ein »W« für Waggonfabrik Uerdingen. Folglich wurde vom Uerdinger Schienenbus gesprochen, um ihn vom älteren Wismarer Schienenbus zu unterscheiden, der das gleiche Ziel verfolgt hatte: Lkw- und Autobus-Teile für ein Schienenfahrzeug zu nutzen. Seit 1999 gehört die Krefelder Triebwagenfabrik zu Siemens, hier werden internationale Hochgeschwindigkeitszüge und Regionalzüge produziert. Über 700 Schienenbusse der Baureihen VT 95, VT 97 und VT 98 wurden ab 1950 geliefert, die meisten ab 1952 und weitere Serien ab 1959. Auch ausländische Bahnen fanden die Schienenbusse nützlich, in Österreich und anderen europäischen Ländern, aber auch in Mexiko.

Die Zweiachser rüttelten bei jedem Schienenstoß die Fahrgäste durch. Vorn saß in Uniform der Triebwagenführer, der meist nichts gegen einen Zuschauer auf dem Klappsitz neben ihm hatte, auf dem sich gern auch der Zugführer niederließ. So konnte man die Strecke unmittelbar genießen. Die blauen PVC-Sitze hatten klappbare Lehnen, damit man immer in Fahrtrichtung sitzen konnte. Vorhänge schützten an den Fenstern mit ausstellbaren Flügeln vor Sonnenstrahlen. Im Sommer wurde nicht selten mit offenen Falttüren gefahren, um die Innentemperatur erträglich zu machen. In den Beiwagen wurden Gepäck, Expressgut und Fahrräder befördert, angeblich wurde auch mal ein Schwein zum Markt gebracht. Daher der Spitzname »Ferkeltaxe«. Ein ähnliches Gefährt wurde in der DDR wegen seiner Form und Farbe als »Blutblase« bekannt.

Der Uerdinger hatte häufig einen kaputten Auspuff und schmetterte dann beim Losfahren wie eine Posaune. Sonor brummten die ein oder zwei Unterflurmotoren. Beim Schalten der Gänge klackte der Fahrschalter, gute Fahrer ließen den Triebwagen schon lange vor der Haltestelle im Leerlauf dahinrollen, um mit quietschenden

Scheibenbremsen zum Stehen zu kommen. Für Notfälle gab es zusätzlich eine Magnetschienenbremse. Vor den vielen unbeschrankten Bahnübergängen der Nebenstrecken erklang weit hörbar der helle Pfiff des Druckluſthorns. Ruhig war es dagegen im Steuerwagen mit seinem einfachen Fahrpult, das von einem abschließbaren hölzernen Rollo verdeckt wurde. Den Fahrschalter aus Messing nahm der Lokführer mit, Unsinn durch übermütige Schüler war ausgeschlossen.

Heute gibt es Schienenbusse nur noch bei Museumsbahnen. Als knuffige Überbleibsel der Wirtschaftswunderzeit wecken sie Erinnerungen an die Zeit, als das Ende der Dampflok eingeläutet wurde.

50. GRUND

Weil Hochgeschwindigkeitszüge große Schnauzen haben

Wer sich auf innereuropäischen Flugstrecken mehrmals in eine Bombardier CRJ900 der Eurowings quetschen musste und auch ohne Klaustrophobie mit Panik zu kämpfen hatte, weil der zugestandene Bewegungsspielraum für den Fluggast bei drei Zentimetern liegt, nimmt doch lieber den Zug.

In Spanien haben die Hochgeschwindigkeitszüge auf der Strecke Madrid–Barcelona den Fluggesellschaften die Hälfte der Fluggäste abgeluchst. Aus gutem Grund, denn die ICE-ähnlichen Züge sind extrem pünktlich und bieten Platz und Komfort.

Auch in anderen Ländern wie Italien entwickeln sich die Hochgeschwindigkeitsnetze, auf denen sich frühere Staatsbahnen im Wettbewerb mit neuen privaten Anbietern wiederfinden. Trenitalia kämpft mit schnittigen italienischen Zügen namens Frecciarossa und Frecciargento gegen die Space-Shuttle-ähnlichen dunkelroten Triebzüge von NTV im Giugiaro-Design, die Alstom gebaut hat.

Auf den Bauch gefallen ist die notorisch viele Jahre verspätet liefernde italienische Firma AnsaldoBreda mit ihrer Eigenkreation V250, die kurze Zeit als Fyra zwischen den Niederlanden und Belgien fuhr. Das Design des Zuges mit seiner großen, offenen und gewiss nicht c_w-Wert-freundlichen Audi-Schnauze stammte vom Karosserieschneider Pininfarina.

Die eckigen, typisch französischen TGV-Triebköpfe von Alstom wurden inzwischen durch rundlichere Ausführungen ersetzt. Ein kurzer Versuchszug mit zwei Triebköpfen und teilweise angetriebenen Wagen erreichte 2007 die Rekordgeschwindigkeit von 574,8 km/h. Der 300 km/h schnelle Eurostar von Alstom brachte es bei einer Testfahrt auf 334,7 km/h. Der von Siemens gebaute Serien-Velaro-E erreichte in Spanien 2006 sogar ein Tempo von 403,7 km/h. Normalerweise werden bis zu 350 km/h gefahren.

In China wurde auch aus Prestigegründen aufs Tempo gedrückt, doch nach dem wenigen, was Medien über China berichten, wird dort nicht mehr 380 km/h gefahren, weil der Verschleiß und der Energieaufwand bei so hohen Geschwindigkeiten extrem ansteigen. Auch die deutschen ICEs fahren keine 300 km/h mehr, sondern rollen nach meiner Erfahrung nur noch mit 249 km/h dahin. Ein hohes Tempo scheint für viele Bahnunternehmen nur noch sekundär zu sein, denn es setzt perfekt gepflegte, freie Strecken voraus und kostet Energie. Die neue ICE-Generation der Baureihe 407 schafft zwar 320 km/h, was im Auslandsverkehr vielleicht gebraucht wird. Der neue ICx der DB muss aber nur noch maximal 230 bzw. 250 km/h schnell sein. Rasen mindert aber auch den Fahrkomfort. Ich hatte die Möglichkeit, einmal im magnetisch schwebenden Transrapid 420 km/h zu fahren. 180 km/h fühlten sich wie 50 km/h an. Doch ab 300 km/h wurde es eine unruhige Fahrt.

Es stellt sich daher die Frage, wie notwendig und wirtschaftlich ein Hochgeschwindigkeitszug ist, der regelmäßig über 250 km/h fahren muss. Die Japaner optimieren ihre Shinkansen-Züge dafür laufend weiter und bauen aus aerodynamischen Gründen lange

Entenschnäbel in die Endwagen ein. Die Aerodynamik spielt in der Tat eine große Rolle beim Energieverbrauch, und so hat auch die neue Baureihe 407 besser verkleidete Dachaufbauten und wurde strömungstechnisch weiter optimiert. Von langen Nasen scheint man aber bei Siemens und dem Auftraggeber DB nicht viel zu halten.

Besonders langnasig ist die japanische Magnetschwebebahn der Central Japan Railway, die ab 2027 Tokio und Nagoya verbinden soll. 2015 erreichte ein Testzug die Höchstgeschwindigkeit von 603 km/h. Ganz sicher möchte man da nicht aus dem Fenster schauen. Nur noch kleine Bullaugen lassen Tageslicht in den Zug, der auf einer speziellen Strecke berührungsfrei 500 km/h fahren soll. Die Frage nach dem Sinn stellt sich bei Prestigeprojekten offensichtlich nicht.

6. KAPITEL
REISEN

51. GRUND

Weil Fahrkarten die Lizenz zum Reisen waren

Amerikanische Filme dokumentieren, mit welchen Papieren man einen Zug besteigen durfte. Im 19. Jahrhundert waren es lange, handbeschriftete Papierstreifen. Zettelbillette nannte man die Fahrscheine, die aus einem gedruckten Formular und handschriftlich eingetragenen Start- und Zielort und der Angabe der Wagenklasse bestanden. In den Billetten, die in dem Ausstellungskatalog *Die Fahrkarte* von 1985 abgebildet sind, stehen auch Angaben über das Gepäck. Ein Fahrschein 2. Klasse von Nürnberg nach Dresden im Jahr 1856 erlaubte 50 Pfund Freigepäck, die Beförderung des Gepäcks in Leipzig von einem zum anderen Bahnhof eingeschlossen. Die verschiedenen Bahngesellschaften hatten damals noch eigene Bahnhöfe.

Erst 1866 entschlossen sich die staatlichen und privaten deutschen Eisenbahnen, dem Zettel Adieu zu sagen und die Edmondsonschen Billetts einzuführen. Thomas Edmondson arbeitete als Bahnhofsvorsteher bei der Newcastle & Carlisle Railway und erfand 1836 die kleine Fahrkarte aus Pappe, Maße: 57 mm x 30,5 mm (2 ¼ Zoll x 1 ³/₁₆ Zoll). Nur der Ausgangsbahnhof, das Ziel und später eine laufende Nummer waren aufgedruckt.

Die Karten wurde in einem Fahrkartenschrank neben dem Schalter bereitgehalten und mit einen Datumsstempel gültig gemacht. Das System verbreitete sich rasch, weil es den Aufwand beim Fahrkartenverkauf minimierte. Denn die Fahrgastzahlen wuchsen: Die Düsseldorf-Elberfelder Eisenbahn beförderte 1842 zum Beispiel bereits 245.726 Personen. Da musste der Verkauf der Fahrberechtigung schneller vorangehen.

Schon bald gab es neben Einfachfahrkarten für eine Strecke Rückfahrkarten mit Ermäßigung, günstige Sonntagsrückfahrkarten, Zeitkarten und die Bahnsteigkarte. 1910 verfügte der Anhalter

Bahnhof in Berlin über 47.000 verschiedene Fahrkarten! Die Bahnsteigkarte brauchte man, um einen Fahrgast bis zum Zug begleiten zu dürfen oder als Eisenbahnfreund die Abfahrt eines Dampfzugs fotografieren zu können. Verließ man den Bahnsteig, wurde die Karte meist an der Bahnsteigsperre eingesammelt.

Kinderfahrkarten wurden übrigens unten schräg abgeschnitten, um den halben Fahrpreis zu kennzeichnen. Die Abschnitte sammelte der Bahnbeamte für die abendliche Abrechnung der Fahrkarten. Der Umsatz wurde anhand der laufenden Nummern im Fahrkartenschrank berechnet, in das Kassenbuch eingetragen und die letzte sichtbare Karte im Schrank mit dem Kugelschreiber markiert. Auch an offenen Klammern der Fahrkartenhalter waren Verkäufe des Tages erkennbar. In größeren Bahnhöfen produzierte man die Fahrkarten mit Schalterdruckern, wenn der Reisende am Schalter stand. Datiert wurden die Pappkarten meist mit einer mechanischen Stempelpresse aus Gusseisen, die das Datum mit scharfen Ziffern in die Pappe prägte.

Unterwegs wurden die (Rück-)Fahrkarten vom Schaffner gelocht, um die angetretene Reise zu markieren. Mit der Schaffnerzange wurde unter anderem die Zugnummer aufgestempelt. Die Schaffnerzange wird bis heute bei Papierfahrscheinen verwendet, weil so der benutzte Zug dokumentiert ist. Das kann bei Fahrgelderstattungen wichtig sein.

Die Edmondsonsche Fahrkarte verlor bei der Deutschen Bundesbahn schon in den 1970er-Jahren an Bedeutung und wurde, kurz vor der Schließung vieler Bahnhöfe, durch Pappkarten ersetzt, auf die nur noch die Entfernungsstufe und der Fahrpreis aufgedruckt waren. Alle anderen Angaben wurden wieder von Hand eingetragen. Die Schweiz schaffte die handlichen Kärtchen erst vor wenigen Jahren ab. Dann kamen bei der DB größere Fahrscheine auf, die von Hand mit Durchschlag geschrieben wurden. 1976 wurden die ersten »Datenstationen« mit Nadeldrucker eingeführt, die auf zwei Disketten 6.700 DB-Stationen, 3.100 Auslandsrelationen, die aktuellen Tarife und den Umsatz speicherten. MOFA – »Modernisierter Fahrausweisverkauf« – nannte sich das.

Parallel lief die Einführung der ersten Fahrkartenautomaten an. 1979 waren schon 3.000 Nahverkehrsautomaten installiert, die auch Banknoten akzeptierten. Das Elend mit »dialogorientierten Automaten«, wie es in dem oben genannten Ausstellungskatalog heißt, begann 1985 mit dem Testbetrieb in Frankfurt/Main und München. Moderne Automaten mit Touchscreen sind zwar recht gut zu bedienen. Doch was die Dauer der Kaufabwicklung betrifft, sind wir wieder so weit wie am Anfang, als noch der Federkiel über das Papier kratzte. Vom Schlangestehen im Reisezentrum einmal abgesehen. Die Pappkarte konnte man binnen Sekunden kaufen, wenn der Schalter frei war. Schneller sind nur die Tickets, die Verkehrsverbünde in Moskau, New York, London und vielen anderen Großstädten nutzen. Sie funktionieren berührungslos mit Nahfunk (NFC). Die Fahrkarte im klassischen Sinn gibt es nur noch bei Museumsbahnen.

52. GRUND

Weil man die Nase im Wind haben kann

Es gibt Gründe, warum Züge, die schneller als 100 km/h fahren, fest eingebaute Fenster und eine Klimaanlage haben. Bei höheren Geschwindigkeiten wären Tunneleinfahrten durch den Druck auf die Ohren sehr unangenehm. Bei Begegnungen zweier Züge entstünde ein Knall, der Wirbelwind würde das Abteil in Mitleidenschaft ziehen. Nicht zuletzt brauchen Züge eine möglichst glatte Oberfläche, um den Energieverbrauch bei hohen Geschwindigkeiten nicht zu sehr steigen zu lassen. So sind moderne Züge einigermaßen windschnittig, vor allem aber ziemlich druckdicht und klimatisiert, auch wenn einem in Tunnelstrecken trotzdem immer wieder die Ohren zufallen. Man reist mit Flugzeug-Feeling.

In den alten Edelstahl-Nahverkehrswagen der DB Regio AG, die in den 1960ern wegen ihres Perlschliffs als »Silberlinge« bekannt wurden, können die Fenster noch geöffnet werden. Die Oldtimer mit ihren durchgesessenen, aber weichen Sitzbänken wurden mehrfach umlackiert und leicht modernisiert. Die aus offenen Fenstern flatternden Vorhänge gibt es schon lange nicht mehr. Geblieben ist aber der donnernde Frischluftgenuss bei hohem Tempo und der Duft von Rapsfeldern und Heu, die sauerstoffreiche Kühle des Waldes und im Bahnhof der würzige Geruch von Holzschwellen oder frischen Baumstämmen, die auf Güterwagen verladen werden.

Aber auch der Gestank von Chemiebetrieben, der Staub einer Baustraße, der gellende Lärm der Räder und die Hitze des Sommers dringen in den alten Eisenbahnwagen ein, wenn die oberen Fensterhälften nach unten geschoben sind. Das bedeutet buchstäblich Zugluft, die sich früher mit dem PVC-Geruch der rötlichen Sitze mischte oder dem muffigen Geruch der Plüschsitze im D-Zug-Wagen. Auch die ehemaligen Interregio-Wagen bieten noch Gelegenheit, am Bahnhof das Treiben auf dem Bahnsteig zu beobachten, nach interessanten Fahrzeugen Ausschau zu halten und in voller Fahrt zu fotografieren.

Abseits der Magistralen ist der unmittelbare Kontakt mit der Umwelt noch häufiger gewährleistet. Bergbahnen bieten eine einzigartige Mischung aus dem Geruch der Bergwelt und dem Mahlen der Zahnräder auf der Zahnstange beim Bergauffahren. Südeuropäische Straßenbahnen und amerikanische Oldtimer rollen mit offenen Fenstern dicht am pulsierenden Leben vorbei.

Nicht zuletzt sind es die zahlreichen Museumsbahnen und historischen Reisezugwagen auf allerlei Spurweiten, bei denen die Reise noch mit allen Sinnen ausgekostet werden kann. Wenn eine Dampflok vorgespannt ist, sogar wie früher: mit dem Klang der Dampfmaschine, der sich an Mauern und Böschungen bricht und immer wieder anders gedämpft oder zurückgeworfen wird. Mit dem Achtungspfiff, der Dampffahne oder ihrem Schatten auf der Böschung als ständiger Begleiter des Zuges. Und mit hin und wieder einem Stückchen Ruß, das die Stirn schwärzt oder im Auge brennt. Moderne Eisenbahnfans setzen zum Blick aus dem Fenster eine Schutzbrille auf. Weicheier.

Wer die Dampflokzeit noch erlebt hat, streckt den Kopf wie damals schutzlos aus dem Fenster. In den 1970er-Jahren trug niemand eine Plastikbrille. Und niemand nahm wackelige Videos mit polternden Windgeräuschen auf. Dampfzug fahren war ein unverfälschter Genuss. Leise, mit dem Sinn eines Romantikers für den Maschinenklang, das Poltern der Räder und mit dem Wind und einem bisschen Ruß in den Haaren.

53. GRUND

Weil die Schiene den Reisekomfort verbessert hat

Die ersten Eisenbahnen dienten dem Transport von Gütern. Doch sie ebneten buchstäblich den Weg für den Personenverkehr und die moderne Mobilität.

Die Eisenbahn war ein Wegbereiter wie heute die PS-starken Autos mit sensorgesteuerter Federung. Vor 50 Jahren bestanden die Straßen noch aus Fahrbahnen mit Teer und Rollsplitt, auf denen sich Autos mit 15 bis 50 PS bewegten und stinkende Lastwagen im Schritttempo Steigungen bewältigten. Das Autobahnnetz war klein. Noch heute gibt es Pflasterstraßen und kurvige Bundes- und Landstraßen, die sich kaum verändert haben oder mangels Pflege so aussehen wie vor 50 Jahren, Deutschlands Infrastruktur bröckelt überall. Schon wieder wird die Eisenbahn das technisch überlegene Verkehrssystem.

In der Anfangs- und Boomzeit der Eisenbahn in den 1830er- bis 1860er-Jahren des 19. Jahrhunderts waren die Straßen noch weitgehend unbefestigte Wege für Fuhrwerke und Kutschen mit hölzernen, stahlbereiften Rädern. Reisen war nur für Begüterte eine Option. Gut gefederte Kutschen boten mancherorts eine passable Beförderungsqualität, wenn man Distanzen nicht aus Kostengründen zu Fuß oder zu Pferd bewältigte. Was für ein Fortschritt muss es gewesen sein, als man statt auf holprigen Pflasterstraßen und staubigen Wegen auf Schienen dahingleiten konnte!

Wolfgang Schivelbusch beschreibt in seinem sehr lesenswerten Buch *Geschichte der Eisenbahnreise* die Diskussionen über die neue Art des Reisens. Die schnellsten Postkutschen erreichten in England zehn Meilen pro Stunde und waren im Mutterland der Eisenbahn schon populär, als man in Deutschland noch überwiegend zu Fuß ging. Doch die schnellen Kutschen gingen zu Lasten der Pferde und waren teuer. Die ersten Züge schafften mühelos eine Durchschnittsgeschwindigkeit von 15 Meilen pro Stunde und ermüdeten nicht, stellten Zeitgenossen fest. Schivelbusch zitiert den Eisenbahn-Lobbyisten Thomas Gray im Jahre 1822: »Den Gefahren des gegenwärtigen Kutschensystems (wie z. B. mangelnde Beherrschbarkeit der Pferde, Unachtsamkeit der Kutscher, Tierquälerei, schlechter Zustand der Straßen usw.) würde man auf dem Schienenweg nicht begegnen, denn dessen solider Unterbau macht es unmöglich, dass ein Fahrzeug umstürzt oder vom Wege abkommt; da der Schienenweg vollkommen eben und glatt sein muss, droht auch bei erhöhter Geschwindigkeit keine Gefahr, denn die mechanische Kraft wirkt gleichförmig und regelmäßig, im Unterschied zur Pferdekraft, die bekanntlich genau das Gegenteil ist.«[1]

Auch wenn sich der Gleisbau seit dem 19. Jahrhundert vielfach verändert hat und die heutige Laufruhe eines Schienenfahrzeugs auf frisch überarbeiteten Strecken erst mithilfe von Vermessungstechnik, Sensoren und hoch technisierten Gleisbaumaschinen erreicht wurde, setzten die ersten Schienenwege einen völlig neuen Reisestandard. Die Industrialisierung des Reisens nahm ihren Anfang und koppelte den »sensitiven und nervösen Menschen«, so Schivelbusch, von der Aufregung durch die Pferde vor dem Wagen ab. Im Zug, der hinter der regelmäßig und anhaltend arbeitenden Dampflokomotive dahinglitt, herrschte Ruhe. Die neue Reisequalität muss für die Menschen damals ein gewaltiger Sprung gewesen sein, so wie der Aufstieg von einem Moped der 1950er-Jahre zu einer gut gefederten und akustisch gut gedämpften Mittelklasse-Limousine von heute.

Mit dem Reisekomfort stieg auch die Reisegeschwindigkeit und verkürzte den Zeitaufwand für die Wege. Die Eisenbahn brachte Verwandte näher, beschleunigte das Tempo der Handelsreisenden, erschloss und kultivierte neue Regionen, erleichterte die Trennung von Arbeitsplatz und Wohnort, brachte Wohlstand und machte die Industrie unabhängiger von Wasserwegen. Doch die neue Reisemöglichkeit hatte auch eine Kehrseite: Die Eisenbahn beschleunigte das Leben.

54. GRUND

Weil Bahnhöfe die Kathedralen des Fortschritts waren

Es gibt kaum ein vielschichtigeres Thema als die Architektur und Funktion von Großstadtbahnhöfen. Sie entstanden vor den Toren der Stadt in Form von Kopfbahnhöfen, die noch heute eine einzigartige Ausstrahlung haben: Paddington Station und St Pancras in London mit ihren Hotelfronten und riesigen Hallen, New Yorks Grand Central Terminal mit seiner monumentalen Empfangshalle, Frankfurt/Main Hbf als damals größter europäischer Bahnhof, Leipzig Hbf, Hamburg Hbf, Antwerpen-Centraal, Madrid Atocha, der Gare du Nord in Paris, Milano Centrale, Zürich HB, Praha hlavní nádraží, der Witebsker Bahnhof in St. Petersburg– um nur einige zu nennen.

Wer diese Bahnhöfe einmal besucht und die weiten Hallendächer und hohen Räume bewundert hat, kann die Assoziation einer Kathedrale des Fortschritts nachvollziehen. Im Stil der Zeit waren es Repräsentationsbauten der großen, oft privaten Eisenbahngesellschaften, die mit prachtvollen Hallen und einem Reichtum an Ornamenten protzten. Selten erreichten Verkehrsbauten in späteren Zeiten noch einmal eine ähnliche architektonische Qualität.

Die Kopfbahnhöfe sparten Platz, schützten die Reisenden und die Gleise vor Wind und Wetter und bildeten das Tor zur Stadt. »Der Reisende, der sich von der Stadt durchs Empfangsgebäude in die Bahnhalle begibt, macht im Durchmessen dieser qualitativ verschiedenen Räume einen Vorgang der Raumvergrößerung oder sogar Industrialisierung durch. Er verlässt die – um die Mitte des 19. Jahrhunderts noch vergleichsweise heimelige – urbane Räumlichkeit der Stadt und wird durch den Bahnhofsraum für den industriellen Raum der Eisenbahn konditioniert«, beschreibt Wolfgang Schivelbusch die Funktion der Kopfbahnhöfe in seiner *Geschichte der Eisenbahnreise.*[2]

Ein wichtiges Stichwort ist dabei das »Empfangsgebäude«, das oft mit einem Turm oder einer reich verzierten Fassade aus dem Ensemble des Bahnhofs herausragt, zu dem Güter- und Postabfertigungen, Lokomotivdepots, Abstellbahnhöfe und Stellwerke gehörten. Die Reisenden zu empfangen, sie auf dem Querbahnsteig bequem zu Anschlusszügen zu bringen und die Verbindung zwischen der Stadt und den Zügen zu schaffen, war die Aufgabe der Empfangsgebäude. Sie beherbergten Fahrkartenschalter, Gepäckabgabe, Warteräume, Restaurants, Friseure, oft auch Hotels und Poststellen, bestens sortierte Zeitungskioske und kleine Läden mit »Erfrischungen« und Proviant für den eiligen Reisenden.

Diese Reisekultur wurde seit dem Ende des 20. Jahrhunderts mutwillig zerstört, was besonders an der einst denkmalgeschützten Ruine von Stuttgart Hbf sichtbar wird. Hier wurde aus machtpolitischen Gründen und um Freiraum für die überall nach Renditeobjekten suchenden »Investoren« zu schaffen ein bestens funktionierender, hoch leistungsfähiger Bahnhof einer buchstäblich brandgefährlichen und leistungsschwachen Untergrundhaltestelle in Schräglage geopfert, die mit ein paar Oberlichtern in der Formensprache der 1970er-Jahre notdürftig abgedeckt werden soll. Der Komfort des (alternden) Bahnkunden hat bei dieser Art des primitiven Betontiefbaus keine Priorität. Er zählt nur als gelangweilter Ladenkunde.

Wie sagte André Zeug, Vorstandsvorsitzender der DB Station & Service AG, 2011 in einem *Wirtschaftswoche*-Interview: »Eine Zugverspätung von bis zu 30 Minuten führt bei umliegenden Geschäften zu Mehrumsatz.«[3] Die eigentliche Funktion des Empfangsgebäudes ist zur Nebensache verkommen. In Köln, Hannover und vielen Ruhrgebietsstädten ist der Hindernislauf durch die Ladenzeile zum Zug nur mit Geduld und Sturheit zu gewinnen. Seit der halb garen Privatisierung der deutschen Bahnen 1994 und der Gründung der DB Station & Service AG sind Bahnhöfe primär Shoppingcenter mit Gleisanschluss, die im Sinne maximaler Rendite für die DB-Tochter und ihre Pächter optimiert wurden.

Berlin Hbf ist, abgesehen von der lichten Halle über den Gleisen, ein Musterbeispiel für seelenlose, kommerzoptimierte Baukasten-Architektur. Der fantasielose Bau liebt und leitet seine Gäste nicht. Dieses Gebäude hat keinen Anspruch, weshalb es auch mit dem Schriftzug *Berlin Hauptbahnhof* hinter seiner Glasfront auf sich aufmerksam machen muss. Denn es könnte ein Verwaltungsgebäude, ein Universitätsinstitut oder eine Softwarefirma sein.

Auch der neue Hauptbahnhof in Wien bietet außer für Luftaufnahmen aufgehübschten Bahnsteigdächern nichts, was einen Hauptbahnhof mit architektonischem Anspruch ausmacht. Und das in nächster Nähe des Belvedere. Enge, verwinkelte und missratene Empfangsgebäude findet man auch im Brüsseler Südbahnhof, der Stockholm Centralstation und im Untergeschoss des Prager Hauptbahnhofs, der mit seinem Café unter der Kuppel der alten Schalterhalle immerhin ein wenig erahnen lässt, wie man vor 100 Jahren mit der Eisenbahn reiste.

Doch bei aller Kritik an den ertragsoptimierten Investorenbauten gibt es auch gelungene Beispiele für Empfangsgebäude, die noch Bahnhof sein wollen. Leipzig Hbf hat trotz der Tiefgeschosse mit Läden und Restaurants gewonnen und seine eigentliche Funktion nicht vorschnell aufgegeben. Der Umbau konnte wegen der riesigen Verkehrsflächen nicht schiefgehen. Anspruch und moderne Architektur verbindet mit seinem riesigen Baldachin der 2009 eröffnete Bahnhof Liège-Guillemins im belgischen Lüttich. Und es gibt sicher noch viele andere Bahnhöfe mit Charakter – außerhalb Deutschlands.

Ein großer Bahnhof, der sich im Stadtbild versteckt oder nur als austauschbare gläserne Kiste daherkommt, sagt mehr über die Denkweise der Bahnmanager aus, als ihnen lieb sein dürfte.

55. GRUND

Weil ein langsamer Schnellzug die Alpen näherbringt

Er ist rot-weiß, blieb seit 1930 immer ein moderner Zug, fährt auf Meterspur quer durch die Schweiz und gilt als langsamster Schnellzug der Welt: der Glacier-Express.

Ein »langsamer Schnellzug« ist natürlich ein Widerspruch in sich. Das klingt nach Ulrich Roskis Parodie auf Alt-Berliner Rummelplatzartisten, in der von »Europas größtem Zwerg« die Rede ist. Egal, das Attribut des langsamsten Schnellzugs hilft beim Verkaufen der Sitzplätze. Als »schnellster Regionalzug« wäre der Glacier-Express schließlich nur halb so attraktiv. Größter Vorteil der preisgünstigeren RegioExpress-Züge sind Fenster zum Öffnen, um die Bergluft zu genießen und zu fotografieren. Und man kann aussteigen, wenn man einen Zwischenhalt einlegen möchte. Der Stundentakt schafft Freiräume.

Der Glacier-Express ist dagegen hochmodern und voll klimatisiert. Durch die Scheiben der Panoramawagen kann der Amerikaner auf der Tour »See Europe in five days« Gletscher und verschneite Berge im Sitzen genießen und sich ein Essen servieren lassen. Der in einem Buch vorgestellte Wellnesswagen mit hölzernem Whirlpool war übrigens ein Aprilscherz.

Die 291 Kilometer lange Reise quer durch den Süden der Schweiz auf den meterspurigen Gleisen der Rhätischen Bahn und der Matterhorn-Gotthard-Bahn beginnt und endet in St. Moritz oder Zermatt. Knapp acht Stunden dauert die Fahrt bei einer Reisegeschwindigkeit von etwa 40 km/h. Von 1.775 Meter über Meereshöhe in St. Moritz geht es fast 1.200 Meter hinunter an den tosenden Rhein und in Serpentinen per Zahnstange hinauf auf den 2.033 Meter hohen Oberalp-Pass, dann wieder bergab ins Rhônetal und nochmals fast 950 Meter hinauf bis nach Zermatt in die Nähe des Matterhorns, wo die Reise 1.604 Meter über dem Meer endet.

So unterschiedlich wie die Bahngesellschaften, die den Gletscherschnellzug betreiben, sind auch die Landschaften vor den Panoramafenstern. Kaum hat man St. Moritz verlassen und den höchstgelegenen Alpentunnel, den Albulatunnel, in sechs Minuten durchquert, beginnt schon der Abstieg in Kehrtunneln und an den Berghängen entlang. Mal ist die offene Landschaft rechts, mal links. Im Winter wird die gesperrte Passstraße zum Rodeln benutzt. Weiter unten schießt der Zug unmittelbar aus dem Landwassertunnel auf den 65 Meter hohen Landwasserviadukt mit seinem engen Bogen. Durch die enge Via Mala rollt er dann hinunter ins canyonartige Tal des Rheins mit seinen wilden Felsformationen, bevor es durch ein liebliches, mit Bergen gesäumtes Tal bis Disentis vorangeht, wo schon die Zahnradlok der Matterhorn-Gotthard-Bahn wartet und den Zug übernimmt.

Der Aufstieg mithilfe der Zahnstange zwischen den Schienen ist bei Steigungen von bis zu elf Metern auf 100 Meter Strecke beeindruckend, die Aussicht immer wieder atemberaubend. Hier hat auch das kurzstielige Schräg-Weinglas einen Sinn, das den Wein vor dem Verschütten bewahren soll und zu einem ausgesprochen stolzen Preis an Touristen verkauft wird. Zu den gern gesehenen Bräuchen des Servicepersonals gehört auch das zielgenaue Einschenken von Schnäpsen aus luftiger Höhe – in luftiger Höhe natürlich.

Von Andermatt erreicht der Aussichtswagen-Zug Realp, den Endpunkt der Dampfbahn Furka-Bergstrecke, und verschwindet im 15,4 Kilometer langen Furka-Scheiteltunnel. Am anderen Ende der ehemaligen Bergstrecke der früheren Furka–Oberalp-Bahn, die nur im Sommer von der Dampfbahn befahren wird, kommt der Zug in Oberwald wieder ans Licht, um durchs Rhônetal nach Brig hinabzurollen und auf der früheren Brig–Visp–Zermatt-Bahn (BVZ) den Berg bis nach Zermatt zu erklimmen. Heute gehört diese Zahnradstrecke wie das Netz der ehemaligen Furka–Oberalp-Bahn zur Matterhorn–Gotthard-Bahn. Der Höhenunterschied von 954 Metern wird streckenweise mithilfe der Zahnstange bewältigt. Das letzte BVZ-Krokodil mit seinen beweglichen Vorbauten und Zahnradantrieb zieht nur noch selten Sonderzüge. Heute befördern moderne Zahnradloks von 1990 den Glacier-Express durch die Alpen.

Zermatt mit den lawinensicher überbauten Bahnsteigen und seinem modernen Bahnhof im Retro-Stil ist autofrei. Deshalb kommen auch Autofahrer ab dem Großparkplatz in Täsch nur mit der Bahn nach Zermatt.

Ein Netz von Schienen- und Seilbahnen aller Art erschließt von Zermatt aus die alpine Umgebung in Sichtweite des Matterhorns. Die meterspurige Gornergratbahn steigt auf 3.090 Meter Höhe. Unterwegs in Riffelalp beginnt Europas höchstgelegene Trambahn. Sie verbindet bei 800 Millimeter Spurweite auf einer 675 Meter langen Strecke die Station mit dem Hotel Riffelalp. 1899 wurde *das* Tram, wie die Schweizer sagen, eröffnet. Nach einer langen Pause wegen des 1961 abgebrannten Hotels fährt sie erst wieder seit 2001 als nostalgische Bahn auf der Basis der Originalfahrzeuge, die nun ihre Energie aus Akkus statt aus einer Oberleitung beziehen. Die bzw. das Riffelalptram verkehrt nur im Sommer.

56. GRUND

Weil Alp Grüm Stille mit Bahnanschluss bedeutet

Es ist kein Zufall, dass die Rhätische Bahn (RhB) zweimal in diesem Buch vorkommt. Aus guten Gründen gehört die Graubündner Meterspurbahn zum UNESCO-Welterbe, denn sie ist eine der schönsten und interessantesten Eisenbahnen Europas.

Die Berninabahn kam erst 1942 in den Besitz der RhB und hat einen ganz anderen Charakter als die hauptbahnähnlichen anderen Strecken. Sie führt als Überlandbahn von St. Moritz über Pontresina durch einen Tunnel und verläuft dann geradeaus, bis sie nach Morteratsch in extrem engen Straßenbahnbögen an Höhe gewinnt und den Blick auf den schwindenden Morteratschgletscher freigibt. Dann schlängelt sich die Schmalspurbahn in großen Bögen durch den baumlosen Berninapass, passiert kurz vor dem Bahnhof Ospizio Bernina die Wasserscheide zwischen Mittelmeer und Schwarzem Meer und erreicht den Scheitelpunkt der Strecke, des höchstgelegenen Schienenweges über die Alpen. 2.253 Meter hoch liegt der Bahnhof am türkis-pastellfarbenen Lago Bianco. Bei schönem Wetter stellt sich schnell die Champagnerluft-Stimmung ein, die man der Gegend um St. Moritz nachsagt. Die Hochstimmung gibt es auf dem Pass kostenlos, und sie zaubert nicht nur den Fahrgästen in den offenen gelben Aussichtswagen der RhB ein Lächeln ins Gesicht.

Zu meinen Lieblingsplätzen mit Bahnanschluss gehört der folgende Bahnhof Alp Grüm, der schon gut 160 Meter unterhalb der Passhöhe liegt und herrliche Perspektiven bietet: Rechts liegt tief im Tal der Lago Palü, oben links an der italienischen Grenze der Piz Palü und rechts der Piz Cambrena, dazwischen der seit Jahrzehnten rasant schmelzende Palügletscher mit seinem Wasserfall. Einige Meter in Richtung der engen Schleife, bevor der Zug nach rechts seine Fahrt nach Italien fortsetzt, thront man über dem Puschlav und blickt weit ins Tal.

Die Preise liegen im Bahnhofsrestaurant von Alp Grüm, von dem aus man auf den Piz Palü blickt, schon immer über deutschen Großstadtpreisen. Zehn Franken für eine Suppe sind happig. Der Wurstsalat kostet doppelt so viel wie in einer deutschen Landgaststätte, und auch die Weine sind so teuer wie in einem 5-Sterne-Hotel. Trotzdem sollte man sich einen Aufenthalt auf dem Sonnenbalkon gönnen und Pizzoccheri bestellen. Das ist ein Teller voll Buchweizennudeln mit Wirsing, Kartoffeln, Käse, Knoblauch und Salbeibutter, der gegen Aufpreis mit Puschlaver Mortadella garniert wird. Dazu vielleicht einen Veltliner.

Weil keine Straße in der Nähe ist, ist es hier ruhig, sieht man von ein paar Touristen ab. Nur jede Stunde dringt das Surren der Elektromotoren und Getriebe der Züge ans Ohr. Völlige Stille herrscht am Abend, wenn man sich in der frischen Luft in den nicht mehr ganz so spartanischen, renovierten Räumen zur Ruhe begibt. Erst gegen sieben Uhr weckt der erste Zug den Eisenbahnfan, bevor er sich zum Frühstück ins Erdgeschoss begibt.

Essen und übernachten kann man auch nach einem kurzen, steilen Aufstieg im »Belvedere«, das 100 Meter über dem Bahnhof liegt, atemberaubende Ausblicke bietet und ebenfalls mit hausgemachten Pizzoccheri verwöhnt. Hier mit einer eigenen Mehlmischung, Rösti aus regionalen Biokartoffeln, Geisskäse (Ziegenkäse), Salsiz (luftgetrocknete oder geräucherte Rohwurst), Trockenfleisch oder der währschaften (herzhaften) Engadiner Wurst vom Dorfmetzger, wie die Website verspricht.

Keinesfalls sollte man die Weiterfahrt ins Puschlav-Tal versäumen, am besten in einem gewöhnlichen Regionalzug, der Fenster zum Öffnen hat. Schon beim Befahren der vielen Kehren sind offene, gut zugängliche Fenster auf beiden Seiten angenehm, weil der Zug Serpentinen und Kehrtunnel befährt und die Talseite und Himmelsrichtung einige Male wechseln. Enge Seitentäler und einsame Bahnhöfe werden passiert, Poschiavo mit seinen Bahnwerkstätten und der Lago di Poschiavo. Auf der Kreiskehre von Brusio verliert der Zug an Höhe und beißt sich fast selbst in den Schwanz. Dann geht es zum Teil auf der Straße weiter nach Süden, der automobile Gegenverkehr muss sich etwas einfallen lassen, weil der Zug Vorfahrt hat. In Campocologno wird Italien erreicht.

Kurz vor Tirano sollte man rechts auf seinen Kopf achten, denn der Zug rollt haarscharf an einer Hausecke vorbei, bevor er den Marktplatz passiert und im Bahnhof Tirano ausrollt. Hier kann man essen, über Nacht bleiben oder mit der italienischen Normalspurbahn durch die Lombardei nach Mailand weiterfahren. Auf dieser Strecke fuhren noch bis 1968 technische Dinosaurier von Elektrolokomotiven: die E.440, mit Drehstrom und einer zweipoligen Oberleitung.

57. GRUND

Weil die Kettle Valley Railway Shakespeare und Wein verbindet

»All aboard«, Einsteigen bitte!, ruft der Schaffner. In seiner schwarzen Uniform mit goldfarbenen Akzenten an Knöpfen, Ärmeln und Mütze ist der bärtige Mann mit Sonnenbrille Respektsperson und freundlicher Helfer für die Besucher, die im Westen Kanadas eine Fahrt mit der Dampfeisenbahn erleben wollen. Drei offene und zwei geschlossene braune Personenwagen hängen an der typisch kanadischen Dampflok 3716 von 1912. Friedlich zischt die 2-8-0 der Canadian Pacific Railway leise vor sich hin, gelegentlich unterbrochen vom Geräusch der Speisepumpe. 200 psi (13,8 bar) zeigt das messingglänzende Manometer von T. McAvity & Sons im innen grün gestrichenen Führerhaus an, das hinten geschlossen ist. Der Zug der Kettle Valley Steam Railway ist bereit zur Abfahrt.

Die Glocke hat sich eben noch leicht im warmen Wind bewegt, nun wird sie mit dem Seil aus dem Führerhaus geläutet. Die Mehrklangpfeife singt ihr romantisches Lied, als die Dampflok mit offenen Zylinderhähnen gemächlich aus der Prairie Valley Station bei Summerland, British Columbia, bergab dampft. Der Banjospieler stimmt *Muss i denn zum Städtele hinaus* an, nachdem er uns als Deutsche identifiziert hat, wir singen mit. Entlang der Hänge eröffnen sich auf der kurvigen Strecke immer neue Perspektiven auf Obstplantagen, bevor sich weiter unten Weinberge ausbreiten. Drei VW Käfer, ein VW 1500 und das Schild *Old Volks Home* künden am Bahndamm von einer rostigen Leidenschaft. Schon lockt der Dirty Laundry Vineyard von Summerland in Sichtweite – auf dem heutigen Weingut befand sich zu Zeiten des Bahnbaus um 1910 eine chinesische Wäscherei mit alkoholischen und anderen Dienstleistungen im Obergeschoss.

Nach dem Umsetzen der Dampflok wird der Zug auf die Trout Créek Bridge geschoben, von der man einen weiten Blick auf Obstfelder, Weinberge und den Okanagan Lake hat. Der See erstreckt sich über 135 Kilometer und verströmt ein wenig Bodensee-Atmosphäre. Über 50 Winzer haben sich hier niedergelassen, überall wird köstliches Obst angeboten. Im Wagen hinter der Lok wird die Rückfahrt bergauf zum Klangerlebnis, die Lok pfeift herzergreifend. Dann kehren wir im Dirty Laundry Vineyard ein. Die Weinprobe kostet Geld, im Zwei-Minuten-Takt wird eingeschenkt und etwas zum Charakter der teuren Weine heruntergerattert. Zum Abschluss noch ein Schluck billig schmeckender »Bordello« aus einer wilden Cuvée, die Flasche zu 42 Dollar. Der Eindruck genügt. Im Okanagan gibt es ab 18 Dollar bessere Weine.

Am anderen Ende der 1990 stillgelegten Kettle Valley Railway, die nun für Mountainbiker und Wanderer offen ist, buchen wir bei Hope das Kw'o:kw'e:hala Bed & Breakfast und finden uns in einem Paradies wieder. Ein großes Grundstück mit vier Holzhütten, einer Küche, einer Sauna, einem gut geheizten hölzernen Bottich zum Aufwärmen und einer Freiluftdusche an einem Baum. Dazu Plätze zum Grillen, ein Gasgrill und Selbstbedienung im Öko-

Gemüsegarten der freundlichen Gastgeber. Wir wählen die schmale Holzhütte mit der Aufschrift *Othello*, die gerade genug Platz für ein Doppelbett, eine Kommode, die Koffer und zwei Bademäntel bietet. Vor der Tür ein Kaminofen, Brennholz und ein Sonnenschirm. Ein paar Meter weiter rauscht der Coquihalla River vorbei, bevor er sich 100 Meter weiter im Coquihalla Canyon Provincial Park durch eine malerische Schlucht schlängelt. Durch fünf Tunnel und über Brücken führte hier die spektakuläre Kettle Valley Railway. 1964 wurde der Streckenabschnitt stillgelegt, weil Lawinen und starke Schneefälle den Betrieb zu oft behindert und unterbrochen haben.

Unsere Hütte, erfahren wir, war ein 1913 gebautes Wärterhäuschen, das ein paar Meter weiter stand. Andrew McCulloch, der Planer der Strecke, war ein Shakespeare-Verehrer. Romeo, Julia und Othello sind nur drei der acht dramatischen Namen, die er den Stationen gab. Zurück blieb ein kleines Paradies mit Eisenbahn-Flair für pure Entspannung. Als Zugabe erklingen manchmal die Hörner der Dieselloks am Fraser River, ein paar Kilometer weiter in Hope.

58. GRUND

Weil auf Teneriffa eine Straßenbahn Berge erklimmt

Straßenbahnen gab es in vielen Städten, doch die Automobilisierung und verkehrspolitische Dummheit ließ das Platz sparende Massenverkehrsmittel vor 50 Jahren oft wieder verschwinden. Wie in den Vereinigten Staaten, wo General Motors systematisch Straßenbahnbetriebe kaufte, um sie durch Buslinien zu ersetzen. Erst seit ein paar Jahren entdeckt man in nordamerikanischen Großstädten die Straßenbahnen, Light Rail genannt, wieder.

In Europa wachsen die Straßenbahnnetze schon seit 20 Jahren wieder. Auch im fernen Teneriffa, das zu Spanien gehört, besann man sich auf die Qualitäten der Tram, die es dort schon einmal gegeben hatte. Die Tranvía de Tenerife ist die einzige Straßenbahn auf den Kanarischen Inseln und verbindet auf Normalspur Santa Cruz de Tenerife mit San Cristóbal de La Laguna. Die Stadt mit ihrem sehenswerten, ausgedehnten Stadtkern gehört zum UNESCO-Weltkulturerbe und liegt 546 Meter über dem Meer. Dort ist es merklich kühler und sauberer als unten in der Hafenstadt mit ihren qualmenden Kreuzfahrtschiffen, Fähren und vierspurigen Straßen.

Die 2007 eröffnete hochmoderne Straßenbahn überwindet den Höhenunterschied von etwa 540 Metern auf einer Länge von 12,3 Kilometern. Fast die gesamte Strecke über steigt die Bahn steil an, bei Neigungen zwischen fünf und zehn Prozent, die vor allem bei der Talfahrt auffallen. Manche Haltestellen sind sogar in die Schräge hineingebaut. Etwa in der Mitte der Linie 1 kreuzt die Linie 2 von Tíncer nach La Cuesta, die nach La Gellega verlängert werden soll. Als dritte Linie ist eine Verbindung des Messegeländes mit dem Nordpier geplant. Die Linie 1, die noch beim Busbahnhof von Santa Cruz endet, wird bis zum Flughafen Los Rodeos verlängert.

Die Reise von der Haltestelle Fundacíon bis zum Endpunkt in La Trinidad dauert 33 Minuten. Man sitzt in modernen, geräumigen Citadis-Fahrzeugen von Alstom. Die Fahrt bietet nicht viel Aussicht, sobald man die Innenstadt von Santa Cruz verlassen hat, und wenn man Pech hat, sind die Straßenbahnen so mit Werbung beklebt wie in Düsseldorf und vielen anderen Städten. Diese künstliche Sehstörung durch gerasterte Folien und ein U-Bahn-Gefühl bei helllichtem Tag muten fantasielose deutsche Verkehrsbetriebe ihren Fahrgästen häufig zu. Und demonstrieren damit, dass ihnen Werbeeinnahmen wichtiger sind als die Reisequalität ihrer Straßenbahnnutzer. Auf Teneriffa sind die meisten Fenster noch unbeklebt – und der Fahrschein kostet halb so viel.

59. GRUND

Weil man mit der Deutschen Bahn erstklassig fährt

Die Fahrpreise der Deutschen Bahn sind sehr hoch und stehen in keinem Verhältnis zur Einkommensentwicklung und anderen Lebenshaltungskosten. Wer als Pendler unterwegs sein muss, bekommt für viel Geld häufig nur einen Stehplatz oder muss es sich in Spitzenzeiten auf dem weichen Boden des ICEs gemütlich machen.

Mit kostenlosem WLAN, neuen Fahrzeugen und auf Dauer nicht haltbaren Dumpingpreisen haben Busunternehmen der Eisenbahn ein paar Millionen Fahrgäste abgejagt. Was die Deutsche Bahn immerhin dazu angeregt hat, die sich seit vielen Jahren dahinschleppende Einführung von WLAN im Zug etwas zu beschleunigen. Der kostenlose Zugang in der 1. Klasse reicht nach meiner Erfahrung auf den funktechnisch versorgten Strecken zwar nicht zum Arbeiten. Aber immerhin. So oder so ziehe ich die Eisenbahn dem Bus vor, weil man im Zug Platz hat und dort besser arbeiten und dösen kann. Wenn es nicht gerade die hoch frequentierten Zeiten sind, in denen sogar die 1. Klasse gut belegt ist, kann man im ICE und den modernisierten Intercity-Oldtimern angenehm und preiswert reisen. Oft allein im Abteil. In der 1. Klasse wohlgemerkt.

Spätestens seit Mehdorns Zeiten wollte die Deutsche Bahn lieber ein Luftverkehrsunternehmen sein, das dummerweise am Boden bleiben muss und deshalb 2011 zwei Air-Berlin-Flugzeuge als DB Air One und DB Air Two in ICE-Farben bekleben ließ. Es war sicher nur Zufall, dass Mehdorn damals Air-Berlin-Chef war. Weil sich die deutschen Bahnpreise strukturell an den Gepflogenheiten des Luftverkehrs orientieren und den Kundenstrom (erfolglos) so lenken wollen, dass alle Züge gut ausgelastet sind, gibt es nicht nur erhebliche Preisunterschiede, sondern auch die Bahncard. Sie ist so überteuert wie die Fahrpreise, lockt aber mit 50 oder 25 Prozent Rabatt. Der senkt die Preise auf ein akzeptables Niveau.

Nur die DB-Marketingstrategen wissen, warum man mit der teuren Bahncard 50 nur den vollen Fahrpreis halbieren kann. Gegenüber der Bahncard 50 2. Klasse (255 Euro) hat die Bahncard 25 1. Klasse (125 Euro) den Vorteil, dass man zwischen der 1. und 2. Klasse wählen kann und auch auf die Sparpreise 25 Prozent Rabatt bekommt. So fährt man mit einer Bahncard 25 1. Klasse oft billiger als mit anderen Ermäßigungen. Die Fahrt 1. Klasse zur Nürnberger Spielwarenmesse mit reservierten Sitzplätzen kostete mich im Januar 2015 58,50 Euro. In der 2. Klasse hätte ich mit dieser Bahncard 52,50 Euro bezahlt, also kaum gespart und in einem vollen ICE-Wagen sitzen bzw. stehen müssen. Mit der teuren Bahncard 50 2. Klasse hätte die Reise 106 Euro plus 9 Euro für die Reservierung gekostet, also das Doppelte meiner 1.-Klasse-Fahrt. Ohne Bahncard kassiert die Bahn für die jeweils dreistündigen Fahrten im ICE in der 2. Klasse insgesamt 221 Euro, in der 1. Klasse sogar unfassbare 354 Euro. Nur der Sparpreis 1. Klasse wäre mit 78 Euro annehmbar gewesen. In diesen Fällen wären noch etwa fünf Euro für die Nahverkehrstickets in beiden Städten dazugekommen, die für Bahncard-Besitzer inklusive sind.

Die Preise beziehen sich auf eine Fahrt in den Morgenstunden und nach 18 Uhr, die Preistendenz gilt aber auch für andere Tageszeiten. Allerdings will die DB ihre Bahncards und Preise erneut überdenken.

Die Bahncard 25 1. Klasse, die günstig zu Schnupperkonditionen und für Auszubildende und Rentner angeboten wird, sorgt für vernünftige Preise und angenehmen Reisekomfort auf Ledersitzen. Auf Wunsch werden Speisen und Getränke am Platz serviert, Zeitungen gibt es gratis. Wenn der Zug dann noch pünktlich ist, macht das Bahnfahren richtig Spaß.

60. GRUND

Weil die Bahn zum TEE lud

Bevor die europäischen Staatseisenbahnen ihre Alleinstellungsmerkmale aufgaben und dem Flugverkehr nachzueifern begannen, gab es TEE-Züge. Trans Europ Express hießen die internationalen Züge, die mit Eleganz und Komfort lockten und Fernweh weckten.

Prominente aller Art reisten erstklassig im TEE, wie Artikel der Bundesbahn-Zeitschrift *Blickpunkt DB – Rad und Schiene* aus den frühen 1970er-Jahren belegen. Schauspieler, Stars und Sternchen waren das, Fernseh-Showmaster, Politiker und Sportler. Die Blickpunkt-Redaktion reiste mit, interviewte die »aus Funk und Fernsehen bekannten« Damen und Herren, wie man damals sagte, und holte nebenbei Testimonials zu den Vorzügen des Bahnreisens ein.

Auch die Düsseldorfer Elektropop-Pioniere von Kraftwerk setzten den Luxuszügen 1977 mit dem falschen Titel *Trans Europa Express* ein Denkmal mit einschläfernder Maschinenmusik, die Assoziationen zu elektrischen Zügen auf Schienenstößen weckt und in einem ergreifend schlichten Text gipfelt, der die Internationalität der Züge betont:

> *Rendezvous auf den Champs-Élysées*
> *Verlass Paris am Morgen mit dem TEE*
> *In Wien sitzen wir im Nachtcafé*
> *Direktverbindung TEE*
> *Wir laufen 'rein in Düsseldorf City*
> *Und treffen Iggy Pop und David Bowie*

Mit dem Quietschen der Bremsen endet der Song.

Am 2. Juni 1957 startete das europäische TEE-Netz auf der Basis des vorhandenen internationalen Fernzug-Netzes. Mit klangvollen Namen wie Blauer Enzian, Edelweiß, Parsifal, Mediolanum, Mistral und Helvetia hoben sich die TEE von gewöhnlichen D-Zügen ab. Sie fuhren schnell, die höchsten Reisegeschwindigkeiten erreichten sie in Frankreich mit 112 km/h. Der »Edelweiß« Zürich–Amsterdam erreichte auf 902 Kilometern knapp 90 km/h. Der »Helvetia« Zürich–Hamburg, für den bis 1965 der legendäre VT 11^5 mit dem prestigeträchtigen TEE-Logo auf dem runden Bug eingesetzt wurde, bewältigte mit 91,2 km/h 964 Kilometer in zehn Stunden und 34 Minuten. Heute braucht ein ICE, der nicht mehr die idyllische Strecke am Rhein befährt und mit 250 bis 300 km/h über die Schnellstrecke Frankfurt–Köln rast, drei Stunden weniger.

Den kuscheligen Komfort der TEE-Züge bietet er aber nicht. Bestes Wagenmaterial und Triebwagen mit plüschigem, schwerem Interieur schufen eine einzigartige Atmosphäre. Die ausschließlich mit Abteilen und Wagen 1. Klasse ausgestatteten Züge hatten den Prestigefaktor einer First Class beim Langstreckenflug und waren nur mit TEE-Zuschlag und Platzreservierung zu benutzen. Entsprechend kultiviert waren die Fahrgäste, die mangels Handy die Ruhe im Zug genossen, ihre Geschäftsunterlagen sortierten, Bücher lasen oder sich als Prominente herausstellten, mit denen man respektvoll parlierte. Zur Not gab es ein Zugtelefon und eine Sekretärin, der man in die Schreibmaschine diktieren konnte.

Ich kann mich noch an eine Fahrt über den Gotthard mit einem grauen SBB-Triebwagen vom Typ RABe von Zürich nach Mailand erinnern. Trotz der drehbaren Sessel und viel Platz war in den 1980er-Jahren die TEE-Herrlichkeit bereits verblasst. Genossen habe ich die Reise durchs Rheintal im Führerstand des Airport-Express der Deutschen Lufthansa. Die vierteiligen Triebwagenzüge der ersten Baureihe 403 mit dem Entenschnabel-Gesicht liefen damals noch als TEE und ersetzten die Kurzstreckenflüge von Frankfurt nach Düsseldorf.

Auch die Italienischen Staatsbahnen, die französische SNCF, die SBB der Schweiz und die Niederländische Staatsbahn besaßen interessante Triebwagen mit klingenden Namen, wie zum Beispiel den Settebello. Während der Glanz des TEE verblasste, wurden die nicht mehr so exklusiven Züge länger. Nun wurden sie von Hochleistungslokomotiven wie der deutschen 103 oder der beeindruckenden französischen CC-40100 gezogen. 1985 war das TEE-Netz bereits im Niedergang, nach einem neuen Startversuch endete die TEE-Ära schließlich 1995. Der innereuropäische Zugverkehr mit Niveau kapitulierte vor dem Flugverkehr, der zwar schneller ist, aber nur noch die Beförderungsqualität eines Schulbusses bietet.

61. GRUND

Weil Luxuszüge meist nostalgisch sind

Die große Zeit der Luxuszüge begann in Europa 1872 mit der Gründung der Compagnie Internationale des Wagon-Lits, der Internationalen Schlafwagengesellschaft des Belgiers Georges Nagelmackers. Der erste Orient-Express startete 1883 nach einem erfolgreichen Versuch im Vorjahr 1883 in Richtung Konstantinopel und führte zu einem Netz von hochwertigen Zügen, für die mit bunten Plakaten geworben wurde. Auch der amerikanische Pullman-Express hielt dabei Einzug, 1928 fuhr er zum Beispiel unter dem Namen »Edelweiß« von Amsterdam und Brüssel über die Rheinschiene nach Basel und Luzern.

Die komplizierte Geschichte der Luxuszug-Verbindungen wurde von den Weltkriegen stark beeinflusst und füllt dicke Bücher. Auch wenn Kinofilme und Romane etwas anderes vermuten lassen, war die große Zeit der Luxuszüge schon mit Ausbruch des Zweiten Weltkriegs vorbei. Was sich nach dem Krieg Orient-Express nannte, war nur noch ein müder Neustart mit CIWL-Schlaf- und Speisewagen und gewöhnlichen Schnellzugwagen. Das Flugzeug löste die langsamen Züge ab und bot damals noch komfortables Reisen für Gutbetuchte.

Was heute als Luxus-Bahnreise angeboten wird, verbindet auf Reisen durch ferne Länder Nostalgie und Entertainment mit Genuss – oder will mit modernen Wagen ohne Intarsien und strenge Kleidungsvorschriften gar nicht erst Nostalgie vortäuschen, sondern den Weg zum Ziel machen. Purer Luxus wird in den stilechten Wagen der 1920er- und 1930er-Jahre von Rovos Rail in Südafrika geboten. Hier kann man drei oder auch 15 Tage unterwegs sein und zahlreiche Ausflüge genießen. Und auch der Venice-Simplon-Orient-Express bietet auf der Fahrt von London nach Venedig maximalen Komfort und stilechte Nostalgie in luxuriösen Wagen.

Als luxuriösester Zug der Welt gilt allerdings der Royal Scotsman, der ab Edinburgh die Highlands durchquert. Ungefähr 30 Fahrgäste werden von ausgesuchtem Personal exklusiv bedient und zu Ausflügen in Whisky Distilleries, zu Wanderungen mit Parkhütern und zum Tontaubenschießen begleitet, während die Küche ein Festmahl vorbereitet, zu dem man in formeller Kleidung erscheint. Übernachtet wird in den Schlafwagen, während der Zug in einem kleinen Bahnhof steht. Ein Grand Hotel auf Schienen, das seinen Preis hat.

In Spanien haben Vergnügungsreisende die Wahl zwischen einem Zug der Belle Époque von 1929 und einem modernen Zug. Abendliche Unterhaltung und viel Kultur in Granada und Jerez bietet der Al Andalus, der allerdings nur eine recht kurze Strecke fährt. Mehr Eindrücke von Land und Leuten bietet El Transcantábrico, der im Baskenland auf Meterspur Santiago de Compostela und León verbindet. Meer und Berge, Weinkeller, kleine Häfen und Dörfer bieten reichlich Abwechslung und kulinarische Genüsse. Zum Schlafen bleibt der 5-Sterne-Zug aus den 1980er-Jahren über Nacht stehen. Nur 45 Fahrgäste haben in den gut ausgestatteten Schlafwagen Platz, so bleibt die achttägige Reise ein exklusives Vergnügen.

Auch in Neuseeland, Kanada, den USA, Burma, Südindien und in den südamerikanischen Anden warten komfortable Züge, atemberaubende Aussichten und abwechslungsreiche Ausflüge auf Eisenbahnfreunde, die das sanfte Dahingleiten auf Schienen schätzen und mit einem Cocktail oder einem Glas Whisky in der Hand die vorbeiziehende Landschaft genießen wollen. Mit regionalen Spezialitäten aus der Küche und nettem Publikum, das schon weit gereist ist und abends an der Bar viel zu erzählen weiß.

In Ecuador fährt ein Sonderzug der Guayaquil & Quito Railway mit Diesel- und Dampfloks von Quito über den 3.609 Meter hoch gelegenen Bahnhof Urbina über zwei Spitzkehren zur Teufelsnase und bis Guayaquil, der größten Stadt des Landes. Spitzkehren sind die einfachste, aber auch zeitlich aufwendigste Methode, einen Berg zu erklimmen. Man pendelt sich hinauf oder herunter: Der Zug überquert eine Weiche und fährt in ein Stumpfgleis. Dann wird die Weiche umgelegt und in der Gegenrichtung weitergefahren, bis zur nächsten Spitzkehre. Teile der Quito–Guayaquil-Strecke, die von vielen Tunneln und Brücken geprägt ist, sind erst seit Kurzem wieder befahrbar. Der moderne Schmalspurzug bietet auf dem Weg durch die grandiose Natur alle Annehmlichkeiten für Tagestouren und eine offene Aussichtsplattform für Fotografen und Freiluftgenießer. Übernachtet wird in guten Hotels.

Nostalgische Eleganz, gemütliche neuere Züge, kulinarische Genüsse, atemberaubende Aussichten, Folklore oder ungeahnte Eindrücke: Jede Luxus- oder Sonderzugreise bietet besondere Eindrücke und unterschiedliche touristische und kulinarische Schwerpunkte. Doch gemeinsam ist allen, dass man die Zeit auf Schienen in entspannender Langsamkeit besonders intensiv erlebt.

62. GRUND

Weil man im Harz hoch hinaus kann

Täglich Dampfbetrieb! Damit müsste die »Größte unter den Kleinen« eigentlich werben. Die Harzer Schmalspurbahnen mit ihren 25 Dampflokomotiven brauchen aber nur wenig Werbung, denn wie die ebenfalls meterspurige Rhätische Bahn sind die Strecken rund um den Brocken weltbekannt. Der sagenumwobene Blocksberg inspirierte Goethe und Heine und ist mit 300 Nebeltagen und extremen Wetterlagen auf 1.141 Metern Höhe ein rauer Ort. Die Aussicht ist nicht besonders spektakulär, bei schlechtem Wetter kann man aber die frühere Abhörstation der Stasi und die Restaurants auf dem Gipfel besuchen.

Am 15. September 1991 wurde der Personenverkehr auf den Brocken wieder aufgenommen. Das damals noch von der Deutschen Reichsbahn betriebene Schmalspurnetz wurde 1993 in die Hände der Gebietskörperschaften gegeben, um die subventionsbedürftige Mittelgebirgsbahn touristisch zu nutzen. Was leider nur bei der Brockenbahn gelungen ist.

Bei einer Fahrt auf den Brocken mit den Harzer Schmalspurbahnen (HSB) kann man den Dampfbetrieb in allen Facetten erleben: die Bekohlung in Wernigerode, das Wassernehmen in Drei Annen Hohne und Schierke, das Kontrollieren des Gestänges, das Schmieren der Lager. Wenn dann die bis zu 750 PS starken Dampflokomotiven mit acht Wagen den Berg bezwingen, entfaltet sich eine Sinfonie der Klänge, die man sonst nur noch selten hört. Gewaltig ist der Auspuffschlag. Folgt man morgens im ersten Zug dem ⁴⁄₄-Takt der Dampfmaschine, vernimmt man immer wieder ein Schleudern: Die Räder drehen auf den feuchten Schienen durch, die Dampfmaschine läuft plötzlich schneller. Der Lokführer muss flott reagieren, bevor der Zug am Berg zu sehr an Fahrt verliert: Regler zurücknehmen, Sandstreuer an, bis die Räder wieder genug

Reibung haben, Regler auf. Manchmal hilft nur die Kapitulation: zurückrollen und mit Schwung über die rutschigen Schienen. Am Bahnhof Brocken, in 1.125 Metern Höhe, endet die Bergfahrt, die auf 234 Metern begonnen hat.

Während man die Reise auf den Brocken buchstäblich in vollen Zügen genießen kann, reist man auf der Harzquerbahn bis Nordhausen oder Eisfelder Talmühle mit viel Freiraum. Ein demotivierender Fahrplan und fehlende Nachfrage mangels Werbung und Attraktionen an der Strecke bedingen sich gegenseitig. Und so bekommen nur wenige Dampflok-Enthusiasten die Fahrt von Elend nach Sorge mit. Das Anfahren am Berg in Sorge ist spektakulär, sowohl im Zug als auch für den Foto- oder Video-Zaungast. Denn entgegen der üblichen Eisenbahn-Praxis liegt der Haltepunkt nicht in der Ebene.

Einen ganz besonderen Charakter hat die Selketalbahn mit ihren engen Kurven und der Fahrt durch Wiesen und Wälder, an Teichen vorbei. Hier ist die Zeit vor 50 Jahren stehen geblieben. Der Fahrplan ist leider schon seit über 20 Jahren desolat. Das hat zwar vielleicht den Grund, dass ein attraktives touristisches Umfeld fehlt. Doch nicht einmal dem fotografierenden Eisenbahnfan wird ein Anreiz geboten, die Strecke zu benutzen: Der Fahrplan macht es unmöglich, mit dem Zug zu einer interessanten Stelle zu fahren, einen Dampfzug zu fotografieren und mit einem anderen Zug zurückzukehren. Triebwagen wickeln die meisten Zugfahrten ab, die spektakuläre Parallelausfahrt zweier Dampfzüge nach Stiege und Harzgerode gibt es in Alexisbad schon lange nicht mehr. Wo nichts geboten wird und für den Laien kaum lesbare Fahrpläne reiselustige Touristen verschrecken, bleiben auch die Fahrgäste aus. So bleibt einem nichts anderes übrig, als auf das Fotografieren zu verzichten, wenn man auf der wildromantischen Selketalbahn mitfahren will. Wer die wenigen Dampfzüge und besonders die alten Mallet-Lokomotiven vor die Kamera bekommen will, muss mit dem Auto parallel fahren.

63. GRUND

Weil man auf eigene Faust
die Eisenbahnwelt erkunden kann

Es ist mir ein Rätsel, wie ich es als Teenager ab 1967 wagte, die Eisenbahn außerhalb meines Heimatkreises zu erkunden. Das Internet war noch nicht erfunden, nur Zeitschriften, primitiv vervielfältigte Vereinsblätter und Prospekte ließen vermuten, wo sich etwas Interessantes tat. Der Weg dorthin ließ sich mit dem Kursbuch herausfinden, notfalls auf dem Bahnhof, wenn das Ziel nicht in der Regionalausgabe enthalten war. Selbst Reisen nach England wurden so organisiert, mit der Fahrt über den Ärmelkanal im Hovercraft oder einem Fährschiff.

Die erste Eisenbahnerkundung endete in Augsburg, wo ich noch Dampfloks der Baureihe 01 vermutete, aber stattdessen die alltägliche 117, 118, 194, den Akkutriebwagen 515 und die Vorserien-103 antraf. Gerade ein Dutzend schlecht entwickelte Schwarz-Weiß-Negative künden davon. Die 01 war schon Jahre zuvor abgezogen worden. Später habe ich es bis Devon, Wales und Schottland geschafft, dank einem bezahlbaren Interrail-Ticket, jugendlicher Entdeckerfreude und ohne elterliches Telefon. Unterwegs blieb der Rucksackreisende unerreichbar und schrieb eine Postkarte aus der Jugendherberge. Es ging und es war ungefährlich. Die Schmalspur- und Bergbahnen in Wales habe ich alle bereist und die nördlichste schottische Jugendherberge erreicht.

Eisenbahnzeitschriften bieten immer noch gute Anregungen, selbst die exotischsten Bahnen in Südamerika oder im ehemaligen Ostblock wurden bereist und im Internet beschrieben. In Foren und auf Themenseiten tauscht man sich mit anderen aus, fragt nach dem aktuellen Stand, findet Fahrpläne und empfehlenswerte Fotostandorte. Leichter war es nie, auf Entdeckungsreise nach exotischen Bahnen zu gehen, auch wenn es oft nur noch Reste sind oder wiedererstandene Touristikbahnen.

Wie wäre es mit einer Rundreise um den Ätna auf 950 mm Spurweite? Einem Besuch bei der South Devon Railway oder den putzigen Schmalspurloks der Isle of Wight? Haben Sie schon einmal den modernen Bahnhof in Marrakesch gesehen? Zieht es Sie mehr nach Norden, zur norwegischen Bergenbahn? Oder können Sie sich für eine finnische Breitspur-Diesellok im verträumten Bahnhof von Vaasa begeistern? Ein interessantes Ziel mit Western-Romantik könnten auch die Schmalspurbahnen der früheren Denver & Rio Grande Western sein, die zu ihren Zeiten Pässe in mehr als drei Kilometer Höhe überquerten und in zwei Teilstücken noch erhalten sind. Niedlich ist die schmalspurige West Clare Railway in Irland. Aber man kann auch in Japan, China oder Italien mit Hochgeschwindigkeitszügen über moderne Strecken rasen oder in Kanada den Kontinent mit dem »Canadian« durchqueren. Auch auf Korsika und Sardinien warten Eisenbahnen auf Besucher. Und in der Schweiz wird eine Dampfbahnfahrt über die Furka-Bergstrecke mit Sicherheit zum besonderen Genuss. In Afrika und Asien stehen Fahrten mit Luxuszügen zur Wahl oder Reisen mit ganz normalen Zügen. Und auch eine Fahrt mit der Transsibirischen Eisenbahn bietet ein wenig Abenteuer mit viel Aussicht auf die unendliche Landschaft.

Tausende von Reisezielen mit interessanten Eisenbahnen wollen entdeckt werden. Ganz nach Geschmack, Sprachkenntnissen und Kontostand. Das macht unser Hobby so viel reizvoller als andere Hobbys.

64. GRUND

Weil Züge übers Meer fahren

Endlos steigt der zweigleisige Damm in weitem Bogen mit der Autobahn bei Nyborg auf der dänischen Insel Fünen an, bevor die Storebæltsbroen weit hinaus in die Ostsee führt. 6,6 Kilometer lang ist die Westbrücke, dann tauchen die beiden Gleise auf einer Insel in zwei acht Kilometer lange Tunnel ein, die tief unter dem Meeresboden zur Ostbrücke führen, die Fünen mit Seeland verbindet. Spektakulärer als am Großen Belt kann man das Meer seit 1997 nicht mit einem Zug kombiniert über- und unterqueren.

Seit 2000 bietet eine weitere Strecke Gelegenheit, die Ostsee auf Schienen zu bereisen. Die 7.845 Meter lange Öresundbrücke verbindet die dänische Hauptstadt Kopenhagen mit dem schwedischen Malmö. Es ist die längste kombinierte Schrägseilbrücke der Welt. Die Bahnreisenden wurden aufs Unterdeck verfrachtet, denn die Autofahrer genießen das Privileg, die kombinierte Brücke oben zu überqueren. Wie am Großen Belt schließt sich auf dänischer Seite ein Tunnel an, der auf 3,5 Kilometer Länge vier Autobahnfahrbahnen und zwei Gleise abtauchen lässt. Die Brücke fiel schon sechs Jahre nach der Eröffnung durch Schäden auf, was kein gutes Licht auf die modernen Ingenieure, Baufirmen und Finanziers wirft.

Brücken über das Meer waren schon im 19. Jahrhundert eine Herausforderung für Eisenbahngesellschaften und Ingenieure. Nicht immer ging beim Bau alles glatt. Die Tay Rail Bridge wurde 1878 von der North British Railway in Betrieb genommen und überquerte die Mündung des Tay an der schottischen Ostküste. Ein Teil der rund zwei Meilen (3.264 Meter) langen Stahlbrücke brach am 28. Dezember 1879 bei starkem Sturm zusammen, als ein Personenzug sie überquerte. Schon bald entstand ein soliderer Neubau, seit 1890 steht hier die Forth Bridge mit Gleisen in etwa 50 Meter Höhe. Es gibt Pläne für eine Aussichtsplattform auf der Stahlkonstruktion in 110 Meter Höhe.

Über den Sankt-Lorenz-Strom führt seit 1919 die Québec-Brücke. Die kanadische Quebec Bridge & Railway Company ließ die fast einen Kilometer lange Eisenbahnbrücke bauen. Sie verbindet Québec und Lévis und ist 104 Meter hoch. Beim Bau stürzte sie zweimal ein. Mit einer Spannweite von 576 Metern ist sie immer noch die größte Ausleger-Fachwerkbrücke der Welt. Und steht stabil bis heute.

Die Eröffnung der Vogelfluglinie 1963 war für die Deutsche Bundesbahn ein großes Ereignis, das mit Plakaten und Büchern stolz beworben wurde. Die 963 Meter lange Fehmarnsundbrücke kombiniert nebeneinander Straße und Eisenbahngleise und verbindet in etwa 25 Meter Höhe die Ostseeinsel Fehmarn mit dem Festland bei Großenbrode. Der gleichzeitig erbaute Fährhafen Puttgarden half, die Reisezeit von Hamburg nach Kopenhagen deutlich zu verkürzen. Die Eisenbahnfähren bringen unter anderem die Diesel-ICEs der Baureihe 605 und die dänischen »Gumminasen«-Triebwagen über den Fehmarnsund nach Rødby. So reist man per Brücke und Fähre über die Ostsee.

Allerdings womöglich nicht mehr lange, denn die 1999 unter Denkmalschutz gestellte Fehmarnsundbrücke gilt als nicht ausreichend belastungsfähig, wenn die sogenannte feste Fehmarnbeltquerung kommen soll. Deshalb wurde 2014 mit der Planung einer neuen Brücke begonnen. Wenn der Tunnel von Puttgarden nach Rødbyhaven etwa 2024 fertiggestellt sein wird, fahren die Züge auch hier mal über und mal unter dem Meer.

65. GRUND

Weil kleine Bahnhöfe romantisch waren

Sie lagen im Niemandsland zwischen zwei Dörfern oder waren einsame Bretterbuden mit einem einfachen Bahnsteig, 50 Höhenmeter über der kleinen Ortschaft im Tal. Nicht alle dieser kleinen Stationen waren tatsächlich Bahnhöfe. Denn ein Bahnhof ist per Definition eine Bahnanlage mit mindestens einer Weiche, wo Züge beginnen, enden, kreuzen, überholen und wenden können. Ohne Weiche ist es ein Haltepunkt.

Viele dieser kleinen Bahnhöfe und Haltepunkte trugen Doppelnamen: Adelberg-Börtlingen, Altheim-Rexingen, Böhringen-Rickelshausen, Maitis-Hohenstaufen, Reiselfingen-Seppenhofen – um nur einige aus Baden-Württemberg zu nennen. Viele davon gibt es nicht mehr. Die Strecken wurden stillgelegt, die Gebäude abgerissen oder verkauft und die Orte eingemeindet.

Diese melancholischen Stationen hatten ihren Reiz, weil in der totalen Stille nur die Zugmeldung des Fahrdienstleiters, das Klingeln des Telefons, das Rattern des Streckenblocks und der Zug am Signal- oder Weichenstellhebel zu hören waren. Mit raschen Schritten verschwanden die wenigen Fahrgäste über den Bahnsteig aus Schlacke und Kies, manchmal vom Fahrdienstleiter gegrüßt.

Ich kann mich erinnern, dass die uniformierten Bundesbahn-Beamten noch die Fahrkarten einsammelten, bevor man die Bahnsteigsperre verließ. Vor dem Empfangsgebäude wartete ein Moped, in seltenen Fällen jemand mit Auto oder der Bahn- oder Postbus auf die Reisenden. Noch war die Luftpumpe der Dampflok zu hören, Bahnbeamte oder -arbeiter beförderten das Expressgut flott vom Handwagen oder der Karre in den Packwagen. Das Flügelsignal zeigte bereits freie Fahrt, und mit ein paar kräftigen Atemzügen setzte sich der kurze grüne Personenzug in Bewegung. Mit blechernem Scheppern fiel der Signalflügel in Halt-Stellung. Dann kehrte Ruhe ein. Manchmal für gut zwei Stunden, denn der Taktfahrplan war noch nicht erfunden.

Am entlegenen Haltepunkt mit seinem Schüttbahnsteig und dem nahen unbeschrankten Bahnübergang duftete das Gras in der flimmernden Hitze und verband sich mit dem Teergeruch der schwitzenden Schwellen. Auf den Zug zu warten, war dem fotografierenden Eisenbahnfan Meditation und Beobachtung zugleich. Die bunte Echse, die sich auf der Schiene sonnte. Das Spitzmäuschen, das zwischen Schiene und Schotter nach Unterhaltung und Nahrung suchte. Die weggeworfenen Kippen, das verwehte Stück Zeitung, der glänzende Teer auf den Holzschwellen, das vom Tender gefallene Kohlestückchen. Alles war zwischen den Blicken auf die Armbanduhr unterhaltsam genug, um das Warten abzukürzen. Ist der Verschluss gespannt, noch genügend Platz auf dem Film, stimmen Blende und Verschlusszeit? Das Warten verlangte Gelassenheit – kein Problem in jenen Tagen. Ein Regionalkursbuch oder der Aushangfahrplan waren der einzige Lesestoff. Spiele mit Steinchen und Grashalmen. Die Zeit lief langsamer und doch schneller ohne Smartphone. Spannung und die Vorfreude auf die nächste Begegnung mit einem Zug bestimmten die Stimmung – wenn es nicht gerade eine Diesellok oder ein langweiliger Schienenbus war. Höchstens ein Foto, aber meistens keins. Heute bedauert man das.

Als Vorbeireisender am offenen Fenster der dreiachsigen Umbauwagen erlebte man den schmalen Bahnsteig mit seinem Namensschild auf zwei Pfosten von oben. Manchmal wehte frische, kühle Waldluft in den warmen Wagen mit seinen flatternden braunen Vorhängen; der Geruch von heißem Stahl, Öl, Bremsschuhen und Rauch vermengte sich wie ein Hauch mit dem ländlichen Lokalkolorit. Der Pfiff des Zugführers, sein Blick zum Ende des Zugs, dann sein Abfahrt gebietendes Handzeichen für Heizer oder Lokführer und der Klang der geballten Dampfkraft oder das Zittern der E 44 beim Anfahren. Das war Eisenbahn-Routine und doch ein besonderes Ereignis für den geduldig Reisenden. So hatte die an einer menschenleeren Station verlorene Minute doch einen Sinn.

7. KAPITEL
MODELLEISEN-BAHNEN

66. GRUND

Weil die Modellbahn(erei) ein Hobby wie jedes andere ist

Die einen wohnen mit 50 noch bei Mutti und haben die Wohnung in eine gigantische Eisenbahnanlage verwandelt. Andere haben Gartenbahnen, Duplosteine und Playmobil zu einer bunten Spielzeugbahn zusammengestellt. Woanders quälen sich ICEs durch lächerlich enge Radien, gefolgt von einem Reichsbahnzug ... Gut, solche Leute gibt's, und wie bei jedem Hobby ist erlaubt, was gefällt. Leider prägen solche Miniaturbahnen häufig das Image des Modelleisenbahners.

Wobei es in Ost- und Westdeutschland Unterschiede in der Wahrnehmung gibt: Modellbau ist im Osten angesehener als im Westen. Manche Journalisten und Mitbürger sehen mitleidig auf die anscheinend großen Spielkinder herab und vermuten in allen Modellbahnern einen Peter Pan – Männer, die niemals erwachsen werden wollen. Wer sich dem Hobby vorurteilsfrei nähert, erfährt nach und nach, wie vielfältig und ernsthaft es ist. Und er lernt mit der Zeit vielleicht Menschen kennen, die sich eine Menge Wissen und handwerkliche Fähigkeiten angeeignet haben. Sie sehen ihr Modellbahnhobby als wertvolle Tätigkeit an. Wertvoll im Sinne von Entspannung. Gelegentlich auch deshalb wertvoll, weil Vergangenes im Modell erhalten bleibt.

Der Platzbedarf einer Modellbahn zwingt zu großen Beschränkungen, denn Großstadtbahnhof, Abstellgleise, Lokschuppen und Nebenstrecke nebst Alpenmassiv für die unvermeidlichen Tunnel passen in keiner Baugröße auf drei Quadratmeter. Die meisten probieren es trotzdem und schaffen manchmal ein ansehnliches Ergebnis, das auch Nicht-Hobbyisten Respekt abfordert. Für alle anderen gilt: Dem Erbauer muss es gefallen.

Eine klassische Modellbahnlandschaft braucht sehr viel Platz und eine Menge Zeit. Vereinsmensch und tolerant muss man schon sein, um mit sogenannten Gleichgesinnten eine Großanlage aufzubauen und zu finanzieren. Leichter ist es mit Modulen, die bei regionalen Treffen zu Turn- und Messehallen füllenden Strecken und Bahnhöfen zusammengefügt werden, wo auch lange Züge Auslauf haben. Nach Fahrplan oder im Chaos, aber mit der Möglichkeit zum Gedankenaustausch und zum Protzen – mit zwei Kubikmeter Modulen und Fahrzeugen im Oberklasseauto.

Wer seine Modellbahnträume auf Machbares zu reduzieren weiß, baut seine Eisenbahn im stillen Kämmerlein ganz für sich. Und freut sich ganz allein daran. Nur Kundige dürfen einen Blick auf die Anlage werfen, die sich durch gekonnten Modellbau auszeichnet, sofern der Erbauer Talent, Ehrgeiz und Geduld hatte.

Der Bau und Betrieb von Modellbahnen ist ein Hobby, das so sinnvoll ist wie das Restaurieren von Traktoren, das Sammeln von Kronkorken, Bierdosen, Orden, alten Schallplatten, Ansichtskarten und Würfelzucker. So sinnvoll wie das Basteln von Vogelhäuschen und fernlenkbaren Schiffen, Panzern oder Lastwagen. Oder, wie mir der Geschäftsführer einer großen Werbeagentur nach dem zweiten Glas Wein verriet, als ich auf mein Lieblingsthema Eisenbahn zu sprechen kam: das Legen von riesigen Puzzles.

»Das ist doch okay, wenn es Ihnen Spaß macht«, urteilte ich fast nüchtern. Entscheidend ist, dass mir mein Hobby Spaß macht und ich mich dabei entspanne. Ob das Hobby für Außenstehende einen Sinn hat, spielt gar keine Rolle. So viel Selbstbewusstsein sollte man haben.

»Wenn ich in meiner Gartenbahnanlage sitze und kaputte Glühbirnen austausche, vergesse ich den ganzen Stress aus dem Beruf«, erzählte mir vor Jahren ein mittelständischer Unternehmer aus Nordrhein-Westfalen. Inzwischen ist er Oberbürgermeister einer hoch verschuldeten Stadt geworden. Hoffentlich hat er noch immer Zeit für seine Modellbahn. Oder LED-Beleuchtungen.

67. GRUND

Weil sich Geliebtes en miniature bewahren lässt

Modelleisenbahner sind konservativ im besten Sinn. »Konservativ« stammt vom lateinischen Wort »conservativus« ab und bedeutet »erhaltend, bewahrend«. Wer ein Diorama, ein Modul oder eine Anlage baut, möchte vielleicht etwas im Modell bewahren, was ihm im Original etwas bedeutet hat und so nicht mehr existiert. Das können pauschal die Königlich Bayerischen Staatseisenbahnen sein, die Zillertalbahn der 1960er-Jahre, die Schweizerischen Bundesbahnen der späten 1970er-Jahre oder die Deutsche Bundesbahn zur Dampflokzeit. Oder eine amerikanische Waldbahn, eine norddeutsche Inselbahn, die sächsischen Schmalspurbahnen, die Selketalbahn, eine Nebenbahnstrecke im Erzgebirge zu DDR-Zeiten, eine Güterstrecke durch die nordamerikanische Wüste oder die längst verschrottete Steinbruchbahn.

Die Motivation kann ganz unterschiedlich sein. Kauf- und Bau-Impulse ergeben sich bei Eisenbahnvirus-Infizierten oft im Urlaub, der »rein zufällig« in der Nähe einer interessanten Eisenbahnstrecke stattfindet. Wer auf Rügen mit dem Rasenden Roland gefahren ist, möchte dieses Erlebnis vielleicht zu Hause in kleinem Maßstab konservieren und mit dem Schmalspurzug durch die grüne Hügellandschaft dampfen. Die Rhätische Bahn im Schweizerischen Graubünden ist immer eine Modellbahn wert und glücklicherweise in verschiedenen Maßstäben erhältlich. Mit einer kleinen Anlage oder einem Diorama, manchmal auch nur mit einem Modell für die Vitrine, holt man sich angenehme Urlaubserinnerungen ins Haus.

Ein anderes Motiv ist das Konservieren einer unwiederbringlich verlorenen Eisenbahnszenerie aus der Umgebung. Das kann »retro« sein, also zum Beispiel der Bahnhof im Heimatort, wie er in der eigenen Jugend einmal aussah. Oder die oft fotografierte Strecke vor der Elektrifizierung. Oder das Bahnbetriebswerk Rottweil, das ich so oft besucht, aber mangels Weitwinkelobjektiv und der damals noch beschränkten Sichtweise nie komplett fotografiert habe. Hier waren die letzten Dampfloks im Südwesten Deutschlands stationiert.

Ringlokschuppen, Drehscheibe, Lokleitung und Stellwerke gibt es nicht mehr. Wie in so vielen Eisenbahnerstädten wurden die Anlagen unnütz abgerissen statt museal erhalten. Im Maßstab 1:160 oder 1:87 könnte man das württembergische Lokomotivdepot mithilfe von alten Fotos rekonstruieren und die Dampflokzeit im Modell wieder lebendig machen. Oder man baut den Bahnhof Apolda, wie er zu Zeiten der Thüringer Eisenbahn aussah. Oder eine kleine Station in der Schweiz oder Österreich, als noch in jedem Bahnhof ein Beamter seinen Dienst am Schalter und im Stellwerk tat.

Wer einen gewissen Anspruch als Modellbauer und Modellbahner hat, versucht, das Original epochengerecht ins Modell umzusetzen. Um mal einen mit einem grauhaarigen Kopf dekorierten Herrenparfum-Werbespruch zu zitieren: Separates the men from the boys. Der Anspruch, das Modell eines Vorbilds so genau wie möglich aufzubauen, unterscheidet den Modellbauer von den Spielbahnern, die Eisenbahnen »einfach schön« finden und nach Herzenslust alles Mögliche auf die Anlage stellen und sich freuen, dass ICE, Bundesbahn-Dampflok und eine Schweizer E-Lok (natürlich ohne Oberleitung) mit ihren Zügen an irgendeinem Faller-Bahnhof halten.

Wer eine Situation in einer bestimmten Epoche nachbilden und bewahren will, muss Forscher sein. Wie sah das Gleisbild 1967 aus? Welche Autos fuhren damals noch, welche waren neu? Welche Lokomotiven und Wagen verkehrten an dem Ort, der nachgebaut werden soll? Wie sahen die Gebäude aus? Welche Werbeplakate und Verkehrsschilder gab es, wie waren die Menschen angezogen, hatte die Bundesbahn schon neue Ortstafeln am Empfangsgebäude und auf den Bahnsteigen oder kamen die erst in den 1980ern?

In den Vereinigten Staaten gibt es hervorragende Modellbauer, die ihre Anlagen exakt datiert haben: auf den 8. August 1954 zum Beispiel. Am Zeitungskiosk stecken die passenden Zeitungen und Zeitschriften, die Plakate werben für die zeitgenössischen Waschmittel, Zigaretten, Getränke und Autos, und auf den Werbetafeln der Läden stehen die damals üblichen Preise.

Der Betrachter sollte sofort erkennen, welcher Ort zu welcher Zeit im Modell nachgebildet wurde. Das ist Modellbau, wie ihn nur wenige anstreben und noch weniger beherrschen. Doch selbst wenn der Weg das Ziel ist: Für sich selbst und die Besucher konserviert man etwas, was man liebt, im Kleinen. Denn den Lauf der Welt kann niemand aufhalten.

68. GRUND

Weil die Modellbahn alle fasziniert

Die Kinder der 1950er- und 1960er-Jahre wuchsen noch mit der Eisenbahn auf. Das Bahnfahren gehörte damals zu den fast alltäglichen Erfahrungen, sofern man das Glück hatte, in der Nähe einer Bahnstrecke aufzuwachsen. Den anderen blieb nur der Bahn- oder Postbus – und der Schulbus. Heute lernen Kinder die Eisenbahn häufig erst kennen, wenn sie erwachsen sind oder fernab der Heimat zu studieren beginnen. Als genervte Schüler in Nahverkehrszügen schwören sie sich, später nie wieder eine S-Bahn, 50 Jahre alte DB-Regio-Wagen oder ständig überfüllte Doppelstockwagen zu betreten.

Trotzdem übt die Eisenbahn durch ihre Größe und Schnelligkeit noch immer eine faszinierende Wirkung aus. Wenn Fünfjährige früher von Dampf und Lärm einer Dampflok beeindruckt waren, erkennen heute Zweijährige schon einen ICE im Bilderbuch – oder in der iPad-App. Eine schräge Schnauze, weiße Farbe und ein roter

Streifen genügen, um eine Holz- und Kunststoffeisenbahn von Brio, Eichhorn oder Aldi als ICE identifizieren zu können. Auf hölzernen Schienen entsteht eine kleine Eisenbahnwelt, auf YouTube werden spektakuläre Zusammenstöße inszeniert. »Bomm!« kommentiert der zweieinhalbjährige Enkel diese Videos und fordert: »Noch mal!«

Was sagt uns das? Der Schienenverkehr begeistert als Spielzeug immer noch Kinder – allen Unkenrufen zum Trotz. Auch wenn viele den Sprung von der Brio-, Duplo- und Lego-Bahn zur richtigen Modelleisenbahn nicht schaffen, weil schon eine kleine Anlage leicht vierstellige Euro-Beträge verschlingt, bleibt das Interesse oft ein Leben lang und bricht sich buchstäblich Bahn, wenn die Kinder von damals selbst Kinder haben. Oder spätestens dann, wenn die Kinder aus dem Haus sind und der Hausherr endlich seine Traumanlage im früheren Kinderzimmer installieren darf.

Nicht zu vergessen »Thomas the Tank Engine«, die nach den Büchern des englischen Pfarrers Wilbert Vere Awdry gestaltet wurde und in mehreren Baugrößen zu haben ist. In kurzen Kinderfilmen kommt die kleine blaue Lok neben den walisischen Schmalspurzügen zum Einsatz. Die für die Dreharbeiten entwickelten Modelle basieren übrigens auf Märklin-Spur-1-Fahrgestellen und rollen meist auf LGB-Gleisen mit 45 mm Spurweite.

Wenn die Modelleisenbahn positiv im Bewusstsein verankert ist, werden regionale Modellbahnausstellungen, riesige Schauanlagen und Modellbahnmessen das Ziel von Familien und älteren Semestern, die hier Anregungen oder Unterhaltung suchen. Originalgetreue Anlagen mit wiedererkennbaren Themen werden ebenso bewundert wie die oft überladenen, quietschbunten Spielzeuganlagen, auf denen sich die Inhalte ganzer Modellbahnkataloge zum Rendezvous versammelt haben.

Seit 150 Jahren ist die Modelleisenbahn Spielzeug, Herausforderung und Sehnsucht. Ihre Faszination wurde nie völlig geklärt. Aber sie entfaltet bei allen eine Wirkung.

69. GRUND

Weil man Modellbahn mit einer glücklichen Kindheit verbindet

Weihnachtszeit ist Modellbahnzeit. So scheint es noch heute beim Großen Bruder jenseits des Großen Teichs zu sein, wenn der Xmas Train den Weihnachtsbaum umrundet. Und früher war es auch hier so. Ende der 1950er-Jahre drückten wir uns schon Wochen vor Weihnachten die Nase an den Schaufenstern platt, hinter denen eine kleine Modellbahnanlage aufgebaut war. Auch unser Gemischtwarenhändler Brass, schräg gegenüber von der Volksschule, stellte eine kleine Egger-Bahn im schmalen Schaufenster aus. Die 9-mm-Feldbahn brauchte wenig Platz, hatte aber trotz eingebauter Magnete, die die zweiachsigen Loks auf die Stahlschienen ziehen sollten, schlechte Fahreigenschaften. Wohl deshalb war sie nie in Betrieb. Erst als Erwachsener leistete ich mir eine Startpackung und ein paar Gleise. Da war die Egger-Bahn schon Geschichte. Die Modelle mit ihren centgroßen Kipploren habe ich noch heute.

Unter den Schülern tobten damals kleine Glaubenskriege um die richtige Modelleisenbahn. Da gab es die Platz sparende Rokal-Bahn im Maßstab 1:120 und mit dem Image dritter Klasse. Höher angesehen waren die H0-Bahnen. Die auf messingglänzenden Schienen fahrende Gleichstrom-Bahn von Fleischmann war noch in den Maßstäben 1:82 und 1:85 und lief auf dem Mössmer-Schotterbett aus grauem Schaumgummi sehr leise. Mein Schulfreund Christian hatte eine Fleischmann-Anlage im Keller, deren zweiachsige Loks – eine E 69 und eine rote O&K-Industrielok – mir wegen ihrer geschmeidigen Fahrweise gefielen. Einige Jahre später hatte ich auch eine.

Es muss Heiligabend 1960 gewesen sein, als das Wohnzimmer abgeschlossen war, bis die Geschenke eingeräumt waren und der Weihnachtsbaum geschmückt war. Gelegentlich war ein eigenartiges Surren zu hören, doch der Blick durchs Schlüsselloch erklärte nichts. Der Schlüssel steckte im Schloss. Erst am Abend löste sich das Rätsel vor meinen leuchtenden Kinderaugen: eine Märklin-Bahn! Ein brummender blauer Transformator, ein Oval aus beige-schwarzen Blechgleisen mit Punktkontaktzähnen durch zwei Ecktunnel, dazwischen ein aufgemalter See mit Booten aus Walnussschalen, daneben ein Sportplatz mit Toren aus Pappstreifen und ein Wiad-Häuschen mit Beleuchtung. Star der Strecke war eine V 200, die beim Umschalten der Fahrtrichtung durch den Druck auf den Trafo-Regler einen Satz machte und die Glühlampen aufblitzen ließ. Dahinter hingen ein blauer Schnellzugwagen 1. Klasse und ein roter Speisewagen. Den dritten D-Zug-Wagen aus der Anfangspackung hatte mein Vater durch einen Niederbordwagen ersetzen lassen, auf dem zwei Mercedes-Lkw festgeklemmt waren. Ein Traum von Märklin, den sich meine Eltern durch Verzicht an anderer Stelle abgespart haben mussten.

Ich war acht Jahre alt und sehr glücklich mit diesem wertvollen Spielzeug. Es ist dieses Ereignis, dem ich den Einstieg ins Eisenbahnhobby verdanke. Der Märklin-Katalog mit seinen materialstrotzenden Gleisplänen und dem unerschwinglichen Kran mit Elektromagnet war seitdem eine meiner liebsten Lektüren. Die Modelle aus Thermoplast und lackiertem, geprägtem Blech wurden damals sogar als Bausatz für wenig Geld verkauft. So wurde manches Taschengeld in den bescheidenen Fahrzeugpark investiert und das Montieren mit Schraubenzieher und Lötkolben gelernt. Später kam noch eine Dampflok der Baureihe 89 dazu und eine V 100 mit Klebstoff-Fleck, die mir der Hausmeister des Gymnasiums als Zweite-Wahl-Modell von Märklin günstig verkauft hatte.

Ich erinnere mich gern an die Stunden vor der Tischlerplatte, die bald wegen der Häuser-Beleuchtungen und der gebraucht gekauften Elektroweichen und Signalantriebe durchlöchert war, um den Kabelsalat unter die Anlage zu bringen. Oben nutzte ich jeden Quadratzentimeter für Plastikhäuser, Straßen, Wiking-Autos, ein paar billige, gut detaillierte Roco-Militärlastwagen und einfache Eigenbauten aus Faller-Papierbögen und grauen Polystyrolprofilen.

Alles, was ich damals über Eisenbahn und Elektrotechnik wusste, setzte ich ins Modell um. Schaltgleise sorgten für einen automatischen Zweizugverkehr im modernen Bahnhof Lindental von Faller. So konnte ich die lärmende, romantisch beleuchtete Bahn in den frühen Winternächten beobachten und genießen. Sie machte mich glücklich, wenn ich durchgefroren vom Skifahren auf dem nächstgelegenen Hügel kam und meine Mutter frisches Roggenbrot mit Butter und eine Tasse Brühe servierte. Die Modelleisenbahn war ein Glück, das man sich damals als Kind oder Jugendlicher noch für kleines Geld kaufen konnte.

Mein erstes Honorar des Fleischmann-Kuriers, eine Lok der Baureihe 55, war der Auslöser, die laute Märklin-Bahn nach mehreren Anlagen hinter mir zu lassen und auf das zierlichere Fleischmann-System umzusteigen. Dort gab es einfach schönere Gleise und kleinere Loks, weil kein elektromechanischer Richtungsumschalter Platz beanspruchte.

Vor ein paar Jahren habe ich die 50 Jahre alte Märklin-Bahn zu Weihnachten wieder aufgebaut. Aus heutiger Sicht ist sie ein primitives Spielzeug, wie sie mit dem Funken sprühenden Mittelschleifer und den Rädern mit großen Spurkränzen, aus denen wie aus Wunderkerzen Funken springen, über die Blechgleise rast. Aber sie verbreitet noch immer den Zauber von damals: kein detailgenaues Abbild der Eisenbahn, aber ein Fantasie anregendes, abstrahiertes Sinnbild des Zugbetriebs der Deutschen Bundesbahn in der Wirtschaftswunderzeit. Ein Spielzeug, das an glückliche Zeiten der Kindheit erinnert, als eine Märklin-Bahn etwas Besonderes war, was nicht jeder hatte. Wie ein Mercedes.

70. GRUND

Weil die Modellbahn kreativ macht

Schon Kleinkinder erkennen die Möglichkeiten einer Modelleisenbahn. Sie bauen Tunnel, überqueren die Strecke in Form einer Acht mit Brücken und beladen den Zug mit Legosteinen, Figuren und Teddybären. Was lernen sie dabei? Dass Eisenbahnen Personen und Güter transportieren.

Zwar geht diese Erkenntnis mit den Jahren häufig verloren, weil das unvermeidbare Oval aus der Startpackung zur Rennstrecke wird und nur noch die Bewegung des Zugs fasziniert – oder wann er aus der Kurve fliegt. Trotzdem bleibt noch viel Raum für Kreativität und Logik. Unsere Lehmann-Bahn im Wohnzimmer hatte anfangs nur eine Weiche. Ich kann mir bis heute nicht erklären, wie es mein eineinhalb Jahre alter Sohn verstand, den zweiten Wagen eines 3-Wagen-Zugs auf meinen Wunsch hin durch echte Rangierfahrten auf das Abstellgleis hinter der Weiche zu bringen. Ein halbes Jahr später hob er den Wagen hoch und setzte ihn um ...

Das Rangieren gehört zu den spannendsten Aufgaben auf der Modellbahn. Voraussetzung sind räumliches Denken und Logik, denn was sich auf Gleisen und Weichen abspielt, muss zuvor im Kopf geplant werden. Auf die Reihenfolge der Bewegungen kommt es an, wenn Wagen aus dem Zug herausgenommen und zum Beispiel zu einem Industrieanschluss geschoben werden müssen, ohne den ganzen Zug mitzuschieben. Wer gut plant und ein Gleisbild konstruiert, das die Rangieraufgaben mit Absicht erschwert, hat mehr Spaß und kommt schon mit einem Regalbrett aus. Eine kleine Feldbahn, zwei bis drei kurze Industriegleise und ein Gleis zum Aufstellen und Abholen des kurzen Güterzugs genügen schon, um eine Modellbahn zu bauen, die sich positiv von der sinnfreien Rundreise im Oval abhebt.

Ideen finden sich in Büchern über Nebenbahnen und auf der Suche nach Spuren stillgelegter Strecken, wo ein verlassener Schienenstrang, eine kleine Brücke im Wald oder gar die Reste einer Feldbahn am überwucherten Gleis als Inspiration zur Erforschung der lokalen Eisenbahngeschichte dienen können. Wie von selbst entwickeln sich beim Betrachten der Hinterlassenschaften einer Sägewerksbahn Fantasien, wie damals wohl die Baumstämme und Bretter transportiert wurden. Wahrscheinlich von Hand, aber auch eine kleine Diesellok und ein einfacher Kran könnten dabei ins Spiel kommen. Entscheidend ist nur, dass alles plausibel aussieht.

Gründe für Eisenbahnbetrieb findet man auch in Häfen, alten Industriegebieten, in früheren Stahlwerken und Tongruben. Im Hinterkopf immer: Eisenbahnen befördern Güter und Menschen und wurden gebaut, um eine Verkehrsaufgabe zu erfüllen.

Kinder sind bereits in der Lage, Betriebsabläufe mit der Modellbahn zu planen und durchzuführen. Selbst wenn es nur Sand, Autos und Kisten sind, die an einer Stelle aufgeladen und an einer anderen abgeladen werden. Ein Foto als Hintergrund genügt einem Erwachsenen, um ein Stahlwerk zu simulieren und Kohle, Schrott, Zuschlagstoffe und Erze abzuliefern. Zu Stahlbrammen, Coils und Schienen verarbeitet, stehen Flach-, Rungen- und Spezialwagen zum Abtransport bereit. Das war schon zur Dampflokzeit so und kann auch mit modernsten Dieselloks realitätsnah nachgespielt werden. Ein Postbahnhof, ein Bahnbetriebswerk oder Depot, eine Hafenbahn, die Rübenverladung im Herbst oder ein Holzverladeplatz sind weitere Themen für fantasievolle Modellbahnprojekte mit Sinn.

Ideen entwickeln sich auch auf Modellbahnmessen. Gerade die kleinen Anlagen, oft aus dem Ausland, bieten Anregungen für liebevoll ausgestattete Modellbahnen. Ein Guckkasten oder ein ausgedientes Gehäuse eines Röhrenfernsehers könnten der Ausgangspunkt für eine originelle Betriebssituation sein. Oder die schmale, lang gestreckte Pendelstrecke an der Wand entlang.

Manchmal fällt einem überhaupt nichts ein. Dann hilft das Stöbern im Internet. Die inspirierendste Website über kleine Dioramen und Pizzapackung-große Anlagen hat der verstorbene Amerikaner Carl Arendt aufgebaut. Anlagenideen aus der ganzen Welt werden da präsentiert. Ein Glück, dass die Website weiter gepflegt und am Leben erhalten wird: www.carendt.com. Sie zeigt Modellbau der Spitzenklasse und fantasievolle Anlagen, die so klein sind, dass Sie damit in überschaubarer Zeit fertig werden. Schauen Sie rein und fangen Sie gleich an zu planen und zu bauen.

71. GRUND

Weil die Modellbahn ein Leben lang nicht langweilig wird

Die meisten Menschen entwickeln sich in ihrem Leben weiter. Das Modellbahn-Hobby entwickelt sich ähnlich: Manche sind schon mit 15 Jahren wahre Könner – im Rahmen ihrer finanziellen Möglichkeiten. Andere bauen noch mit 50 Anlagen wie ein Kind und werden dafür belächelt. Und die vielleicht drei Prozent Kunsthandwerker betreiben in jedem Alter mit großem Ehrgeiz Modellbau der Spitzenklasse, wie man ihn nur begrenzt lernen kann.

Bei Könnern und Spielbahnern entwickelt sich das Modelleisenbahn-Hobby gewöhnlich mit den Jahren weiter. Weil man am liebsten das nachbaut, was man aus der Umgebung kennt, spielen die Heimat und die dort erlebte Eisenbahn im Modell eine große Rolle. Anstöße kommen aus den Modellbahnkatalogen und von Messen, wenn ein besonders attraktives Modell vorgestellt wird. Das kann ein Grund sein, alle sowieso nie umgesetzten Anlagenideen über Bord zu werfen und neu zu planen. Dann kommt eben statt des Groß-Bahnbetriebswerks mit Ringlokschuppen und Drehscheibe der Kleinstadtbahnhof mit Lokschuppen für die neue 75er oder

der sachlich-kühle Endbahnhof für den Doppelstockzug oder den modernen Triebwagen von Stadler.

Die meisten starten mit Spielzeugbahnen für Kinder ihre Modellbahnkarriere. Eine »richtige« Modellbahn im H0-Maßstab 1:87 von Märklin, Fleischmann/Roco, Trix, Piko oder Liliput macht bei mehr als der Hälfte den Anfang. Bei wenig Platz sind eine N-Bahn (1:160) oder eine TT-Bahn praktisch. Diese Table-Top-Bahn im Maßstab 1:120 war eine Erfindung der Amerikaner und starb in Westdeutschland mit der Marke Rokal aus. In der DDR war sie sehr beliebt. Noch heute bieten mehrere Firmen die handlichen Modelle an. Die Z-Bahn »Mini-Club« von Märklin im Maßstab 1:220 war lange die winzigste Modellbahn, bis die Japaner mit noch engeren Spuren und kleineren Maßstäben die Miniaturisierung auf die Spitze trieben. So beeindruckend eine ganze Anlage im Aktenköfferchen auch sein mag, so selten sind die Fans dieser Maßstäbe.

Jeder hat eine eigene Vorstellung von einer Modelleisenbahn. Was meist als Oval mit Überholgleis beginnt, nimmt mit der Zeit oft andere Formen an. Je besser man das große Vorbild kennt, umso mehr neue Ideen entwickeln sich. Von der Feldbahn auf dem Regalbrett bis zur Großanlage auf dem Dachboden erstreckt sich das Feld. Wer mit der alten Bundesbahn angefangen hat, entdeckt vielleicht die Faszination langer amerikanischer Güterzüge in imposanten Landschaften, findet auf einmal Straßenbahnen oder Hafenbahnen schön oder erliegt dem Reiz österreichischer oder Schweizer Schmalspurbahnen. Zu den Gebäudebausätzen aus Polystyrol oder gelaserten Teilen gesellen sich vielleicht Lokomotivbausätze von Weinert, weil sie mehr Details haben und das Bauen und Lackieren eine Herausforderung ist.

Wenn der Junior geboren ist, kommt bei manchem eine Gartenbahn auf 45-mm-Spur ins Spiel. Das kindliche Interesse am Transport von Teddybären, Duplosteinen und Sand verbindet sich dann nicht selten mit den heimlichen Plänen einer ausgedehnten Gartenbahn, die zwischen den Büschen verschwindet und den Teich umrundet oder mit einer Brücke überquert. Mit ausreichender Überzeugungs- und Überredungskraft kann sich daraus ein Familienhobby entwickeln.

Sobald die Augen schlechter werden, gewinnen die größeren Spuren an Bedeutung. Die Spur Null im Maßstab 1:43,5, 1:45 oder – amerikanisch – 1:48 ist wegen ihrer Größe und Detaillierung sehr reizvoll und lädt zum Eigenbau von Gebäuden und Wagen ein. Die 32-mm-Bahner haben eine quirlige, kreative Szene und und können auf zahllose Kleinsthersteller von interessantem Zubehör sowie bezahlbare Industriemodelle im doppelten H0-Maßstab zurückgreifen. Hier wird schon Masse bewegt, und immer mehr Eisenbahnfans steigen auf diese Baugröße um. Entsprechend beginnen viele noch einmal neu und passen ihre Anlagenideen an das Fahrzeugangebot an.

Noch etwas großspuriger ist der Spur-1-Maßstab 1:32, der viel Platz und ein gut gefülltes Konto voraussetzt. Die hoch detaillierten Modelle sind wegen kleiner Auflagen sehr teuer, sie brauchen auch viel Platz. So verschwinden viele Lokomotiven hinter dem Glas von Vitrinen, lagern in Kisten und bekommen nur auf Modultreffen Auslauf. Oder man begnügt sich mit ein paar Metern Gleis zum Hin-und-her-Fahren.

Wer über Ländereien verfügt, findet womöglich Gefallen an großen Bahnen, mit denen man auf schmaler Spur mitfahren kann, oder liebt das Ritual, eine kleine Echtdampflok in Gang zu setzen.

Modelleisenbahnern wird es ein Leben lang nicht langweilig.

72. GRUND

Weil talentierte Modellbauer genauer hinschauen

Was unterscheidet einen talentierten Modellbauer von einem gewöhnlichen Modellbahner? Ehrgeiz, Beobachtungsgabe, handwerklich-künstlerisches Talent und die Fähigkeit, Gesehenes ins Modell umzusetzen. Modellbahner bauen schöne Anlagen. Sie haben viel Spaß, mit den Modellen aus Katalogen und Ideen aus Zeitschriften, Büchern und dem Internet eine Landschaft zu gestalten, in der eine Menge los ist und durch die abwechslungsreiche Züge fahren.

Modellbauer gehen anders heran. Sie erkunden das große Vorbild draußen oder in Büchern und auf Fotos und begeistern sich für ein Thema oder eine Situation. Dann streben sie danach, das gewählte Vorbild bis ins Detail nachzuempfinden. Denn sie wollen die Faszination erkunden, festhalten und für andere sichtbar machen. Natürlich mit all den Kompromissen, die man im Modell schließen muss, weil man zum Beispiel einen eineinhalb Kilometer langen Bahnhof nicht unkomprimiert nachbauen kann. Aber man kann den »Geist«, das Wesen des Bahnhofs erfassen. Die Essenz.

Wenn ein Modellbahner im Kopf hat, dass ein Ziegeldach rot ist, die Wand weiß, die Straße schwarz asphaltiert und die Schienen rostig sind, schaut der Modellbauer genauer hin.

Er sieht einfach mehr: Auf dem Dach wachsen Moos und Flechten, es hat schwarze und graue Flecken, manchmal ist es vom Staub der Umgebung und von Vogelkot verschmutzt. Wände sind nicht weiß, sondern haben viele Farbnuancen und Risse. Unter den Fenstersimsen ist es schmutziger, weil kein Regenwasser den Staub abspült. Die Tür ist abgegriffen und unten abgestoßen oder leicht verwittert. Löcher von alten Bohrungen, Lampen, Schilder, Klingelknöpfe, Briefkästen, eine Stromleitung und Fernsehantenne auf dem Dach und das Telefonkabel sind die Details eines Hauses, die man bei Modellbahnern selten antrifft. Straßen zeigen viele Grautöne und schwarzgraue Reifenspuren, sind am Rand staubig, mit Rissen, Löchern, geflickten Stellen, Wellen, abgefahrenen Markierungen und Gullydeckeln geschmückt. Schienen tragen auf den Nebengleisen einen anderen, mehr orangenen Rostton als auf dem schwarzbraunen Hauptgleis, ganz abgesehen von gesplitterten, krummen und unterschiedlich verwitterten Schwellen.

Wer mit den offenen Augen eines Modellbauers durch die Welt geht, entdeckt überall Farbnuancen und verschiedene Stufen und Höhen der Vegetation. Er interessiert sich auch für die vielen Formen des Mauerwerks an Gebäuden, Stützmauern, Tunnelportalen und Brücken. Er sieht das Gerümpel in Hinterhöfen und Gärten, weiß, an welchen Stellen ein Auto rostet, und kennt die Werbung und den Kleidungsstil der Epoche, die er nachbildet.

Modellbauer probieren vieles aus, wenn sie etwas ins Modell umsetzen wollen. Materialien wie Pappe, Holz, Messing, Folien, Kunststoffe und Hartschaum. Sie experimentieren mit Farben und Farbpigmenten, mischen absichtlich falsche Komponenten, um Risse im Lack zu erzeugen, oder streuen Salz auf die Rostfarbe, um nach der nächsten Farbschicht Rostflecken zu erhalten. Sie suchen Naturmaterialien, um Gebüsch nachzubilden, und basteln tagelang an einem Baum. So lange, bis er echt aussieht. Wer CAD-Software beherrscht, konstruiert am PC Kleinteile oder komplette Modelle selbst und nutzt die Möglichkeiten des 3D-Drucks.

Modellbauer sind erst zufrieden, wenn sie ihr Ziel erreicht haben: ein Modell oder eine Situation, die vor der Kamera so echt aussehen, dass man erst auf den dritten Blick erahnt, dass das vielleicht ein Modell und nicht das Vorbild ist.

Modellbauer kommen ohne Modellbahnkataloge aus. Genügsamer als die meisten Modellbahner sind sie auch.

73. GRUND

Weil kleine Maßstäbe Großes ermöglichen

Modelleisenbahnen brauchen viel Platz. Doch wenn die Sehschärfe eines Adlerauges und die kleinen Modellmaßstäbe zusammenkommen, kann Großes entstehen. Miniaturlandschaften oder Großstadtbahnhöfe zum Beispiel.

»TT« steht für Table Top und wurde in den Vereinigten Staaten erfunden. Nach dem Ende von Rokal Mitte der 1970er-Jahre war TT nur noch in Osteuropa und der DDR populär. Die Auftischbahn im Maßstab 1:120 hat 12 mm Spurweite und verbindet die Kompaktheit der kleineren Maßstäbe mit der Detaillierung der H0-Bahn. Tillig hat die Baugröße wiederbelebt, einige Spezialisten und Großserienhersteller wie Roco und Piko bieten Fahrzeuge an, Auhagen passende Gebäude. Wer Normalspurzüge bevorzugt, findet bei TT ein überschaubares Angebot und eine eingeschworene Gemeinschaft, welche die Platzvorteile der »Spur der Mitte« zu schätzen weiß.

»N« bedeutet 1:160 auf 9 mm Spurweite. Diese populäre Miniaturbahngröße ist ideal, wenn Landschaft und lange Züge geplant sind. Wegen ihrer Kompaktheit findet eine stattliche Sammlung schon in einem Schuhkarton Platz. Wer amerikanische Güterzüge mit mehreren Dieselloks und 50 Wagen fahren will, findet hier ein reiches Betätigungsfeld. Auch lange Schnellzüge oder Hochgeschwindigkeitszüge lassen sich fast kompromisslos einsetzen. N-Anlagen wirken wie aus der Vogelperspektive und bieten die Möglichkeit, auch größere Bahnhöfe und Industrieanlagen nachzubilden. Bei Platzmangel verschwindet eine kleinere Anlage einfach unter dem Bett oder auf dem Schrank.

Den Gag mit der Modellbahn im Aktenkoffer kennt jeder, fast immer ist eine Märklin Mini-Club im Spiel, die in Nenngröße Z auf 6,5 mm Spurweite fährt. 1:220 ist der Maßstab der winzigen Bahn, die durch eine hochkant gestellte Streichholzschachtel passt. Sogar Schmalspurbahnen mit 4,5 mm Spurweite gibt es und einige Kleinserienhersteller, die mechanische Meisterleistungen in Uhrmacherqualität anbieten. Das geringe Gewicht der Modelle erfordert saubere Gleise. Wer großzügige Landschaften liebt oder eigentlich gar keinen Platz für eine Modellbahn hat, liegt hier richtig. Und alle, die abends im Hotelzimmer ihre Kofferanlage einschalten wollen – um abzuschalten.

Noch kleiner, geradezu winzig, ist die in Japan entwickelte Baugröße T. Im unvorstellbaren Maßstab 1:480 beträgt die Spurweite 3 mm. Man muss schon Japan-Liebhaber sein und die Augen eines Adlers haben, um sich damit anzufreunden. Der Berliner Uwe Fenk baut auch einen ICE und andere deutsche Modelle, die Architekturmodelle im Maßstab 1:500 beleben. Doch damit ist das Ende der Miniaturisierung noch nicht erreicht. Die amerikanische Firma Tiny Trains produziert winzige Anlagen im Maßstab 1:900, ab 10 cm x 10 cm bis zu »Großanlagen« von 35 cm x 61 cm mit viel Landschaft und Strecken in zwei Ebenen. Angetrieben werden die Züge von einem stationären Motor und Riemen.

Und es geht noch kleiner: IDL Motors aus San Diego produziert Teeny Trains im Maßstab 1:1.000, die von einem Linearmotor bewegt werden. Eine Lupe wird nicht mitgeliefert.

74. GRUND

Weil manche Modellbahner großspurig sind

Sind sie nun groß oder eher klein? Wer schon einmal eine Modellbahn gesehen hat, kennt Halb-Null-Bahnen. Die Marken Märklin, Fleischmann, Roco, Trix, Brawa, Liliput, Piko, ESU und unzählige andere sind durch ihre H0-Modelle im Maßstab 1:87 bekannt. Sie fahren auf Gleisen mit 16,5 mm Spurweite, was der Vorbild-Normalspur von 1.435 mm entspricht.

Mit einem Marktanteil von 60 bis 70 Prozent sind H0-Bahnen die populärsten. Nicht von ungefähr. Die Modelle sind angenehm groß, auf zwei Quadratmeter passt ein kleines Oval, falls man nicht an der Wand entlangfahren will. Für Landschaft und Gebäude bleibt ausreichend Platz, man kann gut rangieren und ins Detail gehen. Bei Dampfloks ist die Bewegung des Gestänges gut zu sehen, die Modelle bieten Platz für Sounddecoder, Lautsprecher und manchmal auch Dampferzeuger. Schmalspurbahnen nach internationalen Vorbildern bereichern das 1:87-Angebot. Sie fahren, je nach der Vorbild-Spurweite, auf den Spurweiten 12 mm, 10,5 mm, 9 mm und 6,5 mm. Selbstfahrende Autos und ein riesiges Sortiment von Pkw, Lkw, Traktoren und Baumaschinen ergänzen die Spiel- und Modellbaumöglichkeiten. H0 bietet jedem etwas in einer Auswahl, die unüberschaubar ist.

Wenn die Lesebrille droht, wenden sich Modellbahner oft den größeren Maßstäben zu. Für die Spur Null (32 mm) gibt es ein bezahlbares Angebot an schönen Fahrzeugen, die doppelt so groß wie die H0-Modelle sind und durch kräftigeren Sound und fühlbare Masse begeistern. Lenz hat den in der Schweiz weiter verbreiteten Maßstab in Deutschland wieder populär gemacht. Einige Großserienhersteller sind ebenfalls eingestiegen, und viele Kleinserienhersteller bieten für die Spur 0 Exklusives an. Gewöhnungsbedürftig ist die Existenz der beiden Maßstäbe 1:43,5 bei Messingmodellen und 1:45 bei Großserienmodellen. Die Amerikaner verwirren darüber hinaus mit schönen Schmalspurbahnen in 1:48.

Die Spur 0 ist ideal, wenn es etwas größer sein soll, Betrieb gemacht und auf der Anlage viel selbst gebaut werden soll. Die Modelle sind groß, liegen gut in der Hand und vermitteln mehr von der Masse des Originals als ein H0-Modell. Wer sich gern mit anderen trifft, baut Module und stellt damit Großanlagen zusammen, auf denen lange Züge durch weite Landschaften verkehren können.

Noch größer ist die Spur 1 mit dem Maßstab 1:32 auf 45 mm Spurweite. Die von Märklin erfundene Königsspur ist, was die Detaillierung, den Sound und die Erzeugung künstlichen Dampfs betrifft, wahrhaft opulent. Entsprechend hoch sind die Preise der meist nur in dreistelligen Stückzahlen hergestellten Modelle, die mit originalgetreuen Schraubenkupplungen fahren können. Wer Dampfloks liebt und gern sammelt, wird an der Spur 1 Spaß haben. Die notwendige Beschränkung durch die Größe der Modelle, den Platzbedarf und die hohen Kosten ist allerdings nichts jedermanns

Sache. Wer detailgenau Gebäude baut und auf originalgetreu dimensionierte Gleise Wert legt, hat hier aber alle Möglichkeiten.

Ebenfalls auf (sehr stabilen) 45-mm-Gleisen fahren Gartenbahnen, zum Beispiel von LGB, Piko und Bachmann. Leider tummeln sich hier unzählige Maßstäbe, obwohl es sich um eine Meterspurbahn in 1:22,5 handelt. Von der stilisierten Spielbahn für Kinder über den Gummi-Maßstab mit Verkleinerungen von 1:32 bis 1:26 in einem Modell oder 1:29 bis zu hochwertigen amerikanischen Schmalspurbahnen in 1:20,3 bietet die »Spur G« reichlich Auswahl. Die wetterfesten Gleise und Modelle sind ideal für den Garten. Wer Platz für Radien ab einem Meter hat, kann Kleinbahnromantik in den Garten zaubern, sogar mit echtem Dampfbetrieb.

75. GRUND

Weil bei der Gartenbahn der Weg das Ziel ist

Eine Gartenbahn bietet Perspektiven wie keine andere Modelleisenbahn. Das ist wörtlich gemeint, weil die Kombination aus Natur und Technik so einzigartig ist wie der eigene Garten. Die Gartenbahn macht aber auch mehr Arbeit und erfordert andere Talente als eine Modellbahn im Haus.

Auf einer Gartenbahn mit 45 mm Spurweite verkehrt oft eine wilde Mischung aus Schmalspur- und Normalspurfahrzeugen. Für viele ist »die LGB« ein Synonym für die Gartenbahn, denn die Lehmann-Groß-Bahn (LGB) begründete Mitte der 1960er-Jahre in Nürnberg dieses Marktsegment. Nach zwei Insolvenzen landete die Marke bei Märklin. Piko aus Sonneberg stieg erfolgreich in den Gartenbahnmarkt ein, weitere Firmen liefern Fahrzeuge, Gleise und Zubehör. In den Vereinigten Staaten bildeten sich mehrere Unternehmen, die in den Maßstäben 1:24 bis 1:29 ebenfalls Schmal- und Normalspurfahrzeuge auf die 45-mm-Gleise stellten. Um die amerikanische 3-Fuß-Spurweite korrekt ins Modell zu übertragen, wurde von Accucraft und Bachmann der Maßstab 1:20,3 erfunden. Natürlich fährt man draußen gern mit Echtdampfloks.

Wer eine Anlage bauen will, sollte sich gedanklich von Tischbahnplänen trennen, denn wie eine echte Eisenbahn muss die Gartenbahn in die Gartenlandschaft eingebettet werden. Nichts ist schlimmer als eine Anlage mit möglichst vielen Ovalen, zwischen denen sich eine Materialschlacht abspielt. Leider gibt es viele solcher Anlagen. Meine Faustregel ist: Wenn man die Gleise herausreißt, muss ein ansehnlicher Garten übrig bleiben.

Wer mit Beton und bombenfesten Unterbauten arbeitet, ist Bau- oder Vermessungsingenieur oder hat viel Selbstvertrauen. Denn bei der Gartenbahn ist der Weg das Ziel. Auf Anhieb wird sie nicht gelingen. Der Grund sind die hohen Gewichte der Modelle, die nicht wie kleine Bahnen große Steigungen bewältigen können. Schon kleinste Unebenheiten und Neigungen im Garten machen sich bei schweren Zügen bemerkbar. Vier Prozent sind das Maximum, zwei Prozent ratsam. So grübelt der Planer, wie er 20 Zentimeter Höhenunterschied schafft, um eine Brücke über die andere Strecke zu bauen. Je länger man plant, umso mehr entwickelt man sich zu einem kleinen Ingenieur, der über Kurven (ab 120 Zentimeter Radius), Tunnel, Dämme und Brücken nachdenkt und immer wieder neue Ideen entwickeln muss. Ein provisorisches Streckenstück verrät, ob die Lok den längsten Zug schafft oder die Wagen im Bogen umkippen. Am besten fängt man an der engsten Stelle an und arbeitet sich dann experimentierend voran. Und macht im nächsten Jahr weiter, wenn sich der Boden gesetzt hat. Erst wenn die Gleisführung überzeugend ist, kann man den Schotter einbringen.

Weniger ist mehr, und so sollte man sich davor hüten, von der Nordsee bis zu den Alpen alles unterzubringen, was sich in den Katalogen findet. Auch eine Gartenbahn sollte einen Zweck, eine Beförderungsaufgabe und ein Thema haben: Inselbahn, Gebirgsbahn, Straßenbahn, Bimmelbahn, Waldbahn, amerikanische Hauptstrecke mit langen Güterzügen.

Wie bei der richtigen Eisenbahn muss geplant werden, wohin das Regenwasser soll und ob man bei Schnee fahren will. Fahren kann man im Prinzip bei jedem Wetter, und eine Winterfahrt mit Schneepflug gehört zu den größten Genüssen auf der Gartenbahn. Bei Hitze dehnen sich die Gleise aus. Lange Geraden bilden dann Schlangenlinien. Ein Zug wirkt natürlicher, wenn er auf langen Bögen durch den Garten fährt. So werden auch Verwerfungen durch Hitze vermieden, denn das Gleis kann in den Bögen unmerklich seitlich ausweichen. Pflanzen sind draußen immer zu groß, was mit etwas Abstand zum Gleis nicht stört. Mit kleinblättrigen Pflanzen lassen sich realitätsnahe Wiesen und Gebüsche gestalten. Meine Favoriten sind Thymian, Heiligenkraut und Sternmoos. Apfelbäume lassen sich mit Geduld aus Cotoneaster züchten.

Wichtig ist, viele Perspektiven für den Betrachter zu entwickeln. Wenn man immer nur Teile der Anlage überblicken kann, wirkt eine Gartenbahn größer, als sie ist. Es dauert Jahre bis zu einer organisch eingebetteten Gartenbahn. Der weite Weg führt zu einer individuellen Anlage, wie sie kein anderer hat und die das ganze Jahr Freude macht.

76. GRUND

Weil mechanische Meisterwerke die Königsspur prägen

»Königsspur« ist ein Marketing-Schlagwort, das der Märklin-Geschäftsführer Claus Verg etwa 1977 erfunden hat, um Modelle im Maßstab 1:32 offensiver zu verkaufen. Was da auf 45 mm Spurweite buchstäblich großspurig angeboten wurde, war voluminös und ziemlich teuer. Nicht nur Könige und der Geldadel verfielen dem Charme der Spur-1-Modelle. Was Märklin 1969 als Reaktion auf den Erfolg der Gartenbahn von LGB ebenfalls als Gartenbahn auf den Markt geworfen hatte, konnte zwar den Siegeszug der Nürnberger Konkurrenz nicht aufhalten. Doch die Spur-1-Modelle von Märklin waren die Initialzündung für eine Szene von begnadeten Feinmechanikern und Modellbaukünstlern, die mit der Präzision eines Uhrmachers arbeiteten.

Märklin konnte beim Neustart mit der Spur 1 auf eine lange Historie zurückgreifen, denn die Göppinger hatten die Baugröße schon 1891 auf der Leipziger Frühjahrsmesse erstmals vorgestellt und die Blecheisenbahnen bis 1938 produziert. Legendär ist das »Krokodil« von 1933, das etwa 300 Mal gebaut wurde und 1997 beim Auktionshaus Christie's den wahrhaft königlichen Preis von fast 50.000 Euro erzielte. Auch andere Firmen bauten in der Frühzeit Modelle für die Spur 1 – Bing aus Nürnberg zum Beispiel. Doch übrig blieb Märklin mit einer Fangemeinde, die vor allem wertvolle, handbemalte Blechmodelle aus dem 19. und 20. Jahrhundert sammelt. Und mit Kunden, welche die modernen 1:32-Modelle aus Spritzguss und Kunststoff kaufen und damit fahren.

Seit den 1970er-Jahren bildete sich eine Szene von Kleinserien-Produzenten, die zunächst für den Hamburger Modellbahnhändler Marktscheffel & Lennartz exklusive Eisenbahnmodelle in 1:32 entwickelten und dann oft eigenständig weitermachten. Bockholt, Fulgurex, Gebauer, Hegob, Hübner, Pein, Schönlau – um nur einige zu nennen. Später kamen unter anderem Dingler, Fine Art Models, Fine Models, Lemaco/Lematec, Kiss, KM1, Proform und Wunder dazu. Spur1-Exklusiv ließ die Pein-Modelle wieder aufleben, zuletzt betraten MBW und Pullman die Bühne. Nicht nur in Deutschland, auch in der Schweiz, Frankreich, Luxemburg, Dänemark, Norwegen und den Niederlanden gibt es eine kleine Szene talentierter Feinmechaniker, die Spur-1-Modelle und Zubehör in kleinen Serien bauen.

Gemeinsam haben die Modellbauer den Anspruch, dem Vorbild im Maßstab 1:1 bis ins Detail sehr nahe zu kommen. Schraubenkupplungen, funktionsfähige Federungen, feine Räder, voll ausgestattete Führerhäuser, kompromisslose Lokomotivrahmen für Radien ab 2,4 Metern und sogar Antriebskonzepte von Dieselloks gehörten zu den in ein- bis dreistelligen Mengen produzierten Lokomotiven und Wagen. Sie wurden zunächst in Deutschland, dann in Japan und Südkorea in Handarbeit zusammengesetzt und kosteten so viel wie ein Mittel- oder Oberklasse-Auto.

Für das Geld gab es Königs- und Orientexpresszüge mit Inneneinrichtungen aus Furnier, nachgeahmten Plüschsitzen, Messinglampen und Türen zum Öffnen, Fenstern mit echten Glasscheiben, einer komplett nachgebildeten Bremsanlage unter dem Wagenboden und feinen Brettchen auf den Trittstufen. Die elektrisch angetriebenen Lokomotiven protzten mit exakt nachgebildeten Nieten, einer bis ins Detail wiedergegebenen Mechanik und echter Kohle im Tender. Je nach Größe brachten sie drei bis zwölf Kilogramm auf die Waage, angeliefert in mit Samt ausgekleideten Mahagoni-Kästen oder in Hochglanzkartons.

Heute kostet eine Lok, made in China, 1.200 bis 3.500 Euro. Für eine Edelstahl-Dampflok aus Deutschland muss man über 14.000 Euro investieren, auch in der Schweiz gibt es bei Proform Vergleichbares. Edle Fahrzeuge aus südkoreanischen oder polnischen Manufakturen schlagen mit 4.000 bis 9.000 Euro zu Buche. Stückzahlen: 1 bis 200. Digitale Sounddecoder, Lautsprecher für originalgetreue Betriebsgeräusche, Schaffnerpfiff und Bahnhofsansagen sind an Bord, oft auch Verdampfer, die künstlichen Dampf rhythmisch aus dem Schornstein und den Zylindern blasen.

Nach Jahren mit Neuheitenfluten anderer Hersteller dreht Spur-1-Erfinder Märklin tüchtig auf, um seine alte Marktposition wieder einzunehmen. In der Tendenz kehrt die Königsspur aber wieder dahin zurück, wo sie herkam: Sie ist ein exklusives, diskretes Vergnügen für wohlhabende Rentner und Besserverdienende, die das Besondere und die Detaillierung der exklusiven Modelle zu schätzen wissen. Luxusgut. Aktuelles über die Spur 1 steht in meinem Online-Magazin www.spur1info.com.

77. GRUND

Weil es nicht beim Pfiff geblieben ist

Mit einem einfachen Pfiff fing die Modellbahn an, akustisch ihrem Vorbild zu folgen. 1967 stellte Märklin eine Neuheit vor, mit der die Pfeife einer Lok an jeder Stelle der Anlage ausgelöst werden konnte. Das war spektakulär bei einer Modellbahn, die sonst nur durch das Geräusch der Schleifer auf den Punktkontakten der Blechgleise und zuweilen knurrige Motoren auffiel.

In den späten 1970er-Jahren gab es Geräte, die man zwischen Transformator und Gleise schaltete, um ein Dampflokgeräusch über den Lautsprecher von größeren Lokomotiven wiederzugeben. Halbleiter filterten das künstliche Rauschen aus dem Betriebsstrom, einigermaßen radsynchron ließ sich die einfache Elektronik mit einem Drehregler stellen. Die Pfeife reagierte auf Knopfdruck. Jede Dampflok mit Lautsprecher klang gleich, doch das simple Fahrgeräusch beflügelte die Fantasie, man meinte, eine echte Dampflok vor sich zu haben.

Dann kamen große Elektronikplatinen auf, die auch den Klang einer Diesellok nachahmten. Beim Beschleunigen änderte sich die Motordrehzahl, im Stand brummte der simulierte Dieselmotor dank einer Batterie noch eine Weile weiter. Die Elektronikplatine war so groß wie zwei Smartphones und passte nur in eine Gartenbahnlok. Das per Magnet auslösbare Pfeifsignal kam dem Drucklufthorn einer Schmalspurdiesellok recht nahe.

Erst die ab den 1980er-Jahren aufkommenden Digitaldecoder machten den Weg frei für Klangbausteine, die Originalgeräusche speicherten und neben dem radsynchronen Auspuffschlag auch Pfeife, Glocke, Speise- und Druckluftpumpe, das Kohleschaufeln und mehr wiedergeben konnten.

1999 kamen die ersten Sounddecoder auf den Markt, die Motor- und Lichtsteuerung mit den Geräuschen auf einer Platine vereinigten. Ein Lautsprecher im Tender oder Führerhaus gab die Klänge wieder.

Mit der Speicherkapazität der Decoder wuchs die Klangqualität. Das Krächzen und Rauschen durch die Datenkomprimierung und einfache Verstärker hat nachgelassen. Kondensatoren speichern Energie, mit der die Lok nicht nur Kontaktprobleme an Weichen überbrückt, sondern auch die Klangmaschine unter Strom hält. Ein Fortschritt, denn noch vor nicht langer Zeit startete das Geräusch nach einer Stromunterbrechung neu und zerstörte die Vorstellung, einer echten Lok zuzusehen.

Richtig programmiert, erzeugt ein Sounddecoder heute einen Auspuffschlag, das Motorgeräusch einer Diesellok oder die Fahrgeräusche eines elektrischen Schienenfahrzeugs auf lastabhängige Weise. Dreht man beim Beschleunigen richtig auf, ist das Geräusch lauter als beim Dahinrollen. Rollt eine Dampflok in den Bahnhof, ist wie beim Vorbild kein Auspuffschlag zu hören. Je nach Geschmack des Herstellers hört man dann die Kuppelstangen klappern wie bei einer Lok mit ausgeschlagenen Lagern und am Schluss ein Bremsenquietschen. Im Stand hört man, wie die Pumpe die Bremsluftbehälter auffüllt. Ab und zu springt die Speisepumpe für das Wasser an, der Turbogenerator summt und versorgt Lampen und Induktive Zugsicherung mit Strom. Dann hört man den Heizer Kohlen schippen – des Effekts wegen meist viel zu laut. Steht die Lok längere Zeit, bläst das Sicherheitsventil den überschüssigen Dampf ab – bei der Märklin-Dampflok der Baureihe 38 im Maßstab 1:32 sogar sichtbar mit künstlichem Dampf.

Häufig kann man das Ein- und Aushängen der Schraubenkupplung akustisch simulieren, außerdem die Kurvenfahrt mit quietschenden Rädern, den Pfiff und Durchsagen des Zugführers, Türenschlagen, Rangiererpfiffe, Durchsagen per Rangierfunk, Bahnhofsansagen, Unterhaltungen im Führerstand, der Klang der Schienenstöße und die Glocke für unbeschrankte Bahnübergänge.

Dazu kommen je nach Lokomotivmodell die Anlass- und Abstellgeräusche eines Dieselmotors, wobei zweimotorige Loks sogar vorbildentsprechend mit einem oder zwei Motoren gefahren werden können. Bei elektrischen Loks hört man die Lüfter, das Klacken der Schaltstufen, das Geräusch der Pantografen auf dem Dach beim Absenken oder Anlegen an die Oberleitung. Wenn die Rhätische Bahn einen Jodler erklingen lässt oder im Gläsernen Zug der *Bayerische Defiliermarsch* gespielt wird, sind passende Aufnahmen mit an Bord des Decoders und auf Knopfdruck an der Digitalzentrale abspielbar.

So kommen die Eisenbahnmodelle ihren Vorbildern akustisch immer näher. Denn der geliebte Lärm der Eisenbahn macht Eisenbahnfans glücklich und versetzt sie spielend in die Lage, im kleinen Modell das große Vorbild zu sehen.

78. GRUND

Weil Modelleisenbahnen die Augen leuchten lassen

Es bleibt wohl ein Rätsel, warum die immer wieder totgesagte Modellbahn ebenso regelmäßig neue Aufmerksamkeit erfährt. Von den Preisen her bewegt sich die einstige Spielzeugbranche schon längst im Luxusgüter-Segment. Zwar gibt es durchaus noch bezahlbare Einsteigermodelle. Doch für eine Familie ist eine kleine Anlage als Weihnachtsgeschenk nahezu unerschwinglich. Die Modelleisenbahn ist ein Erwachsenen-Unterhaltungsspielzeug geworden.

Dank Brio-Bahn und Duplo oder Lego bleibt die Eisenbahn aber auch in jungen Köpfen präsent. Während die Holzeisenbahn trotz schaltbarer Weichen bei Kleinkindern mit jedem Lebensjahr an Reiz verliert, animieren Lego-Bahnen auch größere Kinder – durchaus auch im Erwachsenenalter – zu trickreichen Unfallszenarien, die als Videos dann stolz ins Internet gestellt werden. Den Reiz einer richtigen Modelleisenbahn entfalten solche stilisierten Baukasten-Bahnen aber nicht.

Zwischen ernsthaften Modelleisenbahnern und Kindern gibt es in Deutschland nur selten Dialoge auf Messen und Ausstellungen. Schilder mit dem Hinweis *Bitte nicht berühren!* und Abstand wahrende Absperrungen sorgen für Distanz. Das ist schade, denn Kinder lernen durch Anfassen und Anleitung. Die Spielanlagen, mit denen sich die Industrie nun häufiger um den Nachwuchs bemüht, sind wenigstens ein guter Ansatz.

Kinder haben keine Berührungsängste mit moderner Technik, man darf ihnen viel zutrauen, und sie verstehen sie sehr schnell. Ich habe vor einigen Jahren auf einer Messe Kindern von fünf bis zwölf Jahren eine Digitalsteuerung in die Hand gedrückt, die ich selbst kaum beherrsche. Ich erklärte ihnen die wichtigsten Tasten und Schieberegler, damit sie eine dampfende und mit Geräusch ausgestattete Gartenbahnlok steuern konnten. Blitzschnell lernten sie die Bedeutung der Tasten, pfiffen und läuteten nach Herzenslust und steuerten die Lok auf dem großen Oval. Nur wenige drückten experimentell irgendwelche Tasten, die meisten waren sehr aufmerksam.

Die Jungs erprobten die Höchstgeschwindigkeit, die Mädchen fuhren feinfühlig an wie ein Modellbahnprofi. Ein etwa vierjähriger Junge, der kaum über die hohen Streckenmodule schauen konnte, half, beim Rangieren die Weichen zu stellen. Die strahlenden Kinderaugen nach ein paar Minuten Spiel sind mir unvergesslich.

Strahlende Augen begegnen mir auch auf Modellbahnmessen, wenn Herren im gesetzten Rentenalter vor den Vitrinen mit teuren Spur-1-Modellen stehen, mit dem Finger lächelnd auf die Details zeigen und sich freuen. Sie haben einen kindlichen Glanz in ihren Augen. Den Glanz von Freude über das schöne Modell, das Erinnerungen an die Kindheit und Jugend weckt. Selbst wenn es vielleicht wegen des Preises unerreichbar bleiben wird. Ich beobachte die älteren Herren in meinem Alter und lächle still in mich hinein.

Und ich gestehe: Diesen besonderen Glanz könnte man in meinen Augen auch entdecken.

79. GRUND

Weil Bausätze zufrieden machen

Bausätze sind ein wichtiges Element in der Karriere eines jungen Modellbahners. Die ersten Bausätze für meine Märklin-Bahn waren eine kleine Kapelle mit schmiedeeisernem Gitter und Flugzeuge von Faller. Die einfachsten Bausätze gab es schon für 1,25 DM, die teureren wie die »Tante Ju«, das legendäre dreimotorige Junkers-Flugzeug, kosteten 1960 etwa 2,75 DM. Zum Vergleich: Ein Kilo Brot kostete damals 0,85 DM, eine Kugel Eis zehn Pfennig. Für einen Schüler war so ein Bausatz eine kleine Investition, zumal ja auch noch eine Tube Klebstoff PC 505 erworben werden musste.

Die Faller-Bausätze erweckten früh ein Gefühl für die Bastelei mit Erfolgsgarantie. Die ausführlich bebilderten Bauanleitungen und Zeichnungen gaben keine Rätsel auf. Nur die mit lösungsmittelhaltigem Klebstoff verschmierten Finger konnten das Ergebnis gefährden, weil sich dann Fingerabdrücke abzeichneten. Und natürlich der unvorsichtige Umgang mit den Abziehbildern: hauchdünne Schiebebilder, die sich nach genau bemessener Zeit im Wasser vom Trägerpapier lösten und dann an einem Stück auf das Flugzeugmodell geschoben werden mussten. Eingerissen oder umgeknickt war das mehrfarbig bedruckte Teil mit Hoheitszeichen und Flugzeugkennzeichen kaum noch zu retten. Manchmal löste es sich auch nach dem Antrocknen und verschwand, leicht wie ein Fliegenflügel, auf dem Stragula-Fußboden. Noch heute trauere ich der Do-27 mit Schwimmern und der Me 109 nach, deren Propeller von einem rätselhaften Mini-Motor angetrieben wurde, der über feinsten Kupferdraht an einen Klingeltrafo angeschlossen war.

Im zarten Alter lösten diese Bausätze eine Sucht nach Bausätzen aus, die heute durch Zeitmangel gebremst wird und sich nur hinsichtlich des Materials und der Maßstäbe geändert hat. Aktuelle Bausätze sind aus Holz gelasert, in Messing geätzt und gegossen. Und auch die kleinen Faller-Häuschen sind höher detaillierten, vergleichsweise teueren Bausätzen – nach alter Manier oder aus Holz und Pappe gelasert – gewichen. Wer etwas bauen will, findet vom Lkw bis zum fernsteuerbaren Segelboot ein riesiges Angebot, und wer sich eine filigrane H0-Lok bauen will, die sich von den besten Kunststoffmodellen abhebt, kauft bei Weinert einen Metallbausatz, der Hobby-Arbeit für Wochen verschafft.

Was macht den Reiz von Bausätzen aus? Es ist eine Herausforderung, ein Industrieprodukt buchstäblich in den Griff zu bekommen und daraus ein individuell wirkendes Modell zu bauen. Aus einer Schachtel von Spritzlingen oder mehr oder weniger vorgefertigten Einzelteilen entsteht planmäßig ein Modell, das je nach Können und Erfahrung seinem Original nahekommt und durch gekonntes Lackieren und individuelle Verfeinerung zu einem einzigartigen Exemplar wird.

Aus einem abstrakten Sammelsurium von Einzelteilen Schritt für Schritt ein Modell zu bauen verlangt Geduld und räumliches Denkvermögen. Denn nicht immer verraten Zeichnungen, wo das Teil angeklebt werden soll. Es gibt auch schlechte Bauanleitungen, nachlässig gefertigte Teile, die nicht passen wollen, und fehlerhafte Konstruktionen. Den begonnenen Bastelpfad bis zum Ende zu begehen, durchzuhalten und das selbst gesteckte Ziel zu erreichen erfordert Disziplin, Können und manchmal die Fähigkeiten und Werkzeuge eines Uhrmachers oder Juweliers.

Es ist freiwillige Arbeit, die mit dem fertigen Modell ein Erfolgserlebnis und das schöne Gefühl liefert, die Aufgabe gemeistert zu haben. Das macht zufrieden. So lange, bis man wieder etwas bauen möchte und beim Kleben, Montieren und Lackieren die Zeit vergisst.

80. GRUND

Weil man sich an gewissen Modellen die Finger verbrennen kann

Die kleinbürgerliche Fantasie schlägt Rad, wenn sie von »heißen Modellen« vor der Kamera träumt. Bei mir sind heiße Modelle vor der Kamera kein Traum, ich genieße ihre Schönheit in freier Natur. Doch eine dahinrasende Echtdampflok zu fotografieren ist gar nicht so einfach. Jedenfalls dann, wenn man ohne Helfer ein etwas zickiges Modell in voller Fahrt porträtieren will.

Mit Dampf angetriebene Modelle haben vor allem in England Tradition. Die eingeschworene Gemeinde der Live-Steamer verfügt über üppige Rennstrecken durch Gärten, hinter denen man angesichts der Größe und Pflege eine Lordschaft vermutet. Aber es gibt in vielen Ländern auch kleine Gartenbahnen, auf denen einzelne Fans ihre bescheidene Bahngesellschaft betreiben. Selbst in Japan, wo ebenfalls seit Jahrzehnten anspruchsvolle Modell-Dampflokomotiven entwickelt wurden.

Eine elektrisch beheizte Schnellzugdampflok gab es einmal bei Hornby im H0-Maßstab 1:87. Hielscher aus Wuppertal baut spiritus- und alkoholgefeuerte Modelle in diesem Maßstab und größer. Richtig Dampf machen aber erst Lokomotiven ab dem Spur-1-Maßstab 1:32 oder die voluminösen Schmalspurmodelle von 1:22,5 bis zu 1:13. Von den beeindruckenden Modellen bis 1:3, mit denen man 20 Personen durch den Garten befördern kann, gar nicht zu reden. Typisch für die Echtdampf-Szene sind Dampflokomotiven, die auf der 45-mm-Spur fahren. Die meist gasbeheizte heiße Ware gibt es zum Beispiel bei Accucraft, Aster, M.A.M, Regner, Reppingen und Wyko – um nur einige zu nennen.

An den Modellen kann man sich leicht die Finger verbrennen, denn im Kessel erzeugen ein oder zwei Gasbrenner den Dampf, der die Lok antreibt. Entsprechend heiß werden Kessel und Zylinder, man sollte sie tunlichst nicht ohne dicke Handschuhe anfassen. Ein Glas destilliertes Wasser, mit ein wenig Leitungswasser gemischt, reicht aus, um 20 bis 30 Minuten zu fahren. Schon das Anheizen einer Lok ist ein Ritual, das, verglichen mit dem Anzünden einer Pfeife, eine langwierige Angelegenheit ist, die ebenso wie beim Pfeiferauchen mit einem zufriedenen Lächeln quittiert wird, wenn der Zug stimmt. Aus einer kleinen Gasflasche wird zunächst Flüssiggas in den Gastank gedrückt, der darauf buchstäblich frostig reagiert. Manche Behälter sind deshalb im Wasser des Tenders gelagert, denn auch beim Gasgeben kühlen sie ab und liefern dann nicht mehr so gut. Zum Schmieren wird nach dem Entleeren des Kondenswassers Heißdampföl eingefüllt, das später einen wohligen Duft abgibt. Dann muss noch Wasser in den Kessel. Wird zusätzlich ein Wassertank mitgeführt, pumpt sich die Lok unterwegs Speisewasser in den Kessel und kann eine Stunde lang unter Dampf stehen.

Sind alle Vorbereitungen getroffen und die Lager geölt, kann die kleine Dampflok angeheizt werden. Ein langes Streichholz oder Feuerzeug wird an den Schornstein gehalten und das Gas aufgedreht. Mit einiger Erfahrung kann man hören, ob es richtig strömt. Ist es zu wenig, zündet es nicht. Hat man zu sehr aufgedreht, entzündet sich in der Rauchkammer ein lustiges Feuer, das im Nu den Lack in Blasen abstehen lässt. Die Flamme darf nur durch den Kessel reichen.

Es dauert oft nur fünf Minuten, bis das Manometer zwei bar anzeigt. Schon ist die Lok einsatzbereit. Nun wird das Gas nachreguliert und der Regler geöffnet. Je nach Temperament und Bauweise des Dampflokmodells – das einen Meter lang sein kann – entwickelt sich nach dem Beschleunigen eine rasende Fahrt, die nur noch mit einem beherzten behandschuhten Zugriff zu stoppen ist oder durch das Umkippen in der Kurve endet. Deshalb bauen Echtdampf-Freaks eine Funkfernsteuerung ein, mit der sich Gas, Dampfventil und die Umsteuerung für die Fahrtrichtung regeln lassen. Dann sind sogar Rangierbewegungen möglich.

Neben feinen Öltröpfchen stößt das fahrende Dampfmaschinchen den Wasserdampf aus. Bei kaltem Wetter entwickelt sich eine bis zu zwei Meter hohe Dampfsäule, die pulsierend aus dem Schlot dringt und sich dekorativ auflöst und verweht. Der Duft von Dampf und heißem Öl fördern die Illusion, es mit einer großen Dampflok zu tun zu haben. Mit Wagen dahinter ist der Dampfzug ein beeindruckendes Schauspiel, das dem großen Vorbild nahekommt. Leider nur fast, denn auf einen harten Auspuffschlag muss man verzichten, weil nur winzige Mengen Dampf durch die Zylinder strömen. Zwar gibt es Orgelpfeifen-Techniken, die den Auspuffschlag verstärken. Doch richtig laut wie mit einem digitalen Sound wird eine Echtdampflok nicht, sie säuselt nur im Takt. Die meisten Live-Steamer sind damit zufrieden und genießen ihr Maschinchen, das wie ein Uhrwerk oder besser wie eine Nähmaschine läuft. Das Gefühl, mit einer echten Dampflok zu fahren, ist ein ganz besonderer Genuss. Verbrannte Finger sind mit etwas Erfahrung kein Thema mehr.

81. GRUND

Weil man im Miniatur Wunderland etwas erleben kann

Modelleisenbahner gelten allgemein als etwas introvertierte Eigenbrötler, die gern belächelt werden. Über die riesige Modelleisenbahn in der Speicherstadt lächelt keiner mehr. Oder nur noch aus Begeisterung, denn sie ist Hamburgs Besuchermagnet Nummer 1. So sehen es jedenfalls einige Tausend Nutzer des Bewertungsportals TripAdvisor. Auf Platz 2 liegt weit abgeschlagen Planten un Blomen, auf Platz 4 der Hafen. Der Fischmarkt liegt ganz weit hinten.[4]

Das Miniatur Wunderland ist einzigartig, sonst hätten 2014 nicht über 1,2 Millionen Besucher geduldig Schlange vor der Attraktion gestanden. Nur gut ein Fünftel waren Kinder, was ein Indiz dafür ist, dass hier »Modelleisenbahn« auf einem Niveau geboten wird, das auch Erwachsene beeindruckt. Und nicht wenige streiften schon mehrere Male durch das bunte, quirlige Wunderland im H0-Maßstab 1:87.

Ein Modellbahnladen in Zürich löste im Sommer 2000 bei Frederik Braun die Initialzündung aus, die größte Modelleisenbahn der Welt bauen zu wollen. Sein Zwillingsbruder Gerrit, Wirtschaftsinformatiker und Techniktalent, ließ sich mit der Zeit von der Idee überzeugen. Nach etwas Marktforschung mit nicht eindeutigen Ergebnissen riskierten die Zwillinge mit dem langjährigen Freund und Geschäftspartner Stephan Hertz den Einzug in die Speicherstadt. Im August 2001 eröffnete das Miniatur Wunderland und baute seine Modelllandschaften weiter zügig aus: Hamburg, Amerika, Skandinavien und die Schweiz bildeten die ersten Anlagenmotive.

»Unser Wunsch war es, eine Welt zu bauen, die gleichermaßen Männer, Frauen und Kinder zum Träumen und Staunen animiert«,[5] formuliert Gerrit Braun das Ziel der Großanlage mit ihren Motivwelten. Technik, die erst einmal erfunden, modifiziert oder weiterentwickelt wurde, ergänzt die auf 13 Kilometer Gleis fahrenden rund tausend H0-Züge. Die zu einem qualmenden Haus mit Blaulicht ausrückende Feuerwehr, aus dem Faller-Car-System entstanden, gehört schon zu den Klassikern.

Auf Knopfdruck setzt sich an 150 Stellen etwas in Bewegung. Etwa 16 Millionen Mal wurde eine Baustelle in Aktion versetzt, 1,9 Millionen Mal in der Schokoladenfabrik ein Täfelchen zum sofortigen Verzehr »produziert«. Überall sind kleine Szenen versteckt wie der Schrebergärtner, der beim Absägen eines Baums in Slapstick-Szenen verwickelt wird. Ein Bett im Kornfeld ist auch dabei, außer Sichtweite für Kinder, damit die nicht fragen: »Was machen die da?«

Fast immer wird ein technischer Gag mit Augenzwinkern serviert. Doch die Kinder sollen auch was lernen: Bei der im Modell schon fertigen Elbphilharmonie öffnet sich auf Knopfdruck das Gebäude und gibt den Blick frei auf die Bühne, während *Peter und der Wolf* von Sergei Prokofjew erklingt. Technik bis zum Abwinken versteckt sich in dem 2011 eröffneten Flughafen, dessen Bau in sechs Jahren fast vier Millionen Euro gekostet hat. Hier starten und landen 40 Modellflugzeuge und rollen zu den Fluggastbrücken oder in die Wartungshalle. Die Geräusche kommen aus einem speziell entwickelten Soundsystem, das die Flugzeuge auf ihren verschiedenen Wegen akustisch verfolgt.

1.300 Quadratmeter groß ist die Modellfläche, auf der so viele Attraktionen und Funktionen installiert sind, dass man sie in ein paar Stunden gar nicht erfassen kann. Immer wieder wird etwas hinzugebaut oder verändert, die Modellbauer haben dabei freie Hand, sich mit ironischen oder auch sozialkritischen Szenen zu verwirklichen. Und manchmal, wie unter dem Friedhof oder bei der Landung von Aliens, wird auch Surreales geboten. Etwa 230.000 Figuren beleben 2015 die Szenen. Staubsaugereinsätze vernichteten 5.446 Leben, knapp 11.000 Persönchen schlossen sich auf rätselhafte Weise den etwa 13 Millionen Besuchern an. Eine geringe Quote, was auf eine hohe Zufriedenheit der Preiserleins mit ihrem Umfeld schließen lässt. Als nächstes großes Thema steht Italien auf dem Arbeitsplan. Im Sommer 2015 tüftelten die Modellbauer und Techniker noch an der Idee, wie man Lava aus dem Vesuv treten lassen kann. Sie werden einen Weg finden.

Die Besucher sind aber auch so des Lobes voll: »Absoluter Wahnsinn! – Nicht nur für Eisenbahnfans. – Das Miniatur Wunderland ist ein Muss bei einer Städtetour nach Hamburg!«[6] Frühmorgens und nach 20 Uhr sind die Chancen am besten, sich ungestört von der Technik und thematischen Vielfalt der größten Modelleisenbahn der Welt faszinieren zu lassen.

Für die Modelleisenbahn-Branche ist das H0-Wunderland längst ein Glücksfall mit enormer Breitenwirkung. Zumal die Betreiber laufend neue Ideen entwickeln, wie man das Interesse der Medien und Besucher aufrechterhalten kann. Zahllose Fernsehbeiträge und Artikel in den Printmedien belegen, dass man die Hamburger Modellbahner ernst nimmt.

8. KAPITEL
AUSGEFALLENES / EIGENARTIGES

82. GRUND

Weil man mit Pferden sehr weit kam

Als Anfang des 19. Jahrhunderts im Kaisertum Österreich nach einem leistungsfähigeren Transportweg zwischen dem böhmischen Budweis und den Salzlagerstätten im Salzkammergut gesucht wurde, galt ein Kanal als Mittel der Wahl. Von der Donau bis an die Moldau hätten 290 etwa 2,5 Meter hohe Schleusen gebaut werden müssen, um die Höhen bei Linz und Joachimsmühle zu überwinden. Fast eine Woche hätte diese Kanalfahrt beansprucht, und so war Wasserbauamtsdirektor Franz Josef Ritter von Gerstner offen für Vorschläge des Königlich Bayrischen Oberstbergrats und Maschinendirektors Josef Ritter von Baader, stattdessen eine Pferdeeisenbahn zu projektieren. Das was 1807, als in England bereits ein Pferdebahn-Boom eingesetzt hatte.

Gerstner ließ sich schnell begeistern und veröffentlichte Ende 1807 einen Bericht, der sich mit drolligen Argumenten wie diesen für eine Pferdebahn einsetzte: »Auf Eisenbahnen gewinnt man bey Anhöhen, gegen die beschwerliche Auffahrt, wieder die leichtere Abfahrt; wo aufwärts 4 Pferde vorgespannt werden, dort spannt man abwärts 4 und mehrere Wägen hinter ein Pferd. Weil man aber auf dem Wasser beständig horizontal fährt, so gewähret die Hinabfahrt gegen die Auffahrt gar keinen Vortheil.«[7]

Das Argument wäre ein guter Einstieg für den Physikunterricht, wenn es um den Energieerhaltungssatz geht. Oder um Logik: Demnach wäre ein Wanderer im Vorteil, der nicht in der Ebene läuft, sondern grundsätzlich Berge überquert. Er käme zwar nur langsam hinauf, aber schneller herunter. Brillant!

Es dauerte noch einige Jahre, bis unter Gerstners Leitung das erste österreichische Bahnprojekt geplant und reif für den Bau war. Die k.k. privilegierte Erste Eisenbahn-Gesellschaft baute eine Pferde-Fernbahn, denn die Strecke vom böhmischen Budweis über Linz nach Gmunden im Salzkammergut wurde knapp 197 Kilometer lang. Die geschmiedeten Flachschienen mit 1.106 mm Spurweite wurden auf Längsbalken genagelt, die auf querliegenden Grundschwellen lagen.

1827 war eine kurze Strecke bei Budweis fertig, 1832 wurde der Abschnitt von Budweis nach Linz eröffnet, 1836 die Strecke bis Gmunden mit Anbindung an den Hafen in St. Peter-Zizlau. Die Pferdebahn transportierte von Linz aus täglich bis zu 63 Tonnen Salz auf 32 Güterwagen. Für Transporte standen bis zu 1.000 Güterwagen zur Verfügung. 1834 begann die Personenbeförderung mit der Möglichkeit, Kutschen auf Rollschemeln mitzunehmen. Für Reisende ohne Kutsche gab es kutschenartige Separatwagen mit sechs bis acht Plätzen, für weniger Begüterte Eisenbahn-Stellwagen mit bis zu 24 Innen- und Außenplätzen. Die durchgehenden Züge fuhren um fünf Uhr ab. Eine Stunde Mittagspause in Kerschbaum unterbrach die Fahrt, die gegen 19 Uhr endete.

Je nach Last zogen zwei Pferde hintereinander Züge mit zwei bis vier oder sogar fünf Wagen. Bei erhöhtem Verkehrsaufkommen folgten die Züge im Abstand von 150 Metern als sogenannte »Bezüge«. Bei Steigungen wurden die Züge geteilt und unterwegs mehrfach die Pferde gewechselt. Bis zu 600 Pferde standen in den Ställen oder waren als Zugtiere im Einsatz.

Die Verkehrsleistung war gewaltig: 1852 beförderte die Pferdebahn 118.211 Reisende von Frühjahr bis Herbst. 1855 wurde beim Gütertransport der Spitzenwert von 131.626 Tonnen erreicht. 1855/56 wurde der Betrieb zwischen Linz und Gmunden auf den längst gängigen Dampfbetrieb umgestellt, dafür wurden vier kleine 1'C1'-Loks beschafft. 1859 wurde der Betrieb zwischen Linz und Lambach eingestellt, weil die normalspurige Parallelstrecke in Betrieb ging. Erst 1872 endete der Verkehr auf den übrigen Strecken. Ein Museum in Kerschbaum mit Originalgebäuden und einem kurzen Streckenstück erinnert an die Pferdebahn. In Gmunden stehen noch zwei Bahnhofsgebäude der Pferdebahn in der Annastraße und der Engelhofstraße. Mehrere Museen an der alten Strecke zeigen die Relikte oder Reproduktionen der legendären Pferdebahn.

Auch in Deutschland gab es noch lange nach der ersten Dampfeisenbahn eine ausgedehnte Pferdebahnstrecke, die Cottbus–Schwielochsee-Eisenbahn. Die knapp 32 Kilometer lange Normalspurstrecke wurde 1846 eröffnet und führte von Cottbus zum Hafen in Goyatz, heute Ortsteil der Gemeinde Schwielochsee, wo im 20. Jahrhundert ein Zweig der Spreewaldbahn endete. Die Bahn diente hauptsächlich dem Güterverkehr und besaß 17 Pferde, acht Personen- und 50 Güterwagen. Der große Höhenunterschied vom Hafen Goyatz bis in den Ort wurden offenbar mit einer besonderen Konstruktion überwunden. Auf der Zugmaschine liefen zwei Pferde auf einem Laufband, das über Zahnräder mit der Treibachse verbunden war. Im Restaurant am ehemaligen Hafen-Speicherhaus hängt eine entsprechende Zeichnung. Der Betrieb der Pferdebahn südöstlich von Berlin wurde erst 1879 eingestellt.

83. GRUND

Weil man mit ihr durchs Watt fahren kann

Einer der kuriosesten Schienenwege führt von Dagebüll durchs Wattenmeer auf die Halligen Oland und Langeneß. Auf dem 1927 fertiggestellten Pfahldamm nach Oland wurden die Schienen und Schwellen der meterspurigen Kleinbahn Niebüll–Dagebüll eingebaut, die bis zum Mai 1926 auf Normalspur umgespurt worden war. Die 900-mm-Strecke wurde 1928 bis zur Hallig Langeneß verlängert. Dabei soll Gleismaterial verwendet worden sein, das zuvor dem Bau des Hindenburgdamms gedient hatte.

Die Feldbahn dient dem Schutz der Küste und wird vom Landesbetrieb für Küstenschutz, Nationalpark und Meeresschutz Schleswig-Holstein betrieben. Die Schmalspurstrecke war und ist aber außerhalb der Arbeitszeiten des Bauhofs offen für die sogenannten Loren der Halligbewohner und andere kuriose Draisinen-Gefährte. Die Nutzung ist lediglich geduldet und folgt strengen Regeln. Wer auf Oland Urlaub macht, hat am ehesten eine Chance, auf der Halligbahn mitzufahren.

Die privaten Loren sind fast durchweg simple Plattformen mit zwei Radsätzen, von denen einer von einem Mopedmotor oder anderen Kleinmotoren angetrieben wird. Manche haben auch Sitze oder einen einigermaßen wetterfesten Aufbau wie ein einfacher Feldbahnwagen. Etwa vier Kilometer lang ist die Strecke vom Bauhof Dagebüll über den Deich und dann geradeaus über den Damm mit Ausweichgleis nach Oland. In Langeneß endet die etwa zehn Kilometer lange Schmalspurstrecke. Bei Gegenverkehr muss derjenige zurücksetzen, der bestimmte Punkte noch nicht erreicht hat. Oft wird in diesem Fall aber einfach umgestiegen, das Gepäck umgeladen und mit der Lore des Nachbarn weitergefahren – man handelt pragmatisch. Bei nächster Gelegenheit, wenn die Einkäufe zu den Halligen transportiert sind, werden die Draisinen wieder getauscht.

Zu den legendären Verkehrsmitteln auf der Strecke durchs Meer gehörten Segelloren, die naturgemäß nur in einer Richtung vom Wind angetrieben wurden und zurückgeschoben werden mussten. Daneben gibt es eine private Lore, die auch in Diensten der Deutschen Post steht, um die Post zwischen den Halligen und dem Festland zu befördern, wenn das Schiff wegen der Gezeiten nicht in Langeneß anlegen kann.

In den 1980er-Jahren hatte ich für eine Reportage Gelegenheit, mit den Männern des Bauhofs im Arbeitszug hinauszufahren. Sie setzten Faschinen (Reisigbündel) in das schlammige Watt, die das Wasser beim Abfließen bremsen und die mitgeführten Sedimente anlanden lassen sollen. Mit diesen Lahnungen wird der dahinter liegende Damm geschützt. Es war spannend, im ironisch »Salonwagen« genannten Personenwagen hinter einer kleinen Diesellok ins Watt zu fahren und zu erleben, wie das Wasser bald die Schienenköpfe bedeckte. Die Stiefel blieben im Watt fast stecken, die Knochenarbeit der Männer war gut nachfühlbar. Sie unterhielten sich völlig unverständlich auf Nordfriesisch. Heute läuft die runderneuerte Strecke auf einem höheren, breiteren Damm und wird kaum noch unter Wasser stehen. Ein kleines Abenteuer dürfte es aber immer noch sein, auf schmalen Schienen durch das Wattenmeer zu reisen. Sofern man eine Einladung erhält.

Eine andere Lorenbahn des Landesbetriebs führt auf 600 mm schmaler Spur von Lüttmoorsiel nach Nordstrandischmoor. Da gibt es sogar eine Spitzkehre, um den Deich zu überqueren. An einer Seite geht's rauf auf ein Stumpfgleis auf der Dammkrone, dann wird die Weiche umgestellt und in der Gegenrichtung auf der anderen Seite nach unten auf den wasserumspülten Damm gefahren. Alle Halligbewohner besitzen eine eigene Draisine. Wer auf Nordstrandischmoor Urlaub macht, wird mit der Lore abgeholt. Aber warm anziehen sollte man sich für die Reise durchs Watt.

84. GRUND

Weil die Lok den Lkw stark gemacht hat

Holz war bei der Erschließung Nordamerikas der wichtigste Rohstoff. Von Maine aus bewegte sich die Holzindustrie nach Westen und produzierte 1840 schon 136 Millionen Quadratmeter ein Zoll starke Bretter. 1860 hatte sich die Produktion bereits verfünffacht. Pferde und Ochsen reichten lange für den Abtransport aus, doch je mehr die Holzindustrie in den Westen vorstieß und an der Westküste Mammutbäume abholzte, umso wichtiger wurde die Dampfmaschine für abenteuerliche Seilbahnen. Auch Lokomotiven wurden gebraucht, die auf rasch angelegten hölzernen Brücken und Gleisen, die manchmal nur aus rohen Baumstämmen oder

Vierkanthölzern bestanden, fahren konnten. Gleise mit grob verlegten Schienen, kleinen Radien und starken Steigungen waren für gewöhnliche Dampflokomotiven mit Kuppelstangen nur schlecht geeignet und verschlissen zu schnell.

Seit den 1870er-Jahren tüftelten Fabrikanten und Waldarbeiter an neuartigen Lokomotiven ohne gekuppelte Radsätze. Sie erfanden technische Lösungen, welche die Automobilindustrie erst zwei Jahrzehnte später zu nutzen wusste. Kurbelwellen aus dem Dampfschiffbau hielten bei den Getriebeloks ab etwa 1880 ebenso Einzug wie Kardanwellen, Dampfmotoren und schrägverzahnte Kegelradgetriebe. Das erste Auto mit Kardanwelle soll 1898 ein Renault gewesen sein.

Die bekanntesten Konstruktionen stammten von Shay, Heisler und Scott. Ephraim Shay setzte einen zwei- oder dreizylindrigen Dampfmotor rechts vor das Führerhaus. Er trieb eine Kurbelwelle an, die mit ausziehbaren quadratischen Kardanwellen auf zwei zweiachsige Drehgestelle wirkte. Die Kegelzahnräder an den rechten Seiten der Radsätze wurden von Zahnrädern auf den Gelenkwellen in Bewegung versetzt. Wegen der einseitigen Belastung musste der Dampfkessel nach links verschoben werden. Das asymmetrische Erscheinungsbild machte die fast 2.800 Mal gebaute Shay zu etwas ganz Besonderem.

Charles Heisler versah seine moderne Konstruktion mit einem V-förmigen Dampfmotor mit zwei Kolben links und rechts neben dem Kessel. Über mittig unter dem Kessel angeordnete Kurbel- und Gelenkwellen sowie Kugelgelenke wurden die beiden Drehgestelle angetrieben. Mehr als 600 Heisler-Loks wurden gebaut.

Der Holzfäller Charles Darwin Scott ahnte sicher nicht, dass er die Technik der Lastwagen und Dieselloks des 20. Jahrhunderts vorwegnahm, als er 1888 seinen Heisler-ähnlichen Antrieb patentieren ließ. Denn Lkw wurden bis weit nach 1900 noch mit Ketten angetrieben. Die nach den Climax Locomotive Works in Corry, Pennsylvania, benannte Climax des Typs A bestand aus einem Rahmen, der auf zwei Drehgestellen ruhte. Eine aufrecht stehende Zweizylinder-Dampfmaschine bewegte über ein Getriebe die Kardanwellen zu den Drehgestellen und trieb je zwei Radsätze über Kegelräder an. Die Drehgestelle bewältigten problemlos schlecht verlegte Gleise. So gut, dass man die Loks auch mit Hohlkehlrädern ausrüstete, die wie Garnrollen aussahen. Sie bewegten sich mit geriffelten Laufflächen auf Schienen aus rohen Baumstämmen oder Balken vorwärts. Die schnell laufende Dampfmaschine und die Übersetzung sorgten wie bei allen Getriebelokomotiven für eine enorme Zugkraft bei geringen Geschwindigkeiten von 10 bis 16 km/h. Erst die Class B mit klassischem Führerhaus und Kessel verhalf der Climax zum Durchbruch. Bis 1928 wurden etwa 1.100 Stück gebaut.

Die Waldbahnloks der Bauarten Shay, Climax und Heisler wurden oft mit kurzen zweiachsigen Tendern verbunden, deren Radsätze ebenfalls angetrieben wurden. Die Zugkraft reichte aus, um mit leeren Zügen Steigungen bis zu zehn Prozent zu bewältigen. Mit riesigen Baumstämmen beladen, kehrten sie ins Tal zurück, wo die Hölzer in den Sägewerken zu Brettern und Balken verarbeitet wurden. Die Ironie der Technikgeschichte wollte es, dass in den 50er-Jahren Lkws die Waldbahnzüge ablösten. Da wusste schon niemand mehr, wem die schweren Lastwagen ihre Antriebstechnik zu verdanken hatten.

85. GRUND

Weil die Müngstener Brücke einen Ausflug wert ist

Sie ist die höchste Eisenbahnbrücke in Deutschland und ein beliebter Ausflugsort. Unter der 107 Meter hohen Müngstener Brücke zwischen Remscheid und Solingen rauscht die Wupper durch ein wildromantisches Tal, das man fernab von Straßen an steilen Hängen bis Schloss Burg durchwandern kann, wo bis vor wenigen

Jahren noch Wuppertaler O-Busse auf einer Drehscheibe wendeten. An der Burg sollte man dem Bürstenmacherpaar Zagermann einen Besuch abstatten, das aus Naturborsten feinste Bürsten, Pinsel und Besen für viele Zwecke herstellt und seine Arbeit gern erläutert. Die Gespräche habe ich immer genossen und dabei viel über das alte Handwerk gelernt. In der Burg wartet eine Modellbahnanlage mit historischem Spur-0-Material von Märklin auf Besucher. Samstags um die Mittagszeit ist sie in Betrieb zu erleben.

Wenn ein Dieseltriebwagen die Müngstener Brücke überquert, ist ihr Dröhnen über dem Tal von Weitem zu hören. Die bis zum Ende der Monarchie Kaiser-Wilhelm-Brücke genannte stählerne Bogenbrücke sieht auf den ersten Blick dem 1884 vollendeten Garabit-Viadukt ähnlich, der unter der Leitung von Gustave Eiffel in der Auvergne entstand. Die Lagerung und Ausführung des Bogens ist aber ganz anders und materialsparender. Die Gerüstpfeiler scheinen amerikanisch beeinflusst. Die Konstruktion leitete Anton von Rieppel (1852–1926), damals Leiter des Werks Gustavsburg der Maschinenfabrik MAN. Seine 1897 patentierten Rieppel-Träger wurden beim Bau der Wuppertaler und Dresdner Schwebebahnen eingesetzt.

Die Brücke wurde von beiden Seiten bis zum Lückenschluss am 21. März 1897 im freien Vorbau vorangetrieben. Elektrische Kräne auf den beiden Gleisen und Drehkräne auf einer 30 Meter hohen Hilfsbrücke über der Wupper brachten das Material an die Enden des Hauptbogens. Für den Lückenschluss mussten die sich unter ihrem Gewicht leicht nach unten neigenden beiden Hälften um 35 Zentimeter hydraulisch angehoben werden. Das geschah planmäßig mit hydraulischen Winden und Pressen an den Pfeilerfüßen zum Berg hin, wie die technische Zeitschrift *Prometheus* vom 3. November 1897 beschreibt. Unvorstellbar, wie das bei der insgesamt 5.100 Tonnen schweren Brücke bewerkstelligt wurde und wie viel die Ingenieure damals von Statik verstanden – damals wurde noch mit Logarithmentafeln und Tuschezeichnungen gearbeitet.

Eingeweiht wurde die 465 Meter lange Brücke mit ihrer längsten Stützweite von 170 Metern am 15. Juli 1897. Doch Seine Majestät ließ sich von Friedrich Leopold von Preußen vertreten und besichtigte das imposante Bauwerk erst 1899. Eine Tafel am Fuß der Brücke erinnert daran.

An der seit 1978 nicht mehr neu angestrichenen Stahlbrücke nagte der Zahn der Zeit. Schon die Deutsche Bundesbahn schlampte immer mehr bei der Instandhaltung, und auch die Deutsche Bahn AG hatte wenig Lust, in das lästige technische Denkmal zu investieren, obwohl S-Bahn-Züge alle 20 Minuten darüberfahren. 2009 wurden Zweifel an der Stabilität laut. 2010 verfügte das Eisenbahn-Bundesamt, dass nur noch 100 Tonnen schwere Züge die Brücke mit 10 km/h überqueren durften. Dann stellte sich heraus, dass die Triebwagen wegen falsch berechneter Gewichte – von Eisenbahnern profan als »Fleischgewicht« bezeichnet – nur noch ohne Fahrgäste über die Brücke fahren konnten. Peinlich! Zeitraubende Ersatzbusse und endlose Betriebsunterbrechungen trieben die Pendler zur Weißglut.

Beiläufig brachte die Deutsche Bahn den Vorschlag ein, die denkmalgeschützte Brücke doch zu verschieben und daneben eine Stahlbetonbrücke zu errichten. Das hätte sich für die DB gelohnt, denn an der Planung hätte der Konzern nicht schlecht verdient und wegen der notwendigen 100 Millionen beim Bundesverkehrsminister betteln können. Doch nach heftigen Protesten begann die 30 Millionen Euro teure Sanierung, die noch bis 2017 dauern wird.

Seit Dezember 2014 befährt der neue S-Bahn-Betreiber Abellio die Strecke. Am Bahnhof Solingen-Schaberg steigt man aus. Auf dem Weg ins Wuppertal kann man auf einem Glockenspiel das Kuckuck-Lied hämmern und im Brückenpark märchenhafte Rätsel lösen. Zum Beispiel: »Wenn sie auf den ersten Blick kommt, kann sie blind machen und den Verstand rauben. Dennoch ist sie die Größte.«

Fahren Sie hin. Überqueren Sie die Wupper mit Muskelkraft auf einer Schwebefähre und betrachten Sie das Bahnmonument vom

Diederichstempel oder dem Aussichtspavillon oben im Wald, spazieren Sie an der Wupper entlang und entdecken Sie Weisheiten und Spielbretter am Wegesrand. Es wird ein unvergesslicher Besuch werden.

86. GRUND

Weil Züge unter dem Meer fahren

Wichtige Inseln kann man mit Fähren oder einer wetterabhängigen Brücke verbinden. Die Japaner waren die Ersten, die eine dritte Lösung geplant und realisiert haben: eine Tunnelröhre unter dem Meer.

Der Seikan-Tunnel verbindet unter der Tsugaru-Straße die Inseln Hokkaidō und Honshū im Norden Japans. Die Bauarbeiten begannen 1971. Am 13. März 1988 wurde der knapp 54 Kilometer lange Tunnel eröffnet, von dem 23,3 Kilometer unter dem Meer liegen. Der Seikan-Tunnel ist aktuell der weltweit längste und tiefste Eisenbahntunnel unter dem Meer. 100 Meter unter dem Meeresboden liegt er 240 Meter unter der Wasseroberfläche. Bisher führen nur zwei Schmalspurgleise in der früher verbreiteten Kapspur von 1.067 mm durch den Tunnel. Ab 2016 kann der normalspurige Hochgeschwindigkeitszug Hokkaidō-Shinkansen mithilfe der ergänzten dritten Schiene das Meer unterqueren.

Von einem Eisenbahntunnel zwischen Frankreich und England träumten englische Ingenieure schon 1867. Erst 119 Jahre später, im Jahr 1986, entschieden sich die beiden beteiligten Länder für den Bau des Untersee-Tunnels als Projekt der Groupe Eurotunnel. 1993 unterquerte ein Testzug den Ärmelkanal im Euro-Tunnel zum ersten Mal 40 Meter unter dem Meer. Der Tunnel ist 50,45 Kilometer lang, davon liegen 38 Kilometer unter dem Meer. Seit 1994 ist der Kanal offen für Personen- und Güterverkehr. Der Eurostar verbindet mit seinen Alstom-Zügen London mit Brüssel und Paris. Ab 2016 ergänzen Züge von Siemens die Eurostar-Zugflotte. Auch die Deutsche Bahn will Verbindungen mit dem ICE nach London anbieten.

Im Oktober 2013 nahmen die Türkischen Staatsbahnen TCDD den Marmaray-Tunnel unter dem Bosporus in Betrieb. Der Bosporus verbindet das Schwarze Meer und das Marmarameer. Bis 2015 pendelten in dem rund 13 Kilometer langen Tunnel nur S-Bahn-Züge und hielten an drei Stationen. Inzwischen ist der Tunnel, der Europa und Asien verbindet, an die Fernstrecken der TCDD angebunden.

Die Chinesen wollen mit einem neuen Eisenbahntunnel den Japanern den Rang ablaufen und einen neuen Tunnel-Weltrekord aufstellen: 125 Kilometer Länge soll der Bohai-Tunnel im Golf von Bohai haben, um die Hafenstadt Dalian mit Yantai zu verbinden. Die etwa 40 Milliarden Euro teure Idee sieht einen Tunnel vor, der in bis zu 70 Meter Tiefe aus Betonteilen auf den Meeresboden gesetzt werden soll. Dummerweise liegen auf der Tunnelstrecke zwei tektonische Verwerfungslinien, sodass das nächste Erdbeben die geplante Eisenbahnstrecke unter Wasser setzen könnte.

Am Ende könnte es sogar noch mit einer Bahnverbindung von Europa über Russland nach Alaska klappen. China denkt nach einem *Handelsblatt*-Artikel auch über einen Tunnel durch die Beringstraße nach.

87. GRUND

Weil man elefantös über der Wupper schweben kann

Über die Wupper gehen – diese Redewendung ist zumindest in Nordrhein-Westfalen sehr geläufig. Der Ursprung ist nicht klar, er bezieht sich wahlweise auf den Gang zum Amtsgericht, ins Gefängnis oder auf den Friedhof, vielleicht auch auf die Flucht vor der preußischen Rekrutierung. Meist war es kein gutes Schicksal, das einen nach dem Gang über die Wupper ereilte.

Über der Wupper kann man aber auch schweben, und zwar seit 1901. Damals waren Barmen, Elberfeld und Vohwinkel noch eigenständige Kommunen, erst seit 1930 gibt es den Stadtnamen Wuppertal. Doch die Schwebebahn hieß von Anfang an so. Die Bezeichnung hat sich ihr Erfinder Eugen Langen (1833–1895) ausgedacht, ein Kölner Tausendsassa mit Ingenieurstudium am Polytechnikum Karlsruhe, der die Benzinmotor-Entwicklung des Nikolaus Otto förderte und dann die Gasmotorenfabrik Deutz gründete, in der Gottlieb Daimler und Wilhelm Maybach den Viertaktmotor serienreif machten. Später wurde Klöckner-Humboldt-Deutz daraus.

Langen gründete auch die Zuckerfabrik Pfeifer & Langen und war Teilhaber an der Waggonfabrik van der Zypen & Charlier. Dort testete er schon 1890 auf einem 100 Meter langen Streckenstück seine erste Hängebahn. Er brachte seine Expertise nicht nur im Wuppertal zur Anwendung, sondern entwickelte auch die Schwebebahn in Dresden-Loschwitz. Die Eröffnung beider Bahnen 1901 erlebte er nicht, da ihn schon 1895, nach der Eröffnungsfeier des Nord-Ostsee-Kanals, eine Fischvergiftung dahingerafft hatte. Kaum auszudenken, welche Entwicklungen im Eisenbahnwesen wir ihm sonst noch zu verdanken hätten.

Die Wuppertaler Schwebebahn ist einzigartig. Sie fährt vom Stadtteil Vohwinkel unter hufeisenförmigen Trägern über der Kaiserstraße in Höhe des zweiten oder dritten Stockwerks der Geschäftshäuser, überquert die Autobahn, schwebt über der Sonnborner Straße und rollt dann über der Wupper am Hauptbahnhof vorbei bis Oberbarmen, wo ein weiterer Bahnanschluss besteht. Die 13,3 Kilometer lange Strecke wird in einer halben Stunde bewältigt und bietet ein besonderes Fahrvergnügen. Die Wagen hängen unter einem breiten Einschienengleis, auf dem Drehgestelle mit jeweils zwei Rädern laufen, die beidseitig Spurkränze tragen. In Kurven schwenken die Wagenkästen nach außen, was ein wenig ein Flugzeuggefühl erzeugt. Da die Sitze einseitig angeordnet sind, bewegen sich die Wagen leicht in Querrichtung, wenn auf der anderen Seite ein- und ausgestiegen wird.

An den Endstationen wenden die dreiteiligen Gelenktriebwagen in einem engen Halbkreis und fahren auf der anderen Schiene zurück. Die 60 km/h schnellen Wagen werden in einem kurzen Takt von Hand gesteuert. Auch wenn eine Automatisierung bei der Hängebahn machbar wäre, verlässt sich der kommunale Betreiber auch bei den ab 2015 gelieferten neuen Wagen weiter auf menschliche Fahrer – ein sympathischer Zug. Die neuen Modelle beschleunigen deutlich schneller, sind klimatisiert und können die Bremsenergie zurückspeisen.

Die zum Teil noch erhaltenen Jugendstil-Bahnhöfe und einige Bahnhofsneubauten sind sehenswert. Eine Fahrt mit der Schwebebahn gehört zum Muss bei einem Besuch im Bergischen Land oder in Düsseldorf. Das Fahrgefühl hoch über der Wupper ist einzigartig.

Nur Tuffi, ein kleiner Zirkuselefant auf Werbetour, fand 1950 das Fahrgefühl nicht so überzeugend. Er durchbrach randalierend die hölzerne Wand des Schwebebahnwagens und landete nahezu unverletzt in der Wupper. Milch aus Wuppertal wird deshalb seit Jahrzehnten unter der Marke Tuffi verkauft. Milchelefanten wurden im Bergischen Land aber noch nicht gesichtet.

88. GRUND

Weil Güterzüge China mit Spanien verbinden

Man mag es beklagen, aber ein großer Teil unserer Konsumgüter kommt aus China. Auch 99 Prozent der Modelleisenbahnen und Modellautos werden in Fernost produziert, weil es billig ist und dort Heerscharen bereit sind, monotone Montagearbeiten zu übernehmen. Riesige Containerschiffe bringen die Ware nach Europa, der Seeweg benötigt fünf bis sechs Wochen. Schneller und sehr viel teurer reist die Fracht im Flugzeug, doch das lohnt sich nur bei wertvollen und empfindlichen Gütern.

2008 fuhr zum ersten Mal ein Güterzug von China nach Hamburg, um die Machbarkeit eines durchgehenden Zugs zu testen. Die Trans Eurasia Logistics GmbH, ein Joint Venture der DB Mobility Logistics AG und der Russischen Eisenbahnen, organisierte den Transport über 10.000 Kilometer. In Wirklichkeit war es kein durchgängiger Güterzug, sondern nur ein Containertransport über Staatsgrenzen, Normal- und Breitspur und verschiedene Zugsicherungs- und Stromsysteme hinweg. Mehrfach wurden die Container umgeladen und die Lokomotiven gewechselt.

Doch trotz bürokratischer und technischer Hürden hat sich der Langstreckentransport der Container bewährt, sodass es inzwischen mehrere Verbindungen von Hamburg, Duisburg und Rotterdam in diverse chinesische Industriezentren gibt. Die Züge fahren mehrmals pro Woche durch Polen, Weißrussland, Russland, Kasachstan oder die Mongolei, die Strecken sind 10.300 bis 12.900 Kilometer lang. Auch verschiedene Werke eines Autoherstellers in Bayern und Sachsen werden so mit dem chinesischen Markt vernetzt.

Im Dezember 2014 bewältigte ein Containertransport auf der Schiene in 21 Tagen die bisher längste Strecke vom ostchinesischen Yiwu nach Madrid, rund 13.000 Kilometer. Dabei wurden auf dem langen Weg durch Asien und Europa neben der Normalspur auch die russische und die spanische Breitspur benutzt sowie unzählige Strom- und Zugsicherungssysteme. Dafür musste im Schnitt alle 800 Kilometer die Lok gewechselt werden, also 16 Mal. Billiger, umweltfreundlicher und zehn Tage schneller als per Schiff soll dieser Containertransport sein. Und die wohlhabenderen Chinesen können nun Wein, Olivenöl und Serrano-Schinken aus Spanien genießen. Ein Fortschritt. Vor ein paar Jahren erzählte mir ein Hafenarbeiter des Neuss-Düsseldorfer Hafens, dass die leeren Container nach China mit Altpapier gefüllt würden.

9. KAPITEL
LITERATUR UND FOTOGRAFIE

89. GRUND

Weil Franz Ludwig Neher ihr wunderbare Jugendbücher gewidmet hat

Mein erstes Eisenbahnbuch fand ich in der Schulbibliothek. *F 21* von Franz Ludwig Neher hieß der bei der Franckh'schen Verlagshandlung Stuttgart verlegte Schmöker mit dem Untertitel *Ein Buch vom Dienst bei der Eisenbahn*. Schon die ersten Sätze entfalteten eine Sogwirkung:

»Besinnen wir uns einmal, wir Männer zwischen zehn und achtzig: hat es jemals einen in der Nähe von Bahngleisen lebenden Jungen gegeben, dessen Herz beim Nahen eines Zuges nicht rascher schlug, dessen Herz nicht mitschwang, wenn er das Nahen der Lokomotive, vielleicht zweier Lokomotiven hörte? Die Erde zittert, die Luft ist für flüchtige Sekunden erfüllt vom jagenden, kraftvollen und taktfesten Atmen der Maschinen, der Zug braust heran, kommt um die weite Kurve eines Waldtales, rhythmisch arbeitende Triebwerkteile, wirbelnde rote Räder ...«[8] Die Beschreibung endet bei den Oberwagenscheiben, den rot-weißen Schlussscheiben, die das Ende des Personenzugs markierten.

Das war stilprägende Eisenbahnliteratur mit einem Schuss Romantik, die Jugendliche zur Wirtschaftswunderzeit für Technik zu begeistern half. Der berufliche Tausendsassa und Absolvent der Technischen Hochschule München aus dem schwäbischen Biberach schrieb genauso vertraut über Flugzeug- und Raketentechnik, Autos, Schiffe, Rohstoffe und Fotografie. Leider stellte er sein Talent im Dritten Reich auch für triviale Propagandaliteratur über Jagdflieger zur Verfügung. Die Technikbegeisterung und Neugier trieben ihn nach dem Krieg weiter voran. 1952 notierte das Nachrichtenmagazin *DER SPIEGEL*, Neher wolle zwei Jahre bei der Deutschen Bundesbahn arbeiten, »um ein wirklichkeitsgerechtes Buch über die Eisenbahn schreiben zu können«.

Diese Erfahrungen, von denen heutige Technik- und Wissenschaftsjournalisten nicht einmal mehr träumen, flossen detailgenau in das 1954 erstmals aufgelegte Buch *F 21* ein. Es wurde ein großer Erfolg bei der Frankh'schen Verlagsbuchhandlung, die sich dann über Jahrzehnte der Eisenbahnliteratur und populären Technik- und Naturwissenschaftspublikationen verschrieben hat. *F 21* beschreibt die Fahrt der Flügelzüge des »Rheingold« von Innsbruck und Basel bis Mainz und die vereinigte Weiterreise bis Köln, wo die Zugteile nach Köln und Hoek van Holland getrennt werden. »F« steht für Fernschnellzug, damals ein Reisezug der gehobenen Art. Eine alte bayerische Elektrolok der Baureihe E 16 spielt neben einer ebenso genau beschriebenen Schnellzugdampflok der Baureihe 01 die Hauptrolle. Wer das Buch durchliest, weiß alles über den Betriebsdienst auf der Lok, kennt Formulare, Fahrpläne und Signale, Beschriftungen und Hebel an Wagen und Loks und die knappen Gespräche auf dem Führerstand. Ein authentisches Abbild der Deutschen Bundesbahn mit ihren pflichtbewussten Beamten, für die pünktliche Züge Ehrensache waren.

Als Junge habe ich mit diesem realistischen Buch die Faszination der Eisenbahn und vor allem das System Eisenbahn verstanden. Wissen, das mich ein Hobby- und Berufsleben lang begleitet und sich mit der Technik weiterentwickelt hat. Und ganz bestimmt haben sich auch andere Jugendliche vom Eisenbahnvirus anstecken lassen.

Neher schrieb zusammen mit H. W. Gaebert im 1956 herausgegebenen Büchlein *Mit Dampf, Strom und Tempo* Geschichten von der Eisenbahn und darüber, was nach einem Unfall abläuft. Diese akribische Beschreibung tauchte später auch im Jugend-Technikjahrbuch *Neues Universum* auf, dem ich ebenfalls mein Interesse für Technik verdanke.

Neher traute sich schon 1954, die Zukunft der Eisenbahn vorherzusagen. Am Ende des Buches lässt er Lokführer Lindner sagen: »Vielleicht wird es einmal keine Lokführer und keine Heizer mehr geben, und die Züge laufen mit automatischen Fernsteuerungen. Diese neuen Streckenstellwerke geben uns schon so etwas wie einen Vorgeschmack. Dann sitzen unsere Kollegen des Jahres 2000 eben irgendwo anders, in sauberen stillen Räumen vor Fernsehapparaten, Fernsteuerungen, Automaten, Stelltischen, und das ganze Betriebssystem sieht anders aus. Der Reiseverkehr wird überhaupt nur noch mit Schnelltriebeinheiten abgewickelt, dichte Zugfolgen mit 200 und mehr km/h und sogar Güterzüge werden Expresszüge sein. Das ganze Netz der Gleisanschlüsse und der Industriegleise mag wohl ein anderes Gesicht bekommen [...] Aber mitreden kann da nur ein Eisenbahner [...]«[9]

Fast alles ist so eingetroffen, wie es Neher 46 Jahre in die Zukunft projiziert hat. Die Schnelltriebwagen (ICE, künftig auch ICx) setzen sich weiter durch, überwacht und geführt werden die Züge am Bildschirm von sieben Betriebszentralen. Automatische, fahrerlose U-Bahnen gibt es bereits. Dichtere Zugfolgen wären mit dem European Train Control System (ETCS) seit Jahren möglich, sogar ohne Signale. Nur von den Gleisanschlüssen ist wenig übrig. Und gelernte Eisenbahner haben nichts mehr zu sagen.

90. GRUND

Weil es die Bücher von Karl-Ernst Maedel gibt

Zum Schiffbau solle man nicht Männer zusammentrommeln, um ihnen Aufgaben zuzuteilen, wird Antoine de Saint-Exupéry zitiert, »sondern lehre die Männer die Sehnsucht nach dem endlosen, weiten Meer«. Karl-Ernst Maedel (1919–2004) war weniger ein Sachbuchautor als ein Eisenbahnpoet, der seine Leser die Sehnsucht nach der weiten Welt des Schienenstrangs lehrte. *Weite Welt des Schienenstrangs* hieß auch eines seiner vielen Eisenbahnbücher, die er seit den 1950er-Jahren veröffentlichte.

Die erste Begegnung mit Maedels Büchern verdanke ich dem Versandhaus Quelle, das 1965 unter dem belanglosen Titel *Das große Eisenbahnbuch* auf dem Schutzumschlag Maedels *Giganten der Schiene* verbarg. Wie Maedel den Bogen von der ersten Elektrolok zu den modernsten Schnellzuglokomotiven seiner Zeit schlug, hatte Klasse. Farbig und voller Dialoge wie in einem Roman beschrieb er spannend und detailgenau die Entwicklung der Elektro- und Dieselloks von den Anfängen bis zur Gegenwart. Maedel versetzte sich so in die Themen hinein und schrieb so überzeugend, dass man ihm glauben würde, dass ihm Werner von Siemens 1879 auf der Berliner Gewerbeausstellung seine erste brauchbare Elektrolok erklärt hätte. Maedel war immer wieder der Karl May der Eisenbahnliteratur.

Doch auch Zeitgenössisches schilderte er meisterhaft. Die Elektrolok des Rheingold-Express, eine E 10 der Deutschen Bundesbahn, sieht und spürt man vor sich, wenn er die Abfahrt beschreibt: »Tacketacke – tacketacke – tacketacke. Die Schaltstufen knallen, die Lüfter heulen auf, ein Zittern geht durch den stählernen Leib der Lok, Kupplungseisen straffen sich, Sand sprüht in feinem Strahl auf die Schienen, unter der ungeheuren Gewalt von mehr als 5.000 PS knirschen die Radreifen gegen das Gleis – der Zug rollt.«[10]

Das ist der Stoff, aus dem Eisenbahngeschichten gemacht sind. Ob es um die *Wölfe vor Block Schwarzheide* geht, die Hochgeschwindigkeitsfahrten mit 210,2 km/h auf der Militäreisenbahn südlich von Berlin im Jahr 1903, den württembergischen Benzin-Motorwagen von Daimler oder die Bimmelbahn in seiner Heimat bei Halle an der Saale – bei jeder Geschichte hat man das Gefühl, dabei zu sein. Zum Beispiel, als Maedel in *Bekenntnisse eines Eisenbahnnarren* eine Fahrt mit seiner heimatlichen Halle–Hettstedter-Eisenbahn beschreibt, in der die kleine zweiachsige Dampflok mehrfach Anlauf nehmen muss, um den Fienstedter Berg zu bewältigen. »Mer ham de Kaffeemühle davor, da schaff'n mer's nich!«, zitiert er die Mitreisenden, während er »dem armen Lokomotivchen heimlich die Daumen drückte, dass es den Berg bezwingen möchte«. »Das Maschinchen schwitzt und keucht, dampft und hustet, ächzt und stöhnt«, beschreibt Maedel den Aufstieg. »Haschehasche – haschehasche – haschehasche!«

Man sieht und hört die kleine Lokomotive förmlich vor sich, die dann mit einem lauten »Hasch!« einfach stehen bleibt. Der Zug muss nach Cöllme zurückrollen, und erst als eine Rangierlok kräftig nachschiebt, überwindet das Züglein den Fienstedter Berg. Fast möchte man nach dieser Schilderung das Maschinchen streicheln und dem Lokpersonal dankbar die Hand drücken. Die fantasievolle Schilderung spielt um 1922, da war Maedel drei Jahre alt.

Bei jedem seiner Bücher taucht man tief ein in die Welt der Eisenbahn, die noch von Dampflokomotiven beherrscht wird und Lokführern, die locker größere Verspätungen ausglichen und planmäßig Durchschnittsgeschwindigkeiten fuhren, die heutige Züge auf derselben Strecke nicht erreichen. Am Regler der Schnellzugdampflok stand der »Meister«, eine Respektsperson mit weißem Kragen, Krawatte, Schirmmütze und Chronometer an der Goldkette.

Der selbst ernannte »Eisenbahnnarr« Maedel schaut gern wehmütig zurück wie viele ältere Eisenbahnfreunde, aber er vermittelt auch die Faszination der modernen Lokomotiven der 1950er- und 1960er-Jahre. Er besucht Krauss-Maffei in München und erkundet dort die stärkste Diesellok der Welt, die ML 4000 der Denver & Rio Grande Western, die mit 4.000 PS aufwartet und 150 Tonnen wiegt. In Nordamerika hatten die Maschinen aber kein langes Leben.

»Das Dröhnen gewaltiger Dieselmaschinen, das Heulen rasender Elektrozüge ist die künftige Begleitmusik unseres Verkehrswesens. Und unsere Nachkommen werden einmal gar nichts dabei finden«, beendet Maedel sein Buch *Giganten der Schiene*. Wer die Faszination der Eisenbahntechnik verstehen will, muss alte Maedel-Bücher lesen.

91. GRUND

Weil in Hauptmanns »Bahnwärter Thiel« ein Wahnsinniger die Schranken bedient

»Morgen bring ich sie um!«, denkt ein Loriot-Männchen im Sketch *Das Frühstücksei* laut über seine Frau nach. Was länger Verpartnerte amüsiert nachvollziehen können, wurde Schülern im Deutschunterricht weit drastischer vor Augen geführt. Sie mussten sich, trotz mangelnder Lebenserfahrung und in keiner Weise nachfühlbar, mit vollzogenem Gattenmord auseinandersetzen. So weltfremd lehrte man Literatur am Gymnasium.

Der von Gerhart Hauptmann erfundene *Bahnwärter Thiel* begeht sogar einen Doppelmord am Ende der »novellistischen Studie«, wie das Reclam-Heft untertitelt ist. Es ist die Geschichte eines Schrankenwärters bei Erkner an der Strecke Berlin–Frankfurt (Oder)–Breslau. Sein Leben verläuft buchstäblich in geordneten Bahnen. In seiner Wärterbude im Kiefernwald muss Thiel nur auf das Abläutewerk hören, um die schwarz-weißen Schrankenbäume eines selten frequentierten Bahnübergangs zu schließen. Wenn der Zug vorbeifährt, steht er mit seiner Tasche mit Knallkapseln (in der Erzählung Patronen genannt) an der Schranke. Bis zum Ende der Dampflokzeit gab es auf jeder Lok ein Blechkästchen mit diesen Knallkapseln, die auf die Schienen gelegt werden konnten, um mit den Explosionen andere Lokführer zu einer Notbremsung zu veranlassen. Das war bei liegen gebliebenen Zügen oder Unfällen nötig, weil es nur Telegrafenstationen gab, aber keine Telefone und erst recht keinen Zugfunk.

Thiels erste Frau stirbt nach der Geburt eines Sohns, er geht eine Vernunftehe mit einer dominanten Frau ein, die sein Kind misshandelt und von ihm schwanger wird. In der Folge entwickelt Thiel Fantasien von seiner ersten Frau. Die Bude ist seine Andachtskapelle, in der er ihr Bild aufstellt, wenn er im Dienst ist.

Damals waren Bahnarbeiter schlecht bezahlt und brauchten einen Garten, um sich zu ernähren. Als das Mietgärtchen gekündigt wird, darf er Gemüse an der Wärterbude anbauen. Das wird die Aufgabe seiner stämmigen Frau, die diese Arbeit mit Energie übernimmt und so in seine stille Dienststelle eindringt. Thiels zweijähriger Sohn Tobias genießt die Vorbeifahrt der Züge, läuft mit seinem Vater die Strecke ab und endet später in einem unbewachten Moment unter einem Zug. Der von nächtlichen Wahnvorstellungen immer mehr geplagte Thiel bricht zusammen und wird mit dem toten »Tobiaschen« nach Hause getragen. Aus seiner Ohnmacht erwacht, bringt er seine zweite Frau und das Stiefkind um.

»Bahnwärter Thiel bezeichnet eine Schwellensituation in der neueren Geschichte des deutschen Erzählens«, schreibt Fritz Martini im Nachwort des Reclam-Hefts, offenbar ohne den doppeldeutigen Witz der »Schwellensituation« zu erfassen. Die »Verbindung zwischen dinglich-sinnlicher Außenwelt und psychischer Innenwelt« soll in dieser Form neu gewesen sein. Gymnasiallehrer quälen damit ihre unbedarften Schüler, der eisenbahnverrückte Leser hat auch so seinen Lesegenuss.

Denn Gerhart Hauptmann beschreibt die Eisenbahn genau beobachtend: »Ein Keuchen und Brausen schwoll stoßweise fernher durch die Luft. Dann plötzlich zerriss die Stille. Ein rasendes Tosen und Toben erfüllte den Raum, die Geleise bogen sich, die Erde zitterte – ein starker Luftdruck – eine Wolke von Staub, Dampf und Qualm, und das schwarze, schnaubende Ungetüm war vorüber. So wie sie anwuchsen, starben nach und nach die Geräusche.«[11] Später, bei Thiels wachsendem Irrsinn, sind es rote Lichter, die wie die Glotzaugen eines Ungetüms die Dunkelheit durchdringen. Wer preußische, rotorange schimmernde Petroleumlaternen kennt, entwickelt bei solcher Sprachgewalt genaue Bilder im Kopf.

Die 1887 geschriebene Erzählung soll erstmals das Dämonische der Eisenbahn als »neues technisches Phänomen« thematisieren, glaubt der Nachwortautor. Tatsächlich? 20 bis 40 Jahre, nachdem alle Hauptstrecken gebaut waren? Die Eisenbahn als Symbol der Industrialisierung gehörte da schon seit Jahrzehnten zum Alltag.

92. GRUND

Weil Eisenbahnfotografie zwischen Dokumentation und Kunst changiert

Ohne die Fotografie würde das Eisenbahnhobby nicht existieren. Millionen Meter belichteter Roll- und Kleinbildfilme und einige Zehntausend erhaltene Großformatnegative haben die Eisenbahn dokumentiert. Der in Wuppertal lebende Carl Bellingrodt (1897–1971) zählt zu den deutschen Pionieren der Eisenbahnfotografie, der bis heute Kamerabesitzer beeinflusst. Sein Stil blieb lange unter dem Einfluss der frühen Kameratechnologien, die Bewegungen nicht gut erfassen konnten. Bellingrodt war eher ein Eisenbahnfoto-Sammler. Und so prägten seine Standardaufnahmen von Loks und Zügen schräg in der Landschaft mit Sonne im Rücken und Fotos von Loks mit der Kuppelstange unten den Bilderstil.

Das gilt auch für viele der schon verstorbenen Fotografen, die heute noch in Bildbänden vermarktet werden. Ohne Frage, die Bilder sind wertvolle Dokumente aus lange vergangenen Zeiten und schon von daher für Eisenbahn- und Technikfans sowie Modellbahner wertvoll. Herausragend waren für meinen Geschmack Ludwig Rotthowe, Walter Hollnagel und in Maßen auch Alfred Ulmer.

Fotografie kann das Ablichten, Draufhalten sein. Künstlerisch wird sie, wenn sie den Anspruch hat, Bilder zu komponieren. Jean-Michel Hartmann brachte 1961 diese neue künstlerische Perspektive ein. Der Folkwangschüler Wolfgang Staiger (1950–2014), der als Student auf den letzten Dampfloks in Rheine als Heizer anheuerte, vertrieb in den 1970er-Jahren die Monotonie der Eisenbahn-Bildbände durch Aufnahmen, die Amateure mangels Zugang oder

Fotoausrüstung selten schafften. Die Dynamik der Dampflok, austretender Dampf, die harte Arbeit im Bahnbetriebswerk, Menschen auf der Lok oder sogar in der Feuerbüchse – so etwas hatte man selten gesehen. Sein Buch *Endstation Rheine* könnte man heute weit besser drucken als 1978, als hohe Kontraste und abgesoffenes Schwarz die Bildqualität störten. *Im Dampflokschuppen und vor Zügen* hieß das zweite Staiger-Buch mit packenden Aufnahmen. 2010 erschien *Eisenzeit* mit alten Aufnahmen in der hohen Druckqualität, wie sie moderne digitale Prozesse erlauben.

Eine neue Sichtweise der Eisenbahn brachte Joachim Seyferth von 1982 bis 2008 mit seiner Zeitschrift *SCHIENE* ein. Die Aufmerksamkeit des Fotografen richtete sich auf die Gesamtkomposition eines Bildes, auf Personen und Details. Seyferth schaute genauer hin als andere, brachte Landschaft, Kilometersteine, Telegrafenmasten und Haltepunkte zusammen, wählte Vordergründe bewusst, wo andere noch heute auf eine Leiter steigen, und erfuhr als ehemaliger Fahrdienstleiter auch mal, wenn etwas Seltenes über die Gleise gezogen wurde. Bilder anderer Fotografen wurden ebenfalls gedruckt, auch einige von mir waren dabei. Ein wenig färbte sein Fotostil auf mich ab.

Vielleicht war diese Bildsprache der Auslöser für mich, 1985 *Waggons im Werk* zu veröffentlichen, einen Bildband über das Güterwagen-Ausbesserungswerk Paderborn. Das selbst verlegte Buch wurde sogar von der *Süddeutschen Zeitung* besprochen und zählt heute zu den Klassikern der Eisenbahnfotografie abseits des Mainstreams.

Joachim Seyferth bewies 1987 sein fotografisches Talent in seinem ersten Buch *Erinnerungen an den Schienenbus* und präsentierte seine neuartige Sichtweise in kompakt komponierten Fotografien – nebst einem kleinen Hang zur Nostalgie in seinen klugen Texten. Heute findet man viele seiner Beiträge in der Zeitschrift *Bahn-Epoche*, die sich der Geschichte, Kultur und Fotografie der klassischen Eisenbahn verschrieben hat. Moderne Fotos von modernen Eisenbahnen macht Seyferth auch für seine Galerie – und noch immer unterscheiden sie sich von der Massenware mit »Zug schräg von vorn mit Sonne im Rücken«. Solche Standardfotos zu machen ist mit digitalen Kameras definitiv keine Kunst.

93. GRUND

Weil amerikanische Eisenbahnbilder faszinieren

Es muss eine Mischung aus Aufbruchstimmung, Technikgläubigkeit und Lebensunterhalt gewesen sein, die amerikanische Fotografen zu Dokumentaristen von Eisenbahnen und Industrie machten. Jede Nebenstrecke, jede Waldbahn, jede hölzerne Brücke, fast jede Dampflokomotive des 19. Jahrhunderts ist auf Glasplattennegativen ausführlich festgehalten. Eine schier unerschöpfliche Fundgrube für Eisenbahnfreunde und die Industriearchäologie.

William Henry Jackson (1843–1942) fotografierte schon seit 1868, ein Jahr vor dem Lückenschluss der Transkontinentalbahn, für die Union Pacific Railroad. Dutzende andere taten es ihm nach und zogen mit Pferd und Wagen, letzterer diente als Fotolabor, durch Nordamerika. Darius Kinsey (1869–1945) reiste von 1890 bis 1940 durch die Vereinigten Staaten und fotografierte zum Beispiel Waldbahnlokomotiven und ihr Personal in einer Schärfe und einem Detailreichtum, wie sie heute nur allerbeste Digitalkameras erreichen. Seine Frau Tabitha saß derweil im Fotolabor, entwickelte Negative und machte hochwertige Vergrößerungen.

Professionelle Fotografen haben nicht nur andere Sichtweisen als fotografierende Eisenbahnfreunde, sie verfügen auch über ganz andere Möglichkeiten. Nicholas Everard Morant (1910–1999) wurde schon 1929 als junger Mann für sechs Jahre »Special Photographer« der Canadian Pacific Railway (CPR), dann erneut von 1944 bis 1981. Er beherrschte auch die Werbe- und Pressefotografie. Dem

Werbefotografen der CPR und seiner Frau stellte man manchmal einen Caboose als Wohnwagen auf ein Abstellgleis in der Wildnis, wenn er eine abgelegene Brücke ablichten oder eine wohlkomponierte Zugaufnahme in der beeindruckenden Berglandschaft des kanadischen Westens machen wollte. Mit drei bis vier Großformatkameras, später auch mit Kleinbildkameras, hielt er Personen- und Güterzüge fest, per Funk im Kontakt mit der Bahn. Eine oft von ihm verwendete Stelle am Bow River bei Banff wurde als »Morant's Curve« bekannt und ist noch heute ein Garant für beeindruckende Fotos von langen Güterzügen mit fünf Dieselloks im Vordergrund und dem türkisgrünen Fluss und den schneebedeckten Rockies. An dieser Stelle entstand mein Foto für dieses Kapitel.

Als Profi konnte Morant meterhohe Gerüste an der Strecke bauen oder sogar einen Aufbau auf eine Diesellok montieren, um den Lokführer nach seinen Vorstellungen ins richtige Licht zu setzen. Morant fotografierte auch in modernen Stellwerken, in Lokwerkstätten, bei Bauarbeiten. Außerdem porträtierte er Eisenbahner. Das Whyte Museum of the Canadian Rockies in Banff verfügt über rund 28.000 seiner Schwarz-Weiß-Fotos und Farbdias.

Morant war ein Könner, doch niemand hat bis heute die einzigartige Kreativität und fototechnische Könnerschaft Ogle Winston Links erreicht. Der Amerikaner (1914–2001) hatte in New York die Werbefotografie gelernt und entdeckte erst 1955 die Faszination der Eisenbahn für sich. Er wusste, wie man Bilder effektvoll inszeniert, und beherrschte die Blitzfotografie (ohne Polaroid und Live-View!) wie kein Zweiter. Viele seiner Bilder entstanden bei Nacht mit einer Batterie von großen Blitzreflektoren und Dutzenden Birnen, die beim einmaligen Aufblitzen schmolzen. Sein berühmtestes Bild zeigt, wie ein Schnellgüterzug mit der Mallet-Dampflok 1242 der Norfolk & Western ein minutiös ausgeleuchtetes Autokino passiert.

Das Besondere seiner Bilder ist nicht nur die technische Meisterschaft mit exakt kalkulierter Schärfe und genau geplantem Kunstlicht aus den primitiven großen Kabelblitzanlagen der 1950er-Jahre.

Ganz offensichtlich arrangierte er die Szenen mit Menschen oder Gegenständen im Vordergrund und den mit Volldampf vorbeirasenden Dampfzügen dahinter. Man schaut aus einem Wohnzimmer und bemerkt, wie ein Junge der Dampflok draußen zuwinkt. Da sieht man einen Kaufladen und ein Teil eines Führerhauses hinter dem Fenster. Kühe, Badende, beleuchtete Autos, Holzstapel, Hebelstellwerke, ein kleiner Bahnhof mit Fuhrwerk, der Mann im Stellwerk oder ein Arbeiter, der Bremssand einfüllt: Kompakt wie auf einer Modellbahn fügen sich die Elemente zu einem hoch verdichteten Bild der Eisenbahn zusammen. Immer sind es Bilder, die Geschichten erzählen und gestaltet wurden, bevor die eine unwiederholbare Aufnahme gemacht wurde. Einen zweiten Schuss erlaubten die Blitzbirnen nicht.

O. Winston Links Eisenbahnfotos findet man in Museen und Galerien. Seine 40 x 50 cm großen Vergrößerungen werden für 7.500 bis 45.000 Euro gehandelt. Wer diese in exzellent gedruckten Bildbänden veröffentlichen Fotos nicht kennt, weiß nicht, wie großartig und innovativ Eisenbahnfotografie sein kann. Wie gesagt: So wie er hat niemand mehr Eisenbahnen inszeniert und fotografiert. Am nächsten kam ihm Axel Zwingenberger im Jahr 2000 mit seinem Nacht-Bildband *Zauber der Züge*.

10. KAPITEL
KINO UND MUSIK

94. GRUND

Weil schon Stummfilme Dampfzüge inszenierten

1895 drehten die Brüder Lumière die Ankunft eines Zugs im südfranzösischen La Ciotat. Die Fahrgäste steigen aus und tragen ihr Gepäck. Was damals gerade mal eine Minute lang an eine Leinwand projiziert wurde, war eine technische Sensation und startete die Kinokarriere der Eisenbahn.

In Nordamerika war die transkontinentale Eisenbahn schon fast 40 Jahre in Betrieb, als die Edison Company neben der Tonaufzeichnung auch mit der Kinematografie experimentierte und 1903 einen wahren Schocker produzierte: *The Great Train Robbery* war der erste Western des erst vier Jahre alten Genres mit einer Eisenbahn. Gedreht wurde der Überfall auf einen Personenzug aber im Osten, auf der Delaware, Lackawanna & Western Railroad in Pennsylvania.

Die zwölf Minuten lange Handlung ist einfach: Drei Banditen überwältigen den Bahnhofsbeamten und warten dann hinter einem Wasserturm auf den Zug, der zum Wassernehmen halten muss. Bei der erzwungenen Weiterfahrt werfen sie den Heizer – erkennbar eine Puppe – vom Tender, hängen die Lok ab und berauben dann den Gepäckwagen und die Fahrgäste auf freier Strecke. Ein fliehender Passagier wird erschossen, bevor die Banditen ihrerseits auf der Lok fliehen und dann im Wald ihre Pferde besteigen. Ein Kind entdeckt die Diebe, die von bewaffneten Bürgern niedergestreckt werden, als sie die Beute teilen. Im Abspann schießt ein Bandit, auf das Publikum zielend, seine Revolvertrommel leer. Der Stummfilm hat logische und Continuity-Fehler, soll damals aber für ohnmächtige Zuschauer in Rummelplatz-Zelten gesorgt haben.

Zu den großen Mythen der Vereinigten Staaten von Amerika gehört der Eisenbahnbau quer durch den Kontinent, der 1862 von Präsident Lincoln genehmigt wurde und erst 1865 wirklich begann.

Bereits am 10. Mai 1869 trafen sich die Union Pacific und die Central Pacific zum Lückenschluss in Promontory Point, Utah. Siebeneinhalb Tage dauerte 1869 die Reise von New York nach Sacramento.

1924 inszenierte John Ford in dem über zwei Stunden langen Western *The Iron Horse* die Geschichte dieses Streckenbaus. Der Stummfilm war stilprägend, weil er alle Klischees späterer Western einführt: die mordlüsternen Indianer mit einem weißen Anführer, das hübsche Mädchen und der gut aussehende, arme Junge für die Liebesgeschichte, der raffgierige Landbesitzer, der die Streckenführung zu seinen Gunsten manipulieren will, der gütige und weise Präsident Lincoln, ein Überfall auf den Lohngeldzug, durch verschiedene Dialekte charakterisierte Streckenarbeiter, die falsche Schlange aus dem Saloon, eine Rachegeschichte. Auch Buffalo Bill mit Victor-Emanuel-Bart ist mit von der Partie, um die Mägen der hungrigen Bahnarbeiter zu stopfen.

John Fords großer Kinofilm trug zum amerikanischen Mythos bei, ist unterhaltsam, ironisch, romantisch und manchmal durchaus spannend. 2007 wurde der sehenswerte Stummfilm bei Fox restauriert und in zwei Versionen auf DVD veröffentlicht. Zwei Dampflokomotiven aus dem 19. Jahrhundert spielen dabei wichtige Rollen. In den winterlichen Szenen kommt der Dampf kraftvoll zur Geltung.

95. GRUND

Weil Buster Keaton die schönsten Eisenbahnfilme gedreht hat

Joseph Frank Keaton (1895–1966) liebte die Mechanik und Technik, was sich schon in seinen frühen Kurzfilmen ausdrückte. Auf Straßenbahnen flüchtete er vor den Cops, vor der Rauchkammertür sitzend fuhr er auf den Kinozuschauer zu oder raste mit dem

Motorrad knapp vor dem Zug über den Bahnübergang. Trockener Humor und gutes Timing charakterisieren alle seine Filme.

In einem Kurzfilm wird das schief und krumm montierte Bausatz-Eigenheim in Bahnhofsnähe nicht von jenem Zug zertrümmert, von dem man es erwartet, sondern von einem anderen Zug, mit dem niemand gerechnet hat. In letzter Sekunde umgelegte Weichenhebel oder – für den unbedarften Kinogänger kurz vor dem Zusammenstoß – nach links abbiegende, entgegenkommende Züge verwendete Buster Keaton in seinen Filmen immer wieder. Auch in der kanadischen Hommage *The Railrodder*, in der Keaton kurz vor seinem Tod noch einmal sich selbst spielt und parodiert, taucht der Gag wiederholt auf. Mindestens zweimal überholen Wagen auf einem Nebengleis die Lok, während der Lokführer seine Aufmerksamkeit der Maschine widmet.

Diesen alten Gag erlebten wir schon in den schönsten Stummfilmen von Buster Keaton, in denen die Eisenbahn die Hauptrolle spielt: *Our Hospitality* (1923, *Verflixte Gastfreundschaft*) und *The General* (1926, *Der General*). Keaton drehte immer ohne Drehbuch, und so ist es im ersten Film wohl ein plötzlich auftauchender Bösewicht an der Strecke, der die Schleppweiche unter dem fahrenden Zug exakt so stellt, dass der Personenzug mit seinen schläfrigen Fahrgästen auf dem Parallelgleis die Lok überholen kann. Der Lokführer, übrigens gespielt von Buster Keatons Vater, hat derweil als selbstbewusster »engineer« in die andere Richtung geschaut und den überholenden Zug nicht bemerkt. Busters Erklärung für seine Mitreisende: »Der Zug hat bergab wohl die Lok überrollt.«

In *The General* (*Der General*) gibt es eine ganz ähnliche Szene, und jeder Kino- und Keaton-Fan erinnert sich an das Bild, wie Lokführer Buster seinen Augen nicht mehr traut. Auch nach dem Augenaufschlag bleibt der Güterwagen, der zuvor noch vor der Lok war, verschwunden.

Der Zug in *Our Hospitality* (*Verflixte Gastfreundschaft*) besteht aus einer skurrilen Mischung aus einer englischen Rocket von 1825 und Wagen der 1926 bei New York gegründeten Mohawk & Hudson Railroad, die Postkutschen auf Eisenbahn-Fahrgestellen als Personenwagen verwendete. Hintergrund der Story ist die legendäre Familienfehde zwischen den Hatfields und den McCoys, im Film Canfield und McKay. Auf der abenteuerlichen Eisenbahnreise verliebt sich der McCoy-Spross William in die hübsche Virginia, nicht ahnend, dass sie dem Canfield-Clan angehört.

Bei den Dreharbeiten lotete Keaton die Grenzen der Eisenbahntechnik gründlich aus. Die Schienen sind in manchen Passagen geradezu absurd verbogen. Das Schienendreieck, mit dem ein umgefallener Baum überquert wird, muss den echten Fahrgästen heftig zugesetzt haben. Nach einem Schnitt sitzen Puppen in den folgenden Wagen. Dass die Wagen nicht entgleisen, überrascht angesichts der welligen Gleise in den Wäldern, die sich unter dem Zug auf und ab bewegen und den langen Schornstein der Rocket heftig ausschlagen lassen. »Die so wackelt« wolle er sehen, sagte mein zweijähriger Enkel, seitdem ich ihm diese Eisenbahnfahrt gezeigt habe. Der zeitlose Humor des über 90 Jahre alten Films wird sogar von Kleinkindern verstanden.

Auf der Blu-Ray von Kino International taucht der eigens für den Spielfilm gebaute Zug noch einmal auf. In *The Iron Mule,* der im Bonusmaterial der Blu-Ray enthalten ist, wirkt er schon sichtbar lädiert, dennoch überwindet er mit Hilfe von angebundenen Baumstämmen Flüsse und wird am Ende von Indianern mit Pfeilen gespickt. Buster taucht als Indianer verkleidet in einer Nebenrolle auf.

96. GRUND

Weil der General genial ist

Buster Keatons bester Film mit Eisenbahn-Kulisse ist *The General* (*Der General*) von 1926, der 1927 in Deutschland in die Kinos kam.

Er wurde in Oregon auf einer Waldbahn gedreht. In den jungen Wäldern sind noch die »spar trees« erkennbar, die beim Abholzen per Seilbahn und Dampfmaschine als Pfosten dienten. Auf der Blu-Ray von Kino International, die endlich das bestmögliche Bild ohne ausgefressene Lichter zeigt, ist im Hintergrund zudem ein hölzerner Bohrturm erkennbar.

Ein wenig anachronistisch sind auch die drei Lokomotiven, die es im amerikanischen Bürgerkrieg 1861, zu dessen Zeit der Film spielt, so noch nicht gab und die mit ihren Stahlführerhäusern und neuen Domverkleidungen eher nach 1890 bis 1920 aussehen. Auch Druckluftbremsen waren im Bürgerkrieg noch unbekannt, sie wurden erst 1872 erfunden. Und der Colt, mit dem Buster am Ende den Yankee aus dem Führerhaus begleitet, soll ein 1870er-Modell sein. Solche Anachronismen tun der realistisch in Szene gesetzten wahren Geschichte aber keinen Abbruch, zumal der Film drei »American«-Loks (Achsfolge 2'B bzw. 4-4-0) sehr schön inszeniert ist, nicht mit Wendungen und Gags spart und Fahraufnahmen zeigt, wie man sie bis dahin noch nicht kannte.

Buster ist Lokführer und wird deshalb von den Konföderierten nicht als Soldat angenommen. Für seine patriotische Angebetete Annabelle ist das ein Skandal, den sie mit Liebesentzug bestraft. Solange Buster nicht in Uniform bei ihr aufmarschiert, will sie ihn nicht mehr sehen. Durch einen Zufall gerät Annabelle in den Zug an die Front, den Buster mit seiner Lok »General« fährt. Als der Zug unterwegs von den Yankees aus dem Norden entführt wird, verfolgt Buster nach dem alarmierenden Ausruf »Sie haben meinen General entführt!« mit einer Draisine und einer anderen Dampflok seine beiden Liebsten: die Lok und Annabelle. Und bekommt sie am Ende beide zurück.

Keaton absolvierte in *The General* (*Der General*) zahlreiche Stunts. Dass die Schwelle, mit der er auf dem Kuhfänger sitzend andere Schwellen aus dem Weg schleudert, echt und keine Attrappe ist, wird deutlich, als er sich nach vorn gebeugt wegen ihres Gewichts kurz abstützen muss. Als Buster die schon geladene und gezündete Kanone abhängt und sich sein Fuß des Gags wegen in der Deichsel des Kanonenwagens verhakt und er auf den Tender springen muss, um die Lok aus der Gefahrenzone zu bringen, war penibles Timing angesagt. Auch der Sprung über die brennende Brücke in den Fluss war gewagt. Und technisch traute man sich ebenfalls einiges. Auf den ersten Radsatz des Kanonenwagens hatte man ein Stück Stahl geschweißt, um ihn kräftig durchzuschütteln. So bewegte sich die Kanone während der Fahrt immer weiter nach unten.

Bei der teuersten Szene der Stummfilmzeit, nämlich als eine echte Dampflok auf der etwas schwächlich gebauten Brücke in den Fluss stürzt, befand sich nur eine Puppe im Führerstand. Man ließ sie dort als Attraktion liegen. Erst im Zweiten Weltkrieg beförderte man aus Rohstoffmangel den nostalgischen Keaton-Schrott in den Hochofen. Geblieben ist *The General* – ein Meisterwerk, in dem die Eisenbahn die Hauptrolle spielt.

97. GRUND

Weil Dampflokfilme Ton brauchen

Viel Freude machen Western, in denen der Zug schon von Weitem zu hören ist. Auspuffschlag und Pfeife machen eine Lok erst lebendig, und über allem schwebt die möglichst schwarze Rauchfahne, die bei der echten Eisenbahn nur ein schlechter Heizer durchgehen ließe. Die Western mit Zug sind zahllos, deshalb greife ich einige heraus, die ich gut kenne und die mir interessant erscheinen.

In *Union Pacific* von Monumentalfilm-Regisseur Cecil. B. DeMille geht es wie in John Fords *The Iron Horse* um den Bau der Transkontinentalbahn. Mit vielen Statisten noch aufwendiger fotografiert, wiederholen sich in dem 1939 produzierten Tonfilm die

Themen und Motive aus Fords Stummfilm. Die junge Barbara Stanwyck und Joel McCrea bilden das Traumpaar in dem Rail-Movie, der sich – außer in Sachen Präsident und Parlament – selten mehr als 100 Meter vom Schienenstrang entfernt. Sonderlich originell ist die schwarz-weiße Starkino-Produktion nicht, aber für Eisenbahnfreunde recht unterhaltsam.

Schon bald parodierten die Marx Brothers das Western-Genre. Mit anarchischem Witz wird Groucho in *Go West* vorgeführt, als er sich auf dem Weg nach Westen schon im Bahnhof um sein letztes Geld bringen lässt. Der Höhepunkt der 1940 veröffentlichten Filmkomödie ist aber eine lange rasende Fahrt in einem Dampfzug, bei der die Marx Brothers die Lok zeitweise übernehmen und am Ende einen völlig demolierten Zug hinterlassen. Weil das Brennholz durch Versehen aus der Tenderklappe fällt, müssen die hölzernen Personenwagen in voller Fahrt zerlegt und verfeuert werden. Harpo dient kurz als elastisches Bindeglied zwischen zwei entkuppelten Wagen und schleift die stumpfe Axt an einem Rad, auf dem Wagenboden liegend.

Vorübergehend verwandelt sich die 2-8-0-Lok nach einer sabotierten Stelle im Gleis in eine gut getarnte vierachsige Heisler-Getriebelok (mehr zur Lok ab S. 192), die dank ihrer besonderen Kurvengängigkeit mit dem Zug ein paar Kreise fährt und dabei ein Holzhaus auf den Kessel nimmt. Ein Eimer Petroleum, in den Schornstein geschüttet, verhilft der erlahmten Baldwin-Lok wieder zu neuer Kraft. Am Ende brauchen die Marx Brothers nur Sekunden, um die Lückenschluss-Zeremonie mit dem goldenen Schienennagel in Promontory Point zu parodieren. Eine turbulente Western-Komödie, bei der man sich immer wieder fragt, wie die Zugfahrt wohl in freier Natur gedreht worden ist. Nur einige Führerstandszenen sehen nach Studioarbeit aus.

High Noon (1952, *Zwölf Uhr mittags*) ist zwar in einem Handlungsstrang auf den Bahnhof Hadleyville ausgerichtet, auf dem ein Gruppe von Banditen auf ihren Anführer Frank Miller wartet.

Die immer wieder gleiche Einstellung mit der Kamera knapp über Gleismitte langweilt, der Zug rollt mit schwarzem Qualm geräuschvoll in den Bahnhof. Nicht viel Kinospaß für Eisenbahnfans.

Ein kleines Juwel hingegen ist *Night Passage* (*Die Uhr ist abgelaufen*) von 1957, auch wenn James Stewart als Akkordeon spielender Reisender auf dem Flachwagen gleich dreimal hintereinander in verschiedenen Perspektiven die 100 Meter tiefe Schlucht am Rio de las Animas Perdidas (Fluss der verlorenen Seelen) passiert. Heute heißt der reißende Fluss in Colorado kurz Animas River und begleitet die Durango & Silverton Narrow Gauge Railroad, die bis in die 1960er-Jahre Bestandteil der Denver & Rio Grande Western war. Im alten Bergmannsdorf Silverton, auf dieser Strecke und auf einem anderen ehemaligen Streckenteil, der Cumbres & Toltec Scenic Railroad in New Mexico, wurden und werden viele Western gedreht, denn hier scheint fast überall die Zeit stehen geblieben.

Rund um Chama entstand 1975 *Bite the Bullet* (*700 Meilen westwärts*), die ständig unmotiviert pfeifende K-36 mit der Nummer 483 oft im Bild. Wer sich mit den Schmalspurbahnen Colorados auskennt, erkennt die Original-Wagennummern, die Details der anachronistisch modernen Dampflok aus dem frühen 20. Jahrhundert und die Atmosphäre der Bahn kurz vor ihrem vorläufigen Ende.

Auch der Western *Denver & Rio Grande* von 1952 spielt auf der heutigen Durango & Silverton. Zwei echte Schmalspur-Dampflokomotiven rasen in einer spektakulären Szene aufeinander zu und stoßen nach einer Sprengstoffexplosion zusammen. Unwiederholbar, lautstark und traurig wegen des historischen Materials.

98. GRUND

Weil gute Eisenbahnfilme realistisch sind

Eisenbahnfilme können sehr spannend sein, wenn sie eine glaubwürdige Story mit realistischen Eisenbahnszenen und zur Epoche passenden Zügen verbinden. So entstehen Eisenbahnthriller.

Ein Meisterwerk ist *Runaway Train* (*Express in die Hölle*), 1985 von Andrej Konchalovsky mit Jon Voight und Eric Roberts in den Hauptrollen gedreht. Zwei Schwerverbrecher flüchten mit vier gekuppelten Loks aus einem Hochsicherheitsgefängnis in Alaska und stellen fest, dass vorn kein Lokführer mehr ist, weil der (wenn auch etwas konstruiert) beim Anfahren mit einem Herzinfarkt von der führenden Lok fiel. Die Ausbrecher versuchen alles, um den Lokzug zum Halten zu bringen. Der stellenweise harte Thriller zeigt die Darsteller im körperlichen und seelischen Grenzbereich und erscheint auch eisenbahntechnisch realitätsnah. Ein passendes Shakespeare-Zitat beendet den spannenden und tiefsinnigen Thriller ohne Happy End.

Ein Happy End hat dagegen der 1997er Thriller *Switchback* (*Gnadenlose Flucht*) mit Dennis Quaid, Danny Glover und Jared Leto in den Hauptrollen. Die Eisenbahn lässt sich bereits in zwei Szenen am Anfang des Films blicken, aber erst nach 80 Minuten beginnt auf einem alten Grader – eine Art Schneepflug, der den Schnee seitlich festdrückt – ein Kampf um Leben und Tod. Die auf der Southern Pacific Railroad mit zwei Dieselloks der Denver & Rio Grande Western gedrehten spektakulären Stunts überzeugen.

Ganz anders ist *The Station Agent* von 2003, der mit viel Sinn für leisen Humor eine Geschichte über einen kleinwüchsigen Einzelgänger (Peter Dinklage) erzählt, der in einem Modellbahnladen arbeitet und den kleinen Bahnhof Newfoundland erbt. Dort trifft er auf andere liebenswerte Außenseiter, mit denen ihn bald eine Freundschaft verbindet. Vorbeidonnernde Güterzüge, das 130 Jahre alte Empfangsgebäude von Newfoundland und museumsreife Wagen bilden die Kulisse für die warmherzige Story aus der Provinz New Jerseys.

Vor einigen Jahrzehnten gab es in Frankreich noch Dampflokomotiven. In *The Train* (*Der Zug*) mit Burt Lancaster von 1964 wurde Eisenbahnatmosphäre so authentisch eingefangen, dass man fast wehmütig wird. Angelehnt an einen ähnlichen Fall spielt der Film nach, wie die Nazis einen Zug voller Kunstschätze nach Deutschland bringen wollen und von den französischen Eisenbahnern zum Narren gehalten werden. Durch deutsche Bahnhofsschilder wird den tumben Soldaten vorgetäuscht, bereits in Deutschland zu sein, obwohl der Zug Frankreich noch nicht verlassen hat. Kameramann, Beleuchter und Toningenieure haben perfekte Arbeit geleistet. Man ist auf dem Führerstand dabei und sieht die Züge mit ihren alten Lokomotiven immer wieder vorbeifahren. Es tut weh, wenn in einer Schlüsselszene zwei Dampflokomotiven aus den 1880ern zu Alteisen werden. Stilvoller wurden Eisenbahnen selten in Szene gesetzt – natürlich passend in Schwarz-Weiß.

Ein anderer Kinoklassiker ist *La Bête Humaine* (*Bestie Mensch*), 1938 von Jean Renoir gedreht. Jean Gabin verkörpert einen depressiven Lokführer, der über einen beobachteten Mord schweigt und seinerseits von der Frau, die er liebt, zu einem Mord angestiftet wird. Lokmitfahrten erzeugen fast einen Geschwindigkeitsrausch, das bescheidene Leben der französischen Eisenbahner wird realitätsnah gezeigt, nichts wirkt gestellt. Gabin nimmt man die Rolle des Lokführers bedenkenlos ab. Gleich am Anfang wird eine auch in Amerika praktizierte Eisenbahntechnik für Langläufe gezeigt: In voller Fahrt steigt Wasser aus einem Graben zwischen den Schienen in den Tender auf. Am Ende ist kurz ein hochmoderner Bugatti-Triebwagen zu sehen. Trotz des psychologischen Themas, das heute etwas anders gesehen wird, ist *La Bête Humaine* (*Bestie Mensch*) ein Genuss für alle, die Eisenbahnen und alte, geradlinig erzählte Filme lieben.

99. GRUND

Weil schlechte Eisenbahnfilme unterhaltsam sind

Kinofilme, in denen Eisenbahnen eine große Rolle spielen, sind eine anhaltende Quelle der Freude. Denn was sich Drehbuch-Autoren ausgedacht haben, hat oft nichts mit der Realität zu tun, sondern muss sich dramaturgischen Zielen unterordnen. Schon der Ton ist häufig frei erfunden und fällt besonders bei Dampflokomotiven unangenehm auf.

Dekorativ auf der Leinwand, aber fern jeder Realität, sind die Funken, die wie Wunderkerzen bei Entgleisungen und Kollisionen sprühen. In Zeitlupe erkennt man, dass die verwendeten Feuerwerkskörper schon zünden, bevor die Lok irgendetwas berührt hat. Sehr beliebt sind Züge, in denen eine Atombombe transportiert wird und bei denen die Bremsen aus frei erfundenen Gründen versagen, etwa bei *Atomic Train* (*Zugfahrt ins Jenseits*) von 1999. In diesem oder einem ähnlichen Film wechseln sich bei ein und demselben Zug Loknummern und vier- und sechsachsige Loks ab. Woanders rast ein TGV ohne Oberleitung durch England und verschwindet dann im Kanaltunnel.

Im amerikanischen Kino scheinen Juristen schon vor dem Drehen zu bestimmen, wie die Aufmachung der Diesel- und Dampflokomotiven aussehen soll. Auf keinen Fall darf es die Union Pacific oder die Santa Fe sein – wahrscheinlich kostet es Lizenzgebühren, die Firmenlogos zu zeigen oder man will verhindern, dass der Eindruck entsteht, bei diesen Bahngesellschaften laufe etwas schief. Der arglose amerikanische Kinogänger könnte ja Angst bekommen vor realen Güterzügen. Weil das Umlackieren zu aufwendig ist, überklebt man die Originallogos und bringt ein paar Streifen auf. Doch Eisenbahnfreunde erkennen am Farbschema und der Loknummer die Herkunft der Leih-Lok für die Dreharbeiten. An den Tendern der Dampfloks der Museumsbahnen der Denver & Rio Grande Western schimmert oft der überlackierte Schriftzug durch.

Dazu kommen häufig noch unfassbar dämliche Handlungsstränge, bei denen während einer sich anbahnenden Entgleisung spontan Beziehungen gekittet werden und getrennt Lebende ihre tiefe Liebe füreinander wiederentdecken. Fehlt eigentlich nur noch, dass das Lokpersonal vor dem nahen Ende sein Coming-out hat und der bärbeißige Kollege sich als sympathischer Mensch herausstellt, weil er in der Krisensituation auf der dahinrasenden Lok irgendein Trauma überwand und seinen berufsbedingten Tinnitus loswurde. Zuletzt erfährt der todgeweihte Lokführer per Funk, dass soeben sein erster Sohn geboren wurde.

Drehbuchschreiber denken bei der emotionsgeladenen Konstruktion von Unterhaltungsfilmen eben an alle Zielgruppen, nur nicht an Eisenbahnfans. Sonst hätte Tony Scott 2010 mit *Unstoppable* (*Unstoppable – Außer Kontrolle*) nicht den dümmsten Eisenbahnfilm aller Zeiten abgeliefert. Der Plot stellt den Vorfall CSX 8888 nach, bei dem ein Lokführer, der von der langsam rollenden Lok abgesprungen und auf dem Weg zu einer Weiche war, versehentlich zuvor den Zug beschleunigt hatte. Der mit Chemikalien beladene Zug fuhr auf einen entgegenkommenden zu und konnte unterwegs mit einer hinten ankuppelnden Lok so weit gebremst werden, dass jemand auf die führende Diesellok springen und ihn zum Stehen bringen konnte.

Die mit allerlei persönlichen Konflikten aufgeladene Kinostory ist vorhersehbar und gipfelt in Szenen, die so blöd sind, dass Eisenbahnfreunde losprusten oder den Kopf schütteln. Etwa wenn die Loks auf den äußeren Rädern durch die Kurve rasen – ein Ding der Unmöglichkeit. 98 Minuten, die nüchtern kaum zu ertragen sind. Bei den von Hubschraubergeschwadern gefilmten Loks handelte es sich übrigens meist um von Zweiwegefahrzeugen geschobene Führerhausattrappen.

100. GRUND

Weil Hobos legendär sind

I started out with nothin and I still got most of it left (Ich habe mich mit nichts auf den Weg gemacht und habe immer noch das meiste davon übrig) heißt eine Blues-CD, die Seasick Steve 2008 herausbrachte. Der ehemalige amerikanische Hobo lebt seit 2001 in Norwegen. Auf dem Weg dorthin wurde er seekrank, was ihm seinen Künstlernamen einbrachte.

Nichts zu haben und arm zu bleiben war das Los der Wanderarbeiter und Obdachlosen, die heimlich Güterzüge bestiegen, um als Schwarzfahrer ihr nächstes Ziel anzusteuern. Im Amerikanischen tauchte der Begriff »Hobo« etwa 1890 auf, doch schon seit dem Ende des Bürgerkriegs 1865 nutzten ehemalige Soldaten Güterzüge für die Reise in die Heimat. 1906 soll es nach einer Studie eine halbe Million Hobos gegeben haben. In den folgenden Jahrzehnten kamen einige Hunderttausend dazu.

Das Besteigen der Güterwagen war zu Dampflokzeiten an Steigungen und in Bahnhöfen recht einfach, zumindest seit die Züge Druckluftbremsen hatten und keine Bremser mehr mitfuhren. Beim Abspringen brach sich manch ein Hobo die Knochen oder bekam einen Fuß unter die Räder. In kühlen Jahreszeiten bestand die Gefahr zu erfrieren. Romantisch war das Reisen in Güterwagen nicht. Die größten Feinde der Tramps aber waren ungnädige Zugbesatzungen, die unnachgiebig gegen die blinden Passagiere vorgingen und sie schon mal vom fahrenden Zug warfen. Der Kinofilm *Emperor of the North Pole* (*Ein Zug für zwei Halunken*) von 1973 schildert solche Kämpfe zwischen einem sadistischen Zugführer (Ernest Borgnine) und Lee Marvin als Hobo »A-No. 1«, den es vermutlich gegeben hat, weil er sein Kürzel auf Wassertürmen kritzelte. Auch *Fried Green Tomatoes* (*Grüne Tomaten*) bringt Hobos mit ins Spiel. Und ganz anachronistisch hat es sich sogar in *Our Hospitality*

(*Verflixte Gastfreundschaft*) von Buster Keaton ein Hobo unter dem Wagenboden bequem gemacht, obwohl es 1830, als der Film spielt, noch keine Hobos gab. Damals existierte noch gar kein Eisenbahnnetz.

Versuche, den Ursprung der Bezeichnung »Hobo« zu finden, führten zu keinem eindeutigen Ergebnis. Hobos gehören zur romantisch verklärenden Folklore Nordamerikas, was sich auch in zahlreichen Eisenbahnliedern niederschlug. Für Modellbahner gibt es zahlreiche Szenen mit Tramp-Figuren am Lagerfeuer oder mit dem »bindle stick« über der Schulter, also Stock und Bündel – zweifellos ein eingebürgerter jiddischer oder deutscher Begriff. »Bull« war die Bezeichnung für einen Eisenbahnbeamten oder die Polizei, die sich jede der privaten Eisenbahngesellschaften leistete, und blieb bis heute auch im deutschen Sprachgebrauch erhalten.

In der englischsprachigen Wikipedia findet sich eine Liste mit Hobo-Slangbegriffen, die die englische Sprache geprägt haben: burger = Mittagessen, glad rags = Sonntagsstaat, jungle = wo sich Hobos zum Zelten und Klönen treffen, to be on the fly = vom fahrenden Zug springen/in Eile sein. Wer den Zug nach Westen genommen hatte (to catch the Westbound), galt als gestorben.

Der viel besungene Cannonball (die Kanonenkugel) war in der Sprache der Hobos ein Schnellzug. Heutige Hochgeschwindigkeitszüge heißen bei den Amerikanern »bullet trains«, so schnell wie ein Geschoss. Auch wenn es in den USA kaum so schnelle Züge gibt.

101. GRUND

Weil es »Alois Nebel« gibt

Zwei Kinofilme vermitteln die Liebe der Eisenbahner zu ihrem Beruf in stiller, aber eindringlicher Weise. Da ist zum einen *Alois Nebel*, ein tschechischer Animationsfilm nach der Graphic Novel von Jaromír Švejdík, der den Zuschauer mit einer Mischung von stilisierten Realfilmszenen, scherenschnittartigen Landschaftsbildern und im Rotoskopie-Verfahren entstandenen Figuren sofort in den Bann zieht. Komplett in Schwarz-Weiß, flüssig wie in einem normalen Kinofilm, bewegen sich die Bilder in hartem Kontrast mit Grautönen. Die Gesichtsausdrücke der Schauspieler wurden von Comic-Zeichnern abstrahiert und verstärkt, sodass die Emotionen noch plakativer sichtbar werden. Auch technisch fasziniert *Alois Nebel*, der 2011 auf der Biennale als bester Animationsfilm ausgezeichnet wurde.

Die Erzählweise ist ähnlich lakonisch wie bei den Filmen des Finnen Aki Kaurismäki. Die Geschichte schildert die tragische Auswirkung der deutsch-tschechischen Geschichte, als 1945 die Deutschen aus dem Sudetenland im tschechisch-polnischen Grenzgebiet vertrieben wurden. Fahrdienstleister Alois Nebel verfolgen die Szenen über Jahrzehnte, er bekämpft sie durch das Lesen von Kursbüchern in seinem kleinen Endbahnhof Bílý Potok. Nebels Kollege macht mit russischen Soldaten einträgliche Geschäfte und sorgt dafür, dass Nebel als unerwünschter Zeuge in einer Nervenheilanstalt landet. Ein Stummer, der vermutlich einen Bezug zur Vertreibung hat, motiviert ihn zum Kampf gegen die Dämonen der Vergangenheit. Einzelgänger Nebel bekommt wieder eine Aufgabe als Bahnwärter in einem Waldgebiet des Altvatergebirges und findet nach einer Reise nach Prag die große, stille Liebe. Der ernste, spannende und vielschichtige Film endet abrupt mit einem Happy End.

Den 1900 erbauten Bahnhof Bílý Potok, in dem Alois Nebel Dienst tut, gibt es noch heute am Ende der Strecke Liberec–Hejnice. Das einst wirtschaftlich blühende Städtchen ist seit 1945 auf ein paar Hundert Einwohner geschrumpft. Gedreht wurde an anderen Orten, wahrscheinlich Zlaté Hory – die Filmrezensionen sind in dieser Hinsicht widersprüchlich. Weitere Einstellungen wurden mit einer Bahnwärterhaus-Attrappe in einem Waldgebiet inszeniert.

Sehr schön zur Geltung kommt auch der Prager Hauptbahnhof mit seiner alten Kuppel. Die Eisenbahn wird durch eine Dampflok, einen alten Triebwagen mit Beiwagen und die tschechischen Diesellok der Baureihe 754 liebevoll charakterisiert. Die Diesellok hat den Spitznamen »Taucherbrille«, die Übersetzung »Brillenschlange« im Film ist falsch. Detailaufnahmen von vibrierenden Kleineisen am Gleis und den Utensilien eines Fahrdienstleiters bringen die Eisenbahntechnik großformatig ins Bild.

Das schwierige Lebensschicksal eines Eisenbahners schildert auch *Wallers letzter Gang* von Christian Wagner. Der 1988 für den Bayerischen Rundfunk gedrehte Film zeigt die Arbeit eines Streckengehers und seine Lebensstationen in schwierigen Zeiten. Er erfreut durch authentisch wirkende Szenen aus dem Zweiten Weltkrieg und den 1960er- und 1970er-Jahren. Am Ende läuft der Streckengeher, der seine Pensionierung nicht zur Kenntnis nehmen will, auf einer stillgelegten Strecke in den Nebel hinein. Er hat seinen Lebenssinn verloren, zu seiner Tochter zurückkehren möchte er nicht. Eisenbahnfreunde werden bemerken, dass der Hauptdarsteller Rolf Illig die Arbeit des Streckengehers überzeugend spielt. Die bayerischen Agenturgebäude werden von innen gezeigt und geben dem Modellbauer wertvolle Einblicke in vergangene Bundesbahn-Zeiten. Gedreht wurde an der damals bereits stillgelegten Strecke Kempten–Isny, zwischen Leutkirch und Isny und anderen nahe gelegenen Strecken. Das reiche Zusatzmaterial der DVD zeigt unter anderem in magischen Filmbildern den Abbau der Strecke Kempten–Isny.

Wallers letzter Gang ist ein authentischer Film über die Eisenbahn und das teilweise verlogene bayerisch-schwäbische Landleben des 20. Jahrhunderts, der ein wenig traurig macht wegen der verlorenen Nebenbahnromantik. Alois Nebel (»Leben« rückwärts) und Waller haben viel gemein.

102. GRUND

Weil Eisenbahnfreunde Fakes und Goofs erkennen

Für viele Ausstatter von Kinofilmen sind Dampflokomotiven einfach Dampflokomotiven. Schornstein, Dampf, ein gleichmäßiger Auspuffschlag. Das genügt. Der Kenner amüsiert sich über Anachronismen, allzu naive Umwandlungen moderner Lokomotiven oder die offensichtlichen Eisenbahnmodelle, die von Brücken stürzen und in Schluchten im Maßstab 1:48 enden.

Unzählige Filme verblüffen durch bunt angemalte Dampfloks der 1920er-Jahre, die wegen ein paar bunter Zierlinien auf Zylindern, Führerhaus und Tender noch lange nicht wie eine Lok von 1870 aussehen. Bei *Breakheart Pass* (*Nevada-Pass*) mit Charles Bronson sieht man so eine moderne Dampflok im Retro-Look, und egal, ob sie unter Last bergauf fährt oder in der Ebene rollt: Der Klang ist immer derselbe wie bei einer Tonschleife, die 1975 noch durchaus im Einsatz war. Der Zug hat moderne Klauenkupplungen, die um 1870 aber noch nicht verwendet wurden und sich auch nicht unter Last öffnen lassen, um in der Steigung einen Wagen abzuhängen.

Ganz offensichtlich animierte *High Noon* (*Zwölf Uhr mittags*) Sergio Leone zu *C'era una volta il West* (*Spiel mir das Lied vom Tod*). Bis zur Unerträglichkeit wird jede Einstellung gedehnt, jede Szene fast in Zeitlupe und bedeutungsschwanger inszeniert. Der Haltepunkt »Cattle Corner« ist so dämlich wie sein Name. Hunderte Quadratmeter von Schwellen markieren einen Bahnsteig, wo es in Wirklichkeit bestenfalls schmale Bretter-Bahnsteige gab, dahinter stehen ein Personenwagenfragment und ein halb verfallener Schuppen. Den eindeutig italienischen Dampfloks wurde ein Kuhfänger verpasst. Die Puffer vorn wurden entfernt, die zweiachsigen Wagen und der kurze Tender sind ebenfalls italienisch. Auch in »Flagstop

City« wartet ein Kleinstadtbahnhof mit unpassendem Namen auf den Zuschauer. »Flag Stop« ist bis heute die Bezeichnung für einen winzigen Bedarfshaltepunkt, wo der Zug oder Bus nur auf ein Zeichen hält. Früher verwendete man eine Fahne. Bei Minute 81 trifft man auf einen schönen italienischen Bahnhof ohne amerikanische Verkleidung und wundert sich später über die Streckenarbeiter, die Gleise ohne Spurlehre verlegen. Eine italienische Dampflok mit entkleidetem Dampfdom und zweiachsigen Wagen markiert den Schluss des Films. Eisenbahnfans werden über die amerikanisierten italienischen Oldtimer und ihre Puffer schmunzeln. In den Vereinigten Staaten verwendete man keine Puffer.

Es gibt auch in Europa und den USA gedrehte Western, in denen zwei verschiedene Züge benutzt werden. Der eine hat Puffer, Schraubenkupplungen und kurze Wagen, der andere ist wirklich amerikanisch. Im Extremfall sollen sie ein und denselben Zug darstellen. Amüsant für Kenner!

Dazu kommen noch Regiefehler. In *El Perdido* von Robert Aldrich (1961) steht beim Showdown zwischen Rock Hudson und Kirk Douglas ein lächerlicher Viehwaggon bei jeder Einstellung auf einer anderen Stelle eines Gleisbogens. Das Gleis liegt wie der gescheiterte Held auf nacktem Boden und endet an beiden Enden im Nichts. Der zusammengeschusterte Viehwagen ist viel zu niedrig, hat keine Beschriftung, keine Bremsen und keine Kupplungen. Ein schäbiges Objekt für Kulissenschieber. Und ein Armutszeugnis für den Requisiteur.

103. GRUND

Weil Musik drin ist

»She'll be coming round the mountains when she comes …« Mit Liedern wie diesem haben wir Englisch gelernt. »She«, das ist die

Lokomotive, die ihren Zug über die Berge schleppt, denn lange Tunnel waren früher nicht machbar. In der Frühzeit der Eisenbahn war die Ankunft eines Zuges ein Ereignis und nicht alltäglich. Im dünn besiedelten Westen Nordamerikas musste man froh sein, wenn der Zug einmal pro Woche einigermaßen pünktlich aus der nächsten Hauptstadt kam und nicht unterwegs in Geröll, Fluten oder Lawinen stecken geblieben war.

Die angloamerikanische Welt ist voll von Liedern über die Eisenbahn. Lieder über die Hobos, die in Güterzügen durch das weite Land reisten. Lieder, die die Eisenbahnarbeiter sangen, als sie die Schienenstränge immer weiter nach Westen verlegten und mit dem Bahnverkehr das einzog, was man als Zivilisation bezeichnet. Bis heute spielt die Eisenbahn in der amerikanischen Rockmusik, im Jazz und im Blues eine romantische Rolle: Sie bringt die Liebste zurück, weckt die Sehnsucht nach dem Reisen in komfortablen Zügen oder ist das Verkehrsmittel, mit dem sich die Frau aus dem Staub gemacht hat. Und immer hört man die Lok pfeifen und in der Ferne verklingen. Heute pfeifen die Dieselloks an jedem Bahnübergang vier Mal, fast unentbehrlich als akustischer Hintergrund jedes Kinofilms.

Die deutschsprachige Welt ist dagegen arm an Eisenbahnliedern. In einer jahrhundertelang gewachsenen Kultur von seit den Römern immer besser werdenden Verkehrswegen war die Eisenbahn nur ein weiterer Schritt zu leistungsfähigerem Güterverkehr und schnelleren Reisen. Und so fällt mir nur ein deutsches Eisenbahnlied ein: *Auf de Schwäb'sche Eisebahne*. Da macht man sich zu allem Überfluss über ein dummes Bäuerchen lustig, das eine Ziege an den doch etwas zu schnellen Zug gebunden hat. Durlesbach und Meckenbeuren auf der württembergischen Südbahn von Ulm nach Friedrichshafen sind des Reimes wegen vertauscht. Die Deutschen nahmen die Eisenbahn wohl nie besonders ernst, was auch das folgende Kinderlied – oder ist es ein Abzählvers? – dokumentiert:

*Eine kleine Dickmadam
fuhr mal mit der Eisenbahn.
Eisenbahn, die krachte,
Dickmadam, die lachte.
Lachte, bis der Schutzmann kam,
und sie mit zur Wache nahm.*

Was die Dimensionen der Dame betrifft, müssen die Reime einen realen Hintergrund gehabt haben. Meine ostpreußische Großmutter erzählte mir von einer dicken Frau, die kaum durch die schmalen Türen der Schmalspurbahn passte. Eine Dickmadam, wahrscheinlich auf der Pillkaller Eisenbahn. So quetschen sich amerikanische Touristen heute durch die schmalen Türen der Rhätischen Bahn.

Dass es die Eisenbahn bis in die musikalische Hochkultur geschafft hat, ist Arthur Honegger zu verdanken. Der in Frankreich geborene Schweizer komponierte 1923 den sinfonischen Satz *Pacific 231*, der die Abfahrt und das Dahinrollen einer französischen Schnellzug-Dampflok nachempfindet. Der erklärte Eisenbahnfan benannte sein Stück nach verschiedenen Dampfloktypisierungen. »Pacific« bezeichnet im Amerikanischen eine Schnellzuglok mit der Achsfolge 4-6-2. In Deutschland, wo man nur die Radsätze zählt, wäre es eine 2'C1' – also zwei Radsätze vorn in einem Drehgestell, drei gekuppelte Radsätze und eine bewegliche Schleppachse. Frankreich nutzte die Achszahl zur Typenbezeichnung: 231.

Jean Mitry hat Arthur Honeggers Tondichtung 1949 kongenial für das Kino umgesetzt und erhielt in Cannes einen Preis für den besten Filmschnitt. Aus dem Schuppen kommend, wird die elegante Dampflok auf der Drehscheibe gedreht und setzt sich im Bahnhof vor den Schnellzug. Kraftvoll beschleunigt die mit vielen Details von Steuerung und Rädern inszenierte Schnellzuglok mit lange exakt eingehaltenem Takt, bis schließlich die Landschaft an den Reisenden vorbeizieht und der Zug sein Ziel erreicht.

Für Schulen gab es *Pacific 231* einmal beim Atlas-Filmverleih auf 16-mm-Film und auf einer DVD mit Experimentalfilmen. Im Internet ist ein schlecht digitalisierter Abklatsch dieses genialen Kurzfilms zu finden, der seine musikalische und optische Wucht nur erahnen lässt.

11. KAPITEL
VERMISCHTES / AUS GUTEN GRÜNDEN

104. GRUND

Weil Schienen klingen

Es gibt sie nur noch selten: Schienenstöße zwischen den mit Laschen verschraubten Schienen. Sie erzeugten die vertrauten, einschläfernden Klänge des fahrenden Zugs. »Padamm-padamm« liefen die Radsätze der benachbarten Drehgestelle auf die winzigen Stufen zwischen den Schienenenden auf. Dazu kam das Rütteln und Schütteln mit unregelmäßigen Geräuschen und einem Kreischen und Quietschen, wenn Weichen überfahren wurden. Bei abgelegenen Straßenbahnstrecken und Schmalspurbahnen kann man den Klang der Schienen und Räder häufig noch hören, und manchmal wechseln sich die Schienenstöße links und rechts ab. Räder kreischen auf klingenden Schienen bei Rangierarbeiten, wenn die Wagen über kleine Radien auf Anschlussgleise geschoben werden.

Was in vielen Städten noch nervt, weicht langsam dem technischen Fortschritt. In engen Kurven gewöhnen sich moderne Straßenbahnwagen nämlich das Kreischen ab. Sie haben einzelne Räder, die nicht mehr quer zum Fahrzeug als feste Radsätze mit den gegenüberliegenden Rädern gekoppelt sind. So können die Räder die verschieden langen Wege im Bogen zurücklegen und besser einlenken. Die Räder stehen nicht mehr in einem so großen Winkel zur Schiene wie bei starren Radsätzen. Das mindert Lärm und Verschleiß. Auf Hauptstrecken sind Schienenstöße längst Vergangenheit, denn die Schienen sind verschweißt. Die Schnellfahrweichen haben bewegliche Herzstücke und keine Radlenker mehr, die an den Radinnenseiten schaben. Wenn Gleise schlecht gepflegt sind, lärmen sie trotzdem noch und erzeugen im ICE ein Dröhnen. Zum Beispiel auf der Nord-Süd-Strecke bei Fulda. »Aaauua-uuu-uuaa-uaaa« lassen die Riffel auf dem Gleis Rad und Schiene jaulen. Der Zug fährt wie auf fein geripptem Wellblech und fängt an zu dröhnen. Der Sinuslauf – also die Fahrt in leichten Schlangenlinien zwischen den nach innen geneigten Schienenköpfen – wird unterbrochen, der Zug beginnt, wie ein Schiff in Querrichtung zu rollen. Der Kaffee schwappt in der Tasse, der Fahrgast schwankt im Sitz, der Kugelschreiber wird zum Seismografen.

Die Riffel entstehen durch unrunde Räder, Bremsungen und wegen metallurgischer Ursachen. Schienenschleifzüge können die Schienenköpfe abschleifen und wieder leise machen. Wenn diese Arbeit zu lange versäumt wird, jault und brummt der Zug. Unangenehm für die Fahrgäste und eine Lärmbelästigung für die Anrainer. Und die Folge einer falschen Verkehrspolitik, die schon viel zu lang auf Verschleiß fährt.

105. GRUND

Weil es mit weißen Zügen kein Halten mehr gibt

In klimatisierten Zügen sollte jede Fahrt ein Event sein, denn hinter den fest eingebauten Scheiben fehlt der Kontakt zur Außenwelt. Entertainment wird erwartet, schließlich bezahlen die Kunden viel für ihr Ticket. Weil englischsprachige Ansagen schon vor zehn Jahren an Unterhaltungswert eingebüßt hatten, ließen sich die Marketingstrategen von DB Fernverkehr etwas Neues einfallen. Zu den beglückendsten Momenten unterwegs zählte einige Zeit die zufällige Teilnahme am DB-Spiel »Stop less, travel longer«, kurz SLTL.

Eine kurze Internetrecherche ergab, dass DB Fernverkehr dieses Spiel zum ersten Mal offensiv am 14. September 2006 in Kassel-Wilhelmshöhe erprobte. Dort hatte ein ICE zur Überraschung der Fahrgäste drinnen und draußen nicht planmäßig gehalten. Der Zug setzte aber zurück, was die dankbaren Reisenden mit Applaus quittierten. So fröhliche Gesichter sind in deutschen Zügen sonst selten anzutreffen. Und das dank so einfacher Mittel!

Fast fünf Jahre arbeitete die DB an der Optimierung dieses OnTrack-Games und baute es zu einem Kundenbindungsprogramm mit kostenloser Fahrzeitverlängerung aus, wie es bereits sehr erfolgreich bei den Saunazügen und mehrstündigen Fahrtunterbrechungen in Tunneln erprobt worden war. Kundenbindung ist bekanntlich, wenn der Kunde den Zug selbst unter widrigsten Bedingungen nicht verlassen darf.

2011 ging DB Fernverkehr erneut in die Unterhaltungsoffensive und machte die VW-Stadt Wolfsburg populär: Am 21. Juni fuhr ein ICE auf dem Weg nach Berlin durch und hielt erst planmäßig in Berlin-Spandau. Drei Stunden mehr ICE zum Nulltarif und gute Unterhaltung durch ein abwechslungsreiches Landschaftsbild waren für die Reisenden ein unvergessliches Erlebnis. Mit der wenig glaubwürdigen Ausrede, der Halt sei aus Versehen aus dem Buchfahrplan des Triebfahrzeugführers gestrichen worden, tarnte die Bahn damals ihr geheimes Kundenbindungsprogramm.

Der nächste vergessene Halt in Wolfsburg wurde schon vier Wochen später, am 18. Juli, zelebriert, dann noch einmal am 1. Oktober 2011. Zuletzt müssen die Kundenbindungskosten stärker in den Fokus der Marketingstrategen gerückt sein, denn nun durften die verschleppten Fahrgäste nur bis Stendal mitfahren und wurden per Bus nach Wolfsburg zurückgebracht. Inzwischen schaffte die DB weiße IC-Busse mit roten Streifen für Rückholaktionen an.

Niedersachsen war als Knotenpunkt im Nord-Süd- und Ost-West-Verkehr immer ein Testmarkt für die DB Fernverkehr AG. In Göttingen hatten bereits 2008 und 2010 zwei ICE-Züge versuchsweise einen Halt versäumt. Nach Wolfsburg fiel die Wahl auf Celle, wo am 7. Juli 2011 ein ICE außerplanmäßig vorbeifuhr, obwohl es ein schönes Städtchen ist.

Wenig erfolgreich war der Versuch, das Traveller-Entertainment-Programm auf Intercity-Züge auszudehnen. Am 14. September 2011 hatte der IC 2431 Emden–Cottbus den Bahnhof Wannsee ausgelassen. Den überraschten Reisenden wurde beim Halt auf freier

Strecke erklärt, dass sie ab Berlin Hbf kostenlos nach Wannsee zurückfahren könnten, was offenbar keine dankbaren Reaktionen auslöste. Daraufhin wurde das SLTL-Programm eingestellt.

Seitdem bleibt es den Triebfahrzeugführern überlassen, ob sie einen Halt auslassen. Erst am 15. Mai 2013 besann sich der Führer eines ICE in Göttingen auf eine längst verloren geglaubte Tradition und fuhr einfach durch. Die Bilanz ist positiv: Wolfsburg hat von den Marketingmaßnahmen der DB imagemäßig stark profitiert und wird nun häufiger auch von ICE-Reisenden als Ziel akzeptiert. Signifikant erhöht hat sich außerdem der Haltebereitschaftsindex in den Führerständen. Die Aufkleber des NDR-Radioprogramms N-Joy »Ich bremse auch für Wolfsburg« zum Verteilen an Lokführer müssen nicht wieder aufgelegt werden.

Am 17. April 2015 unternahm DB Fernverkehr einen neuen Versuch, die wenig beachteten Intercity-Züge ins Gespräch zu bringen. Diesmal fuhr der IC 2223 Berlin–Aachen in Gütersloh ohne Halt durch. Im neuen Testmarkt Nordrhein-Westfalen, war zu hören, wird eine kostengünstige virale Brand-Enhancement-Kampagne gefahren. Mit No-Stop-Teasern, also neckischen Durchfahrten, soll die Lokalpresse motiviert werden, über das DB-Produkt Intercity zu berichten. Denn schlechte Nachrichten sind gute Nachrichten. Erfahrungsgemäß haben solche kleinen Ereignisse eine große Reichweite, weil sie durch die sozialen Medien und den Copy-and-Paste-Qualitätsjournalismus sehr schnell überregionale Beachtung finden.

Nach Gerüchten aus Berlin ist nach der DB-Werbekampagne »Diese Zeit gehört Dir« eine weitere Mega-Kampagne geplant: »Intercity – Dieser Durchzug war Deiner«. Maite Kelly soll als musikalische Botschafterin in der engsten Wahl sein. Ihr Song *Conga* muss nur minimal umgeschrieben werden: »Wenn ich den Intercity rasen hör, dann gibt's kein Halten mehr.«

106. GRUND

Weil manche nur Bahnhof verstehen

Es ist ziemlich einfach, einem Zweieinhalbjährigen den Unterschied zwischen einem Radlader und einem Bagger beizubringen. Kleinkinder können abstrahieren, und wenn der Kleine einmal eine Diesellok gezeigt bekommen hat, erkennt er diese Loktype auch in Form einer Feldbahnlok oder amerikanischen Großdiesellok. Kinder lernen, weil sie es wollen und sie alles interessiert, wofür sie noch keinen Namen haben.

Wenn ich lese, was Zeitungen über die Eisenbahn schreiben, zweifle ich jedoch immer wieder am Berufsstand des Redakteurs, denn er interessiert sich nicht für die Eisenbahn. Wenn von Flugzeugen die Rede ist (allen Ernstes wird auch gern das infantile Wort »Flieger« verwendet), wissen Profischreiber immerhin, dass vorn im Cockpit ein Pilot und ein Kopilot sitzen und nicht der Oberflieger, Flugzeugfahrer oder Steuermann. Für die Eisenbahn fehlen den Medien leider oft die Worte. Niemand verlangt von ihnen, dass sie einen Triebwagen von einem Steuerwagen unterscheiden oder gar die verschiedenen ICE-Generationen auseinanderhalten können. Man darf auch Bildredakteuren nicht übel nehmen, dass sie die Berliner S-Bahn mit dem Regionalexpress verwechseln und als Symbolbild für den ICE den kurzen ICE-S-Testzug aus dem Archiv verwenden. Wenn man den Lokführer (der offiziell Triebfahrzeugführer heißt) nicht permanent als Zugführer bezeichnen würde, wäre ich schon zufrieden.

Denn es ist so einfach: Der *Lokführer* sitzt vorn im Führerstand der Lok, des Steuerwagens oder Triebwagens. Der *Zugführer* betreut hinten im Zug die Fahrgäste und fertigt den Zug am Bahnsteig ab. Bei DB Fernverkehr und in der Schweiz heißt er Zugchef, in Österreich Zugsführer. Es gibt noch ein paar weitere Zugbegleiter, aber so viel Fachsprache darf man nicht erwarten.

Lachen musste ich, als eine gar nicht mehr junge Wirtschaftsredakteurin einer großen deutschen Tageszeitung schrieb, dass Triebzüge »verkuppelt« werden können. Tut mir leid, Madame, das geht nicht. Nur Menschen lassen sich ab und an verkuppeln. Es werden auch keine Fahrzeuge gekoppelt. Bei der Eisenbahn wird *gekuppelt* und *entkuppelt*.

Und da Redakteure und Kommentarschreiber bei Lokführerstreiks gern über selbstfahrende Züge als machbare Alternative schwadronieren: Theoretisch und prinzipiell lässt sich das binnen 20 Jahren in ganz Deutschland für ein paar Hundert Milliarden Euro realisieren. Der Aufwand ist in etwa vergleichbar mit einem Pendelverkehr zum Mond oder dem Bau eines fünf Kilometer hohen Gebäudes. Aber praktisch geht es in einem hochkomplexen Streckennetz nicht. Lasst den Lokführern also ihren Job. Oder wollt ihr Programmierern, Sensoren, Funk und Überwachungskameras euer Leben anvertrauen?

Wenn Redakteure nur Bahnhof verstehen, sollte am Ende die Herkunft dieser Redewendung geklärt werden. Am plausibelsten ist die Erklärung des Duden, dass der Begriff aus dem Ersten Weltkrieg stammt. Kriegsgerät und Soldaten wurden in Zügen befördert, und der Zug war das Transportmittel zurück zum Heimatbahnhof. Wenn die kriegsmüden Soldaten nur noch an die Heimreise zu ihrem Bahnhof dachten, wollten sie nicht durch andere Themen von ihrer Sehnsucht abgelenkt werden. Sie verstanden nur Bahnhof.

107. GRUND

Weil ein Zug kein Ferienflieger ist

Jeder kennt das: Zu den peinlichsten Erlebnissen auf Flugreisen gehören klatschende Passagiere, wenn das Flugzeug gelandet ist. Aus welchem Grund haben sie geklatscht? Weil das Fliegen einmal im Jahr nur mit Todesmut und Alkohol zu überstehen ist? Oder ist es die Dankbarkeit, dass die Piloten diesmal zur Abwechslung die Landebahn von Palma de Mallorca gleich beim ersten Mal getroffen haben? Der Witz ist: Die beiden im Cockpit hören den peinlichen Applaus unter ihren Kopfhörern hinter der schusssicheren Tür gar nicht. Das sichere Starten und Landen gehört zu ihrem Job, die Piloten haben es gelernt. Es klatscht ja auch niemand im Stadtbus, wenn der Fahrer exakt an der Haltelinie vor der roten Ampel oder dicht genug am Randstein angehalten hat.

Die Eisenbahn muss man jedenfalls schon deshalb lieben, weil nach dem Halt am Bahnsteig niemand klatscht. Weil der Triebfahrzeugführer ebenfalls seinen Beruf gelernt hat und dank der Mode- und Imageberater der Deutschen Bahn sogar eine Pilotenjacke mit Schulterklappen tragen darf. Er fährt ja auch einen flugzeugweißen ICE, obwohl es die denkbar schlechteste Farbe auf rostigen Schienen ist. Die dezent braun gesprenkelten Züge beweisen das nach jedem Regenwetter.

Wo waren wir stehen geblieben? Beim Anhalten ohne Klatschen. Nur in sehr seltenen Fällen klappt es nicht auf Anhieb mit dem Anhalten. Welche Geräusche die Fahrgäste machten, als im Oktober 2011 ein ICE am Freiburger Hauptbahnhof vorbeirauschte, ist nicht überliefert. Der Triebfahrzeugführer hatte den Fehler rasch bemerkt, setzte vorsichtig zurück und rettete die Situation. Anerkennender Applaus der Reisenden auf dem Bahnsteig und im Zug wäre durchaus angemessen gewesen.

108. GRUND

Weil die Deutsche Bahn ganz besonders pünktlich ist

Wie das Wörtchen »Fahrplan« selbst dem kundigen Reisenden in aller Schlichtheit verrät, handelt es sich dabei um einen Plan, wie die Bahn zu fahren gedenkt. Ein Plan ist aber ein Plan und kein Versprechen, den Plan auch einzuhalten. Da könnte ja jeder kommen!

Der Deutschen Bahn gelingt das Fahren nach Plan mit unterschiedlicher Zuverlässigkeit. Wer einmal als Pendler unterwegs war, weiß ein garstig Lied davon zu singen. Unerfahrene Bahnnutzer verlassen sich darauf, dass sie einen Termin pünktlich erreichen. Der erfahrene Reisende hingegen fährt eine Stunde früher und kann sichergehen, dass nur der Zug zurück absolut pünktlich sein wird. Es scheint ein ehernes, noch nicht näher benanntes Gesetz zu sein, dass Züge grundsätzlich dann unpünktlich sind, wenn es wirklich einmal auf Pünktlichkeit ankommt.

Wenn es schon nicht mit der Pünktlichkeit klappt und die Öffentlichkeit das aus Erfahrung weiß, setzen wir wenigstens eine Statistik dagegen. So oder so ähnlich müssen DB-Vorstandsvorsitzender Rüdiger Grube und seine Strategen gedacht haben, als die Deutsche Bahn im Sommer 2011 eine monatliche Pünktlichkeitsstatistik ankündigte. Traue keiner Statistik, die du nicht selbst gefälscht hast. Nach dieser Devise bohrten die DB-Strategen die Definition für Verspätungen erst einmal tüchtig auf, um auf passable Quoten zu kommen. Statt bei fünf Minuten beginnt die Verspätung seit 2011 bei sechs Minuten. Erst ein Zug, der mehr als fünf Minuten 59 Sekunden zu spät ist, gilt als verspätet.

In der gut versteckten Pünktlichkeitsstatistik (www.bahn.de/p/view/buchung/auskunft/puenktlichkeit_personenverkehr.shtml) wird die bis sechs Minuten minus eine Sekunde geltende Kurve aber zur »5 min Pü«. Und weil die Ergebnisse schon 2011 nicht gerade überzeugend waren, hat die DB noch eine 15-Minuten-Pünktlichkeit dazugestellt, die in Wirklichkeit alle Züge erfasst, die eine Sekunde weniger als 16 Minuten verspätet waren. Ganz ausgefallene Züge werden übrigens gar nicht gezählt.

So sind die Züge der Deutschen Bahn allein durch die Wunder der Statistik pünktlicher geworden. Für kurze Zeit jedenfalls. Längere Zeitreihen veröffentlicht die Deutsche Bahn wohl aus gutem Grund nicht. Im August 2011 waren die Fernzüge zu 80,9 Prozent pünktlich im Sinne von weniger als sechs Minuten Verspätung. 2013 sank die Quote auf nur noch 73,9 Prozent, unter anderem wegen der monatelangen Sperrung der kurzzeitig überfluteten Schnellstrecke Hannover–Berlin. Im Juli 2014 lag die Quote bei bestem Wetter aber noch einmal tiefer, bei 71,7 Prozent. Im November 2014 erreicht die Quote einen Tiefpunkt. Nach 83,2 Prozent im Februar 2015 hatten im Juli 2015 nur noch 66,9 Prozent der Fernzüge weniger als sechs Minuten Verspätung. Fahrpläne sind ja nur Pläne.

Dass es auch anders geht, beweisen die Schweizerischen Bundesbahnen (SBB). Bei ihnen galt eine echte 5-Minuten-Grenze, ab der Verspätungen gezählt wurden. Seit 2009 sind Züge schon ab drei Minuten als verspätet definiert, also 2:59 gegenüber 5:59 bei der Deutschen Bahn. Zusätzlich wird die Kundenpünktlichkeit erfasst, die auch verpasste Anschlüsse einkalkuliert. Der Wert lag 2013 bei 87,5 Prozent, 2014 bei 87,7 Prozent. Und weil man in der Schweiz auf funktionierende Anschlüsse Wert legt, veröffentlichen die SBB seit 2013 auch eine kundengewichtete Anschlusspünktlichkeit. 2014 mit der beeindruckenden Zahl von 97,1 Prozent (www.sbb.ch/sbb-konzern/ueber-die-sbb/zahlen-und-fakten/puenktlichkeit-und-sicherheit.html).

Die Österreichischen Bundesbahnen (ÖBB) zählen Verspätungen ab fünf Minuten und fahren nicht ganz so pünktlich, haben aber meist bessere Quoten als die DB (www.oebb.at/de/Services/Puenktlichkeitsstatistik/Oesterreich/index.jsp).

Die Deutsche Bahn hat Mitte 2015 versprochen, dass bald alles besser wird im Fernverkehr. Darauf können wir uns bekanntlich verlassen.

109. GRUND

Weil man am Riemen reißen kann

Personenwagen hatten bis in die frühen 1960er-Jahre Fenster mit hölzernen Rahmen. In historischen Wagen der Rhätischen Bahn, bei Museumsbahnen und auf Sonderfahrten mit alten Zweiachsern trifft man auch heute noch auf diese Fenster mit einem gelochten Lederriemen. Doch wie öffnet und schließt man solche Fenster? Moderne Bahnfahrer können es nicht wissen.

Das geschlossene Fenster lässt sich öffnen, wenn man den Lederriemen mit einem Ruck zu sich zieht. Dann rutscht die untere Seite des Rahmens aus ihrer Ruheposition und das Fenster in den Schacht in der Wand des Personenwagens. Der Riemen ist gelocht, sodass das Fenster in mehreren Positionen gehalten werden kann, wenn man den Riemen auf den Haltestift unter dem Fenster drückt. Manchmal liegen die Rollen der Fensterführung so eng an, dass sich das Schiebefenster von selbst festklemmt. Dann kann man es mit etwas Kraftaufwand nach oben und unten drücken – und darf hoffen, dass es so bleibt. Zum Schließen muss wieder am Lederriemen gezogen werden, um das Fenster nach oben zu befördern. Oft kann man es ein, zwei Zentimeter über die Ruheposition hinaus nach oben heben. Damit es nicht wieder nach unten rutscht, muss man den Fensterrahmen unten nach außen drücken. Schwirig ist die Betätigung nicht – wenn man weiß, wie es geht.

110. GRUND

Weil der Zugbegleiter schon mal das Schlusslicht sieht

Es muss im Oktober 1988 gewesen sein, als wir im Nahverkehrszug von Köln nach Düsseldorf standen, um nach einem langen Messetag auf der Orgatechnik in unser Hotel zu fahren. Die Stimmung der Aussteller und Messebesucher war trotz des völlig überfüllten Zugs mit alten Silberlingen gut, manche waren schon etwas beschwingt vom Glas Sekt nach Messeschluss.

Bei Leverkusen legte der Zug eine lange Pause ein. »Wir können nicht weiterfahren, weil der Zugführer im letzten Bahnhof nicht mitgekommen ist«, sagte der Lokführer durch. Die Reisenden hatten, als der Zug nach dem Abfahrtspfiff schon am Rollen war, die Tür zugehalten, an der der Zugführer einsteigen wollte. Ob aus Angst, aus dem Zug zu fallen, oder aufgrund alkoholisch bedingter Fehleinschätzung, ist nicht bekannt. Der Zugführer konnte nur noch das Schlusslicht sehen und den Kollegen auf dem Stellwerk anrufen.

Damals fuhr noch der Lufthansa-Airport-Express, der frühe Triebwagenzug der Baureihe 403, den man später wegen seiner Entenschnabel-Front auch Donald Duck nannte. Dieser Zug verband Frankfurt/Main über die linke Rheinstrecke mit Düsseldorf und konnte nur mit einem Flugschein benutzt werden. Essen wurde am Platz von einer Stewardess serviert, Zeitungen gab es kostenlos. Ein schöner Zug der Lufthansa. Und weil dieser Airport-Express als Nächster kam, musste er den Zugführer mitnehmen und außerplanmäßig am Bahnsteig gegenüber halten. Die fröhliche Meute im Zug jubelte und stimmte, frei nach *Glückauf, der Steiger kommt*, ein Lied an: »Der Zugführer kommt, der Zugführer kommt!«

Mit einiger Verspätung folgte der Zug mit Abstand dem schnellen Lufthansa-Express nach Düsseldorf. Ich war damals PR-Referent bei einer süddeutschen Computerfirma und wollte die ungewöhnliche Story gleich unter die Leute bringen. Ich rief die Redaktion des *Kölner Express* an, weil mir nur diese Boulevardzeitung gerade in den Sinn kam (damals gab's kein Internet). Man hat mir aber nicht geglaubt und einen echten Gag verpasst.

111. GRUND

Weil die 111 so zeitlos wie dieses Buch ist

Schönheit ist Geschmackssache und liegt immer im Auge des Betrachters. Ob eine Elektrolok der Baureihe 101 als schön bezeichnet werden kann? Die Lok wirkt schwer und plump, dabei wurde ihr Design erst Mitte der 1990er-Jahre entwickelt und ihr Äußeres auf eine einfache Fertigungsmöglichkeit getrimmt. Schon nach kaum 20 Jahren hat die Lok etwas Altbackenes.

Geradezu leichtfüßig, ein bisschen elegant und unaufdringlich wirkt dagegen die 111, die ab 1974 in Dienst gestellt wurde. Die zum Dach hin etwas eingezogenen Fronten wirken mit der dezenten Bügelfalte in der Mitte aufgeräumt. Das große Doppelfenster mit dem schmalen Aluminiumrahmen integriert sich gut in die Kopfenden, die nur an den Ecken durch einen breiteren Rahmen leicht verunstaltet sind. An den Seiten des Lokkastens kehren bekannte Lüfterelemente und Formen der E 10 wieder, dazwischen sind in Gummi eingefasste Fenster montiert. Die strenge Symmetrie hat etwas Zeitloses.

Weil die Chefs der Deutschen Bundesbahn bzw. der Deutschen Bahn alle paar Jahre das Bedürfnis hatten, ein neues Farbschema einzuführen, um Aktivität und Modernität vorzutäuschen, musste auch die 111 mehrfach die Farbe wechseln: vom eigenwillig-hässlichen Ozeanblau-Beige über Orientrot mit weißem Lätzchen unter den Frontscheiben bis zum heutigen Verkehrsrot. Da kommt sogar das 200.000 DM teure Simpel-Logo der DB von 1993 zwischen den weißen Frontbalken gut zur Geltung. Außerdem gab es noch die Schmutz sammelnde S-Bahn-Lackierung des Rhein-Ruhr-Gebiets, die zunächst eine orangefarbene und dann rote Bauchbinde mit sich brachte. Später kamen Werbebeklebungen hinzu. Auch als Zuglok des Lufthansa-Airport-Express in Gelb und Hellgrau machte die 111 etwas her. Keine Lackierungsvariante entstellte je das zeitlose Design dieser Lokbaureihe.

Die 111 zog D-Züge, Interregio- und Intercity-Züge und schleppt nun entweder einstöckige S-Bahn- oder doppelstöckige Regionalbahnzüge. Gut möglich, dass die Loks bei DB Regio ihr 50-jähriges Dienstjubiläum erleben und dann immer noch nicht altmodisch aussehen.

Als erste dieser modernen vierachsigen Elektroloks begegnete mir die 111 004-8 vom Bw München Hbf an einem verregneten Januartag 1976 in Stuttgart Hbf. Damals war der denkmalgeschützte Bahnhof noch nicht einem Immobilienprojekt zum Opfer gefallen und keine milliardenteure Dauerbaustelle einer Untergrundhaltestelle. »D 215« habe ich mir als Zugnummer notiert. 1976 liefen noch Gepäckwagen mit, auf den Fotos werden im Hintergrund Koffer vom Anhänger des Elektrokarrens in den Wagen verladen. Jahrzehnte später waren Begegnungen mit der 111 im Raum Düsseldorf alltäglich. 2010 kam mir die 111 111 vor die Kamera, die erste der Düsseldorfer S-Bahn-Loks. Sie wurde am 18.8.1978 in Dienst gestellt und war wie die ersten Loks ein Gemeinschaftswerk von Krauss-Maffei und Siemens. Die Lok trägt wie einige andere keine Prüfziffer an den Stirnseiten.

111 111 – auch ohne Zahlenmystik passt keine Lok besser zu diesem Eisenbahnbuch. Einer von 111 Gründen, die Eisenbahn zu lieben.

Halt !
wenn das Läutewerk
der Lokomotive ertönt,
oder die Annäherung
eines Zuges anderweitig
erkennbar wird.

QUELLEN

1 Schivelbusch, Wolfgang: Geschichte der Eisenbahnreise. Zur Industrialisierung von Raum und Zeit im 18. Jahrhundert. München, Wien: Carl Hanser Verlag 1977. S. 17

2 Schivelbusch, Wolfgang: Geschichte der Eisenbahnreise. Zur Industrialisierung von Raum und Zeit im 18. Jahrhundert. München, Wien: Carl Hanser Verlag 1977. S. 154f.

3 www.wiwo.de/unternehmen/db-bahnhofschef-zeug-das-tut-mir-in-der-seele-weh/5251486.html – aufgerufen am 03.09.2015

4 http://www.tripadvisor.de/Attractions-g187331-Activities-Hamburg.html

5 http://www.miniatur-wunderland.de/presse/download/pressemapppe

6 http://www.tripadvisor.de/Attraction_Review-g187331-d1027790-Reviews-Miniatur_Wunderland-Hamburg.html

7 Feiler, Karl: Die alte Schienenstraße Budweis–Gmunden. Wien: Scholle-Verlag, 1951. S. 21

8 Neher, Franz Ludwig: F 21– Ein Buch vom Dienst bei der Eisenbahn. 2. Auflage. Stuttgart: Franckh'sche Verlagshandlung, 1954. S. 7

9 Neher, Franz Ludwig: F 21– Ein Buch vom Dienst bei der Eisenbahn. 2. Auflage. Stuttgart: Franckh'sche Verlagshandlung, 1954. S. 76

10 Maedel, Karl-Ernst: Giganten der Schiene. 4. Auflage. Stuttgart: Franckh'sche Verlagshandlung, 1965. S. 7

11 Hauptmann, Gerhard: Bahnwärter Thiel. Durchgesehene Ausgabe 2001. Stuttgart: Philipp Reclam jun., 2012. S. 20

FRIEDHELM WEIDELICH, Jahrgang 1952, studierte an der Universität Konstanz Verwaltungswissenschaften und wurde 1960 vom Eisenbahnvirus angesteckt. Seit 1967 beschreibt und fotografiert er große und kleine Eisenbahnen und veröffentlichte mehrere Bücher zum Thema. Nach vielen Jahren in der Computerindustrie arbeitet er seit 1990 als Technikautor für verschiedene Medien und die Bahnindustrie. Er ist Herausgeber des Online-Magazins *spur1info.com*.

Friedhelm Weidelich
111 GRÜNDE, DIE EISENBAHN ZU LIEBEN
Ein Handbuch für Ferro-Equinologen, Modellbahner, Pufferküsser und andere Anhänger des Rad-Schiene-Systems

ISBN 978-3-86265-524-3
© Schwarzkopf & Schwarzkopf Verlag GmbH, Berlin 2015
Alle Rechte vorbehalten. Dieses Werk ist urheberrechtlich geschützt. Jede Verwendung, die über den Rahmen des Zitatrechtes bei korrekter und vollständiger Quellenangabe hinausgeht, ist honorarpflichtig und bedarf der schriftlichen Genehmigung des Verlages. | Coverfoto und Fotos im Innenteil: © Friedhelm Weidelich

KATALOG
Wir senden Ihnen gern kostenlos unseren Katalog.
Schwarzkopf & Schwarzkopf Verlag GmbH
Kastanienallee 32, 10435 Berlin
Telefon: 030 – 44 33 63 00
Fax: 030 – 44 33 63 044

INTERNET | E-MAIL
www.schwarzkopf-schwarzkopf.de
info@schwarzkopf-schwarzkopf.de